软件测试项目实战之功能测试篇

Software Test Project

简显锐 杨焰 胥林 ◎ 主编
韩艳 刘静 刘德宝 ◎ 副主编

人民邮电出版社
北京

图书在版编目（CIP）数据

软件测试项目实战之功能测试篇 / 简显锐，杨焰，胥林主编. -- 北京 ：人民邮电出版社，2016.9（2024.7重印）
工业和信息化人才培养规划教材
ISBN 978-7-115-39793-5

Ⅰ. ①软… Ⅱ. ①简… ②杨… ③胥… Ⅲ. ①软件－测试－高等学校－教材 Ⅳ. ①TP311.5

中国版本图书馆CIP数据核字(2015)第151623号

内容提要

教材采用项目教学方法，围绕一个真实的腾图办公自动化（OA）系统平台项目展开测试任务。主要内容包括 OA 系统项目分析，项目测试流程，项目测试计划与方案，项目测试需求分析，被测模块测试用例设计，功能模块自动化测试，缺陷报告及管理等；重点是运用 HP 公司的 QTP 自动化测试工具完成了 OA 项目相关功能模块的自动化测试内容。

本书既可作为高等院校软件测试专业的教材，又可作为社会培训机构的培训教材，同时也适合从事软件测试工作的读者自学参考。

◆ 主　　编　简显锐　杨　焰　胥　林
　副 主 编　韩　艳　刘　静　刘德宝
　责任编辑　马小霞
　责任印制　焦志炜

◆ 人民邮电出版社出版发行　　北京市丰台区成寿寺路 11 号
　邮编　100164　　电子邮件　315@ptpress.com.cn
　网址　http://www.ptpress.com.cn
　北京七彩京通数码快印有限公司印刷

◆ 开本：787×1092　1/16
　印张：14.5　　　　　　2016 年 9 月第 1 版
　字数：329 千字　　　　2024 年 7 月北京第 8 次印刷

定价：39.80 元

读者服务热线：(010)81055256　印装质量热线：(010)81055316
反盗版热线：(010)81055315

前言 FOREWORD

目前我国软件的规模日益增大，企业对软件产品的质量要求越来越高，对软件测试人员的需求也越来越大。为了满足企业对软件测试人才的需求，各级各类院校纷纷开设了软件测试的课程。我们通过多年的教学研究发现，目前的教材理论知识过多，学生的技能没有达到企业软件测试岗位要求，知识与技能，未能很好地融合，因此院校老师与企业工程师共同打造了这本校企合作教材，旨在使软件测试教学更符合学生的认知规律，提高学生学习质量与效率，以期培养出具备良好职业素养的专门人才。

本书采用项目教学模式，以职业活动和工作过程为导向，以一个复杂、大型、综合的项目为基础，实现知识、理论和实践的整体设计，是一本具有综合性、实战性的一体化教材。教材中的项目是经过作者学校专业教师团队与企业工程师多次交流讨论后，从企业已经完成的若干个项目中选择的，具有代表性，企业工程师全程参与了教材的编写过程。

教材内容和结构的安排基于企业真实的软件测试工作。第 1 章首先介绍软件测试的基本概念，然后引入企业的软件测试工作流程，最后介绍这本书将要完成的测试工作项目 OA 系统测试。第 2 章重点讲测试计划和测试方案文档编写和技术分析。第 3 章重点讲 OA 系统测试环境的搭建。第 4 章重点讲软件测试的基础能力——黑盒（手工）测试能力，在本章中将完成测试需求提取、测试用例设计、测试用例执行、缺陷跟踪处理以及测试报告输出等测试工作环节的训练任务。经过第 2 章~第 4 章的任务操作，就已经完成了一次完整的测试工作，具备了初级测试员的能力。第 5 章是对软件测试能力的提升训练，重点讲自动化测试工具：HP 公司的 QTP 测试工具，本章内容依然是以 OA 系统测试工作为导向，训练学生使用工具进行自动化功能测试的能力。

本书由简显锐、杨焰和胥林任主编，韩艳、刘静和刘德宝任副主编。其中简显锐编写第 4 章，杨焰编写第 1 章，胥林编写第 5 章，韩艳和刘静编写第 2 章，刘德宝编写第 3 章。本书在编写过程中参考了许多文献及成果，在此表示深深的敬意和诚挚的感谢。由于编者水平有限，错漏之处在所难免，敬请广大读者、专家批评指正。

编者

2016 年 5 月

CONTENTS

目录

CONTENTS

目录

第1章 软件测试与项目分析

本章从软件测试概念开始，介绍当下软件测试的主要内容，通过对软件测试分类的内容介绍引入软件测试流程，最后在掌握相关内容的基础上，对贯穿全书的办公自动化（Office Automation,OA）系统做出了分析说明。

学习目标

- 了解软件测试概念及内容
- 理解软件测试分类及流程
- 了解被测试 OA 系统相关内容

1.1 软件测试概念

20 世纪 50 年代，软件伴随着第一台电子计算机的问世诞生了，以写软件为职业的人也开始出现，他们多是经过训练的数学家和电子工程师。20 世经 60 年代美国大学开始出现授予计算机专业的学位，教人们写软件。早期人们在编写代码的时候，基本都是自己写，自己调试，直到 20 世经 50 年代末，测试才与调试区分开来，但由于受调试思想的影响，测试一直处于被压制状态，“为了让看到产品在工作，就得将测试工作往后推一点”。直到产品代码写完，甚至是项目后期，才开始软件测试工作。1972 年，在美国北卡罗来纳大学举行了首届软件测试正式会议。1979 年，Glenford Myers 的《软件测试艺术》（The Art of Software Testing）中作出了当时最好的软件测试定义：“测试是为发现错误而执行的一个程序或者系统的过程。”至此，软件测试才正式登上历史的舞台，软件测试是软件生产流程中质量保证的重要手段。

对于软件而言，测试是通过人工或者自动的检测方式，检测被测对象是否满足用户要求或弄清楚预期结果与实际结果之间的差异，是为了发现错误而审查软件文档、检查软件数据和执行程序代码的过程。软件测试是质量检测过程，包含了若干个测试活动。

早些时候，很多人对软件测试的认识仅限于运行软件执行测试，实际上软件测试还包括静态测试和验证活动。软件包括实现用户需求的源代码、描述软件功能及性能表现的说明书，支撑软件运行的配置数据，软件测试对象同样包括了文档及配置数据的测试，不仅是执行软件。

软件测试工程师职责定义的软件测试是指软件产品生存周期内所有的检查、评审和确认活动。如设计评审、文档审查、需求测试、单元测试、集成测试、系统测试、验收测试等检查活动。软件测试活动是对软件产品质量的检验和评价的过程。一方面检查、揭露软件产品质量中存在的质量问题，另一方面又需对产品质量进行客观的评价并提出改进意见。软件测试使用人工或自动化手段对被测对象进行确认验证活动，从而找出被测对象与最终用户需求之间的差别。在通常的软件生产活动中，软件测试贯穿于整个软件的生命周期，从初期的项目需求调研到后期的产品维护，每个阶段都离不开检查、评审与确认活动。基于不同的角度，软件测试的目的是不一样的。从用户角度出发，普遍希望通过软件测试暴露软件中隐藏的错误和缺陷，以考虑是否可接受该产品。而从软件开发者的角度出发，则希望测试成为表明软件产品中不存在错误的过程，验证被测软件已正确地实现了用户的需求，确立人们对软件质量的信心。

了解软件测试发展历史与基础概念后，就不难理解软件测试工作在软件生产流程中的重要性了，那么软件测试工作被重视是应该的。下面看看软件测试都做些什么事情。

1.2 软件测试内容

软件测试是为了发现错误而审查软件文档、检查软件数据和执行程序代码的过程。从该定义可以看出，软件测试对象并不仅是程序源代码，还包括与之相对应的文档及配置数据，在软件生产活动中，一般都有哪些文档呢？配置数据又都有哪些？

通常情况下，软件项目开展过程中，会有可行性报告、项目立项申请报告、项目进度安排计划、需求规格说明书、开发进度计划、测试计划、概要设计文档、详细设计文档、数据库设计文档、数据字典、源代码清单、测试用例等。配置数据主要包括系统运行所必须的基础数据，比如建库 sql 语句、建表 sql 语句、存储过程、数据库连接配置文件、系统初始驱动程序等。在上面众多的文档与配置数据中，测试工程师需要对这些资料进行检查、评审与确认。

软件测试核心工作是实施软件系统功能、性能、文档、配置数据等方面的测试活动，除此之外，还有可能有需求调研、用户手册编写等工作。日常测试工作中，测试工程师经常利用测试用例执行被测软件，利用预期结果与软件的实际结果进行比较，从而找出被测系统中与最终用户需求不一致的地方，也就是通常意义上的 bug。经过一轮又一轮的版本迭代测试，使被测软件达到预期质量要求。

1.3 软件测试分类

从测试方法来看，软件测试可分为黑盒测试、白盒测试、灰盒测试、静态测试、动态测试、手工测试、自动化测试等几个方面，从测试阶段来分，可分为需求测试、单元测试、集成测试、系统测试、验收测试等几个阶段。

1.3.1 按测试方法划分

与软件开发有若干框架一样，软件测试同样可以采用多种方法，利用不同的方法可以得到不同的效果，并且最终保证被测对象符合预期的用户需求。按照测试方法划分，主要有以下几种。

1. 黑盒测试

黑盒测试又称功能测试、数据驱动测试或基于需求规格的功能测试，通过测试活动来检查被测对象每个功能能否正常使用，是否满足用户需求。

黑盒测试方法能更好更真实的从用户角度来检查被测对象界面、功能等方面需求实现情况，但黑盒测试基于用户需求进行，会带来隐患。黑盒测试方法难以发现一些隐藏在程序内部的缺陷，如内存泄露等。

以 OA 系统为例，如果从用户需求角度考虑，对图书管理、资产管理或车辆管理等模块，实施功能或性能测试，此处的方法即为黑盒测试。

黑盒测试工作目前是软件测试方法中的核心方法，在企业测试过程中，大多数采用黑盒测试方法，读者在学习过程中需要重点学习此测试方法，再辅以后续的测试方法，才能很好地掌握软件测试技术。

2．白盒测试

白盒测试又称结构测试、逻辑驱动测试或基于程序代码内部构成的测试。此时，测试工程师需深入考查程序代码的内部结构、逻辑设计等。白盒测试需要测试工程师具备很深的软件开发功底，精通相应的开发语言，初级测试工程师难以胜任该工作。

白盒测试方法主要包括代码检查法、静态结构分析法、静态质量度量法、逻辑覆盖法、基本路径测试法，其中最为常用的方法是代码检查法。

代码检查包括桌面检查、代码审查和走查等，主要检查代码和设计的一致性，代码对标准的遵循、可读性，代码逻辑表达的正确性，代码结构的合理性等方面；代码检查还要发现违背程序编写标准的问题，程序中不安全、不明确和模糊的部分，找出程序中不可移植部分、违背程序编程风格的问题，包括变量检查、命名和类型审查、程序逻辑审查、程序语法检查和程序结构检查等内容。一般公司都有比较成熟的编程规范，代码检查时，可以根据编程规范进行检查。

以 OA 系统车辆管理添加车辆功能为例，如果对以下代码

```
function findObj(theObj, theDoc)
{
  var p, i, foundObj;
  if(!theDoc) theDoc = document;
  if( (p = theObj.indexOf("?")) > 0 && parent.frames.length)
  {
   theDoc = parent.frames[theObj.substring(p+1)].document;
   theObj = theObj.substring(0,p);
  }
  if(!(foundObj = theDoc[theObj]) && theDoc.all) foundObj = theDoc.all[theObj];
  for (i=0; !foundObj && i < theDoc.forms.length; i++)
     foundObj = theDoc.forms[i][theObj];
  for(i=0; !foundObj && theDoc.layers && i < theDoc.layers.length; i++)
     foundObj = findObj(theObj,theDoc.layers[i].document);
  if(!foundObj && document.getElementById) foundObj = document.getElement
ById(theObj);
  return foundObj;
}
var GetDate="";
function SelectDate(ObjName,FormatDate){
    var PostAtt = new Array;
    PostAtt[0]= FormatDate;
    PostAtt[1]= findObj(ObjName);
    GetDate=showModalDialog("../util/calendar/calendar.htm", PostAtt ,
```

```
    "dialogWidth:286px;dialogHeight:221px;status:no;help:no;");
}
function SetDate()
{
    findObj(ObjName).value = GetDate;
}
```

进行测试，验证 findObj、SetDate 等函数的功能，此类方法即为白盒测试方法。

3．灰盒测试

与前面的黑盒测试、白盒测试相比，灰盒测试介于两者之间。黑盒测试仅关注程序代码的功能性表现，不关注其内部逻辑设计、构成情况。白盒测试则仅从程序代码的内部构成考虑，检查其内部代码设计结构，方法调用等。灰盒测试则综合了黑盒测试与白盒测试，一方面考虑程序代码的功能性表现，另一方面，又需要考虑程序代码的内部结构。

同样，以 OA 系统为例，如果在测试过程中，既考虑车辆管理用户需求方面的特性，如能否添加车辆、编辑车辆信息等，又从该功能的实现逻辑代码考虑，则此方法即为灰盒测试。

4．静态测试

静态测试，顾名思义，静态的、不执行被测对象程序代码寻找缺陷的过程。通过阅读程序代码、文档资料等，与需求规格说明书进行比较，找出程序代码中设计不合理以及文档资料有错误的地方。

在实际研发活动中可开展同行评审活动，通过评审方式，找出文档资料、程序代码中存在的缺陷并加以修改。

以 OA 系统为例，如果针对该系统的设计文档，如概要设计文档，或系统源代码进行走读查阅，则使用的是静态测试方法。

5．动态测试

动态测试即为执行被测对象程序代码，执行测试用例，检查程序运行实际结果与测试用例预期结果之间是否存在差异，判定实际结果与预期结果是否一致，从而检验程序的正确性、可靠性和有效性，并分析系统运行效率和健壮性等性能状况。

动态测试由四部分组成：设计测试用例、执行测试用例、分析比较输出结果、输出测试报告。

动态测试有三种主要的方法：黑盒测试、白盒测试以及灰盒测试。

以 OA 系统为例，搭建测试环境运行系统对其进行功能的验证测试，即为使用动态测试方法。

6．手工测试

未真正接触软件测试之前，很多人都认为，软件测试工作就是执行一些鼠标单击的动作来查找缺陷。的确，在手动测试阶段，大部分的测试工作就是模拟用户的业务流程，使用软件产品，与用户需求规格进行比较，从而发现软件系统中的缺陷。手动测试是最传统的测试方法，也是目前大多数公司都在使用的测试形式。测试工程师设计测试用例并执行测试用例，根据实际结果与预期结果相比，记录测试结果，最终输出测试报告。手工测试，可以充分发挥测试工程师的主观能动性，将其智力活动体现于测试工作中，能发现很多的缺陷，但手工测试方法又有一定的局限性，并且长期下去会令人觉得枯燥单调。

7．自动化测试

软件行业不断发展，软件测试技术也在不断地更新，出现了众多的自动化测试工具，如 HP 的 QucikTest Professional、LoadRunner，IBM RPT、RFT 等。自动化测试是利用一些测试工具，录制业务使用流程，让工具自动运行测试过程查找缺陷，也可以编写脚本代码，设定特定的测试场景，自动寻找缺陷。自动化测试的引入，大大提高了测试的效率和测试的准确性，而且写出结构性较好的测试脚本，还可以在软件生命周期的各个阶段重复使用。

1.3.2 按测试阶段划分

前面概要阐述了按测试方法划分的软件测试类型，下面以测试阶段对测试类型进行划分，主要有需求测试、单元测试、集成测试、系统测试、用户测试、回归测试等。

1．需求测试

需求调研完成后，测试部门或者需求小组进行需求测试，从需求文档规范性、正确性等方面检查需求调研阶段生成的需求文档，测试工程师最好是有经验的需求分析人员，并且得到了需求调研期间形成的 DEMO。在许多失败的项目中，70%～85%的返工是由于需求方面的错误所导致的，所以，在有条件开展需求测试的时候，一定要实施需求测试。

2．单元测试

单元测试又称为模块测试，顾名思义，就是对程序代码中最小的设计模块单元进行测试。单元测试是在软件开发过程中进行的最低级别的测试活动。在单元测试活动中，主要采用静态测试与动态测试相结合的方法。首先采用静态的代码走查，检查程序代码中不符合编程规范，存在错误或者遗漏的地方，同时使用代码审查的方法，项目小组检查项目代码，以期发现更多的问题，然后再使用单元测试工具，比如 JUnit 等工具进行程序代码内逻辑结构、函数调用等方面的测试。据业界统计，单元测试一般可以发现大约80%的软件缺陷。

3．集成测试

集成测试，又称为组装测试，就是将软件产品中各个模块集成组装起来，检查其接口是否存在问题，以及组装后的整体功能、性能表现。在开展集成测试之前，需进行深入的单元测试（当然，实际工作中大多公司不会做单元测试，仅有程序员各自检查自己的代码）。从个体来讲，可能解决了很多的缺陷，但所有的个体组合起来，就可能出现各种各样的问题。1+1<2 的问题，此刻尤为突出。

集成测试一般可采用非增式集成方法、增式集成方法（自底向上集成、自顶向下集成、组合方式集成）等策略进行测试，利用以黑盒测试为主、白盒测试为辅的测试方法进行测试。集成测试工程师一般由测试工程师担当，开发工程师将经过单元测试的代码集成后合成一个新的软件测试版本，交由配置管理员，然后测试组长从配置管理员处提取集成好的测试版本进行测试。

集成测试阶段主要解决的是各个软件组成单元代码是否符合开发规范、接口是否存在问题、整体功能有无错误、界面是否符合设计规范、性能是否满足用户需求等问题。

4．系统测试

系统测试，是将通过集成测试的软件，部署到某种较为复杂的计算机用户环境进行测试，这里所说的复杂的计算机用户环境，其实就是一般用户的计算机环境。

系统测试的目的在于通过与系统的需求定义作比较，发现软件与系统的定义不符合或与之矛盾的地方。这个阶段主要进行的是安装与卸载测试、兼容性测试、功能确认测试、安全性测试等。系统测试阶段采用黑盒测试方法，主要考查被测软件的功能与性能表现。如果软件可以按照用户合理地期望的方式来工作的时候，即可认为通过系统测试。

系统测试过程其实也是一种配置检查过程，检查在软件生产过程中是否有遗漏的地方，在系统测试过程中做到查漏补缺，以确保交付的产品符合用户质量要求。

5．用户测试

在系统测试完成后，将会进行用户测试。这里的用户测试，其实可以称为用户确认测试。在正式验收前，需要用户对本系统做出一个评价，用户可对交付的系统做测试，并将测试结果反馈回来，进行修改、分析。面向应用的项目，在交付用户正式使用之前要经过一定时间的用户测试。

6．回归测试

回归测试一般发生的情况在发现缺陷后，重新执行测试用例的过程。回归测试阶段主要的目的是检查以前的测试用例能否再次通过，是否还有需要补充的用例等。

有些公司会采用自动化测试工具来进行回归测试，比如利用 QTP，对于产品级，变动量小的软件而言，可以利用这样的工具去执行测试。但一般情况下，都由测试工程师手动地执行以前的测试用例，来检查用例通过情况。

回归测试可以发现在产品发布前未能发现的问题，比如时钟的延迟、软件的性能问题等。

1.4 软件测试流程

在学习了软件测试的基本概念后，接着介绍一般公司里软件测试的流程。以 OA 系统为例，一般公司的软件测试工作流程如图 1-1 所示。

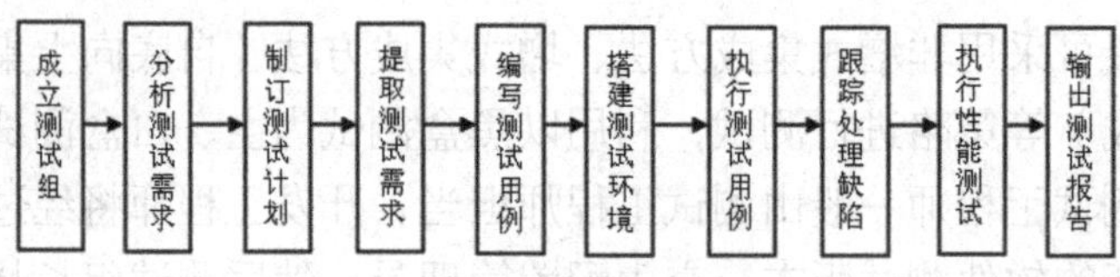

图 1-1　软件测试工作流程图

1.4.1　成立测试组

当需测试的项目分配下来后，该项目的负责人向测试部门提出测试申请，通过测试经理的审批后，由测试经理指派测试组长与测试工程师，成立项目测试组，负责该项目的测试工作。

根据项目团队的组织流程，OA 系统的负责人张三向测试部门经理李四申请实施测试活动，此时，李四接受测试任务后，制定王五、赵六、田七为测试工程师，负责 OA 系统的实际测试活动。

1.4.2　分析测试需求

测试经理任命测试组长，测试组长需提前熟悉被测对象的需求，从总体上掌握项目的进展情况。通过仔细地阅读项目的相关文档（比如项目的进度计划、测试要求等）后，测试组长需安排下一步工作。

1.4.3　制订测试计划

测试组长在详细了解项目信息后，根据项目需求、项目进度计划表制定当前项目的测试计划，并以此测试计划来指导测试组开展对应的测试工作。测试计划中需说明每个测试工件输出的时间点、测试资源、测试方法、测试风险规避、测试停测标准等。

1.4.4　提取测试需求

测试组长制订好了测试计划后，项目组进行评审。评审通过后，项目测试组即可按照此测试计划开展工作。测试组员根据测试组长的任务分配，进行项目用户需求规格说明书的阅读，甚至开展需求测试工作。需求阅读理解完成后，进行测试需求的提取，也就是列出被测对象需测试的点，这项工作可以利用 TestDiector 等测试管理工具开展。

本阶段的工作，因某些项目周期及要求不同，可能不做要求。

1.4.5　编写测试用例

测试需求提取完毕，经过测试组的评审通过后，测试组员可以进行测试用例的设计，这些工作都是在测试计划中规定的时间内完成。比如测试计划中规定“2008-12-20～2008-12-30 完成系统测试用例设计及评审”，那么就必须在这个时间段内完成被测对象的测试用例设计。测试用例的设计一般使用 Word、Excel 等样式，也可使用 TestDirector、TestLink 等工具进行管理。

测试用例设计工作在某些企业中因项目周期及要求不同，可能不开展，直接进行测试活动。

1.4.6 搭建测试环境

测试用例设计工作完成后，如果项目开发组告知测试组长可以开展测试的时候，测试组长可从配置管理员处提取测试版本，根据开发组提供的被测对象测试环境搭建单进行测试环境的搭建。测试环境搭建需要测试工程师掌握基本的硬件、软件知识。

随着用户需求的不断加大，项目运行环境往往非常复杂，并且搭建成本极高，以大型网站系统架构为例，如图 1-2 所示。

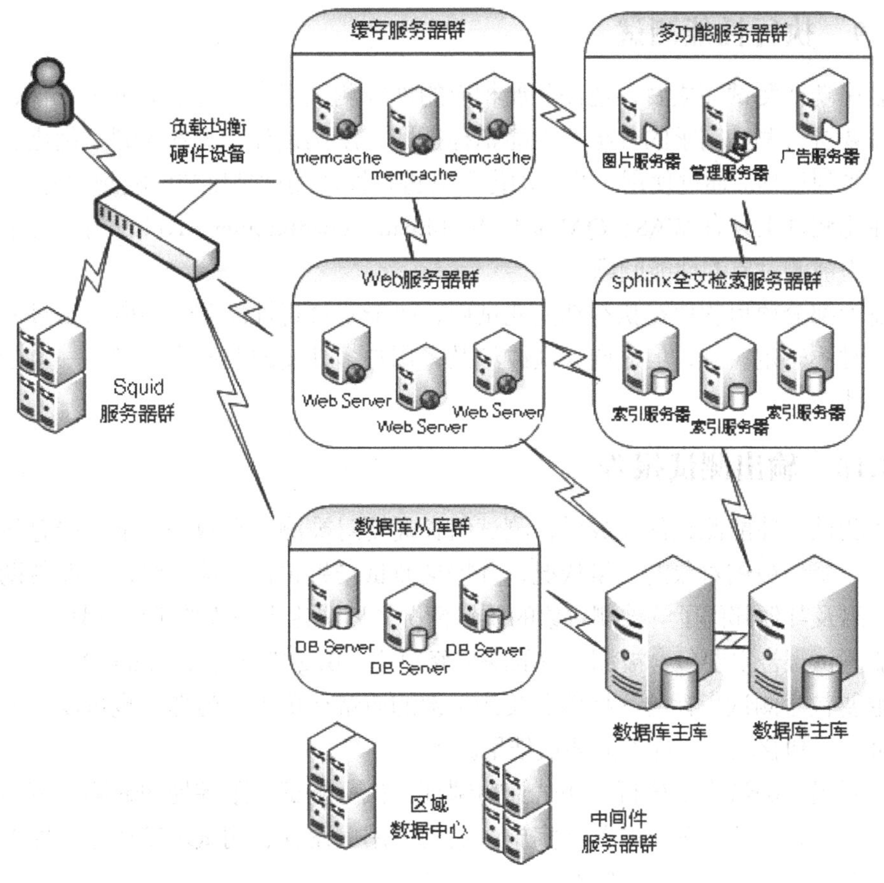

图 1-2 大型 Web 系统架构

从用户角度来看，该服务器的架构非常复杂，从测试人员角度来看，同样站在用户角度，也不需要掌握其复杂架构，测试环境一般都由开发人员搭建，所以该环节的工作测试人员不一定实施。

1.4.7 执行测试用例

测试环境搭建完成后，测试组员将进行测试用例的执行。根据前期设计并评审通过的测试用例，测试组员进行各个功能模块的测试。在执行测试用例的过程中，如果发现有遗漏或者不完善的测试用例，需及时做更新，并用文档记录变更历史。用例执行过程中如果发现了 Bug，则需按照部门或者项目组的 Bug 提交规范，利用一些 Bug 管理工具提交 Bug。常用的 Bug 管理工具有 Bugzilla、TestTrack、Mantis、TestDirector 等。

1.4.8 跟踪处理缺陷

大多数公司都有自己的 Bug 管理流程规范，项目组成员需根据这个流程规范开展日常的 Bug 处理工作。在缺陷处理阶段，大多要经过 4 次、甚至更多的迭代过程，多次进行回归测试，直到在规定的时间内达到测试计划中所定义的停测标准为止。

在这个阶段，主要使用黑盒测试方法开展工作，以被测对象的需求规格说明为依据，重点关注被测对象的界面与功能表现。

1.4.9 执行性能测试

一般在功能测试完成后，还需开展相应的性能测试工作。与功能测试一样，在测试之前，需要进行测试需求的分析，性能指标提取、用例设计、脚本录制、优化、执行、分析等一系列过程。通过使用一些自动化工具进行性能测试是目前性能测试的主要手段，常用的性能测试工具有 WAS、QALoad、WebLoad、LoadRunner、Robot 等。性能测试阶段主要解决被测对象的性能问题。

目前大部分项目软件在执行功能测试后，可能不进行性能测试，所以本过程在实际项目测试时不一定实施，但面向大众或涉及多用户多并发的业务系统时，一定会开展性能测试活动。

1.4.10 输出测试报告

功能测试、性能测试都完成后，测试组长需要对被测对象做一个全面的总结，以数据为依据，衡量被测对象的质量状况，并提交测试结果报告给项目组，从而帮助项目经理、开发组及其他部门了解被测对象的质量情况，以决定下一步的工作计划。

功能测试报告主要包含被测对象的缺陷修复率、Bug 状态统计、Bug 分布等，性能测试报告主要包含测试指标的达标情况及测试部的质量评价等。当然，也可以出一份整体的测试报告，包含功能、性能的测试结果。

综上所述，测试需求分析、测试计划制订、执行测试、跟踪处理缺陷、编写测试报告等测试活动，在任何项目中都会实施，而测试用例设计、测试环境搭建、性能测试等活动则可能根据项目需求不一样不一定实施。

1.5 OA 系统分析

通过上面几部分的介绍，已经了解了软件测试的基本概念，软件测试工作的常用流程等。从本节起，正式进入本书的实战部分，以实际的项目实例介绍软件测试工作。

现在软件行业中有很多业务类型，大多数公司招聘时都需要测试工程师具备丰富的项目经验，那么这些项目经验怎么来呢？

这里介绍一个常用的方法。对于软件测试初学者，一个比较好的方法是利用网络下载一些程序源代码，根据这些资料中配备的环境配置说明，自己练习部署、源代码阅读、业务理解等，如果在环境配置、程序应用过程中出现问题的话，可以通过网络查找相关的解决办法。一方面，自己动手练习环境的部署，提高代码阅读能力及动手能力；另一方面，可以接触各种各样的业务系统，因为一般的源代码网站都会将代码进行分类，业务类型还是比较丰富的，这些源代码都是工作中各种业务的缩影。

现在常用的软件大概分为七大类：系统软件、应用软件、工程科学计算软件、嵌入式软件、产品软件、Web 应用软件和人工智能软件。这些分类实际上按照业务类型来分，在实际的工作中都有可能接触到，所以，应该通过多种方法，多个途径来丰富自己的业务知识。

本书以成都冲和科技有限公司的 OA 系统为例，介绍软件测试工作的内容与方法。

OA 是将现代化办公和计算机网络功能结合起来的一种新型的办公方式，是当前新技术革命中一个非常活跃和具有很强生命力的技术应用领域，是信息化社会的产物。OA 的原动力是人类文明进步和发展的同时人类求得自身解放的需要，OA 系统的出现和发展也正是来源于这种需要的牵引。传统的办公方式极大地束缚了人的创造力和想象力，埋没了人的智慧和潜能，使人们耗费了大量的时间和精力去手工处理那些繁杂、重复的工作。手工处理的延时和差错，正是现代化管理中应该去除的弊端。用先进的、现代化的工具代替手工作业，无疑是生产力发展的方向。OA 系统对传统办公方式的变革，正是适应了人们的普遍需求，也顺应了技术发展的潮流，自然成为业界追求的目标。

OA 系统建设的本质是提高决策效能。通过实现办公自动化，或者说实现数字化办公，可以优化现有的管理组织结构，调整管理体制，在提高效率的基础上，增加协同办公能力，强化决策的一致性，最后实现提高决策效能的目的。

OA 系统的基础是对管理的理解和对信息的积累。技术只是办公自动化的技术实现手段。只有将办公过程中生成的信息进行有序化积累，沉淀，才能真正发挥办公自动化的作用。

OA 系统的灵魂是软件，硬件只是实现办公自动化的环境保障。数字化办公的两个明显特征是授权和开放，通过授权确保信息的安全和分层使用，使得数字化办公系统有可以启用的前提，通过开放，使得信息共享成为现实。

OA 系统现在非常流行。前些年，比如 2002 年左右，很多公司开始提倡无纸化办公，使得 OA 系统得到了蓬勃发展。记得当时所在的公司使用 Domino Lotus 开发了一套 OA 系统，功能非常齐全，但价格也比较贵。现在的 OA 系统所使用的开发语言已经很广泛了，有 PHP、JSP、ASP 等。万变不离其宗，尽管采用了众多的实现方式，但其核心思想不变，只要理解这种业务类型，通过这种业务类型，掌握通用的功能测试与性能测试方法即可。

书中引用的 OA 系统是一种典型的 OA 业务系统，采用 JSP 开发，基于 B/S 结构，整个系统共有通知、工作流、文件柜、任务督办、工作计划、工作记事、考勤、网络硬盘、通信录、设置代理、短消息、邮箱、社区、博客、聊天室、图书管理、办公用品管理、资产管理、车辆管理、会议管理、邮编区号万年历、档案管理、客户管理、销售管理、供应商管理、系统管理等模块。

各个功能简介如表 1-1 中所列。

表 1-1 OA 系统功能模块说明

模块名称	功能简介
	行政管理
公共通知	发布公共通知，利用电子文件柜中的插件，可以很方便地发送通知，相关人员将会收到短消息提醒，并且还可以发布部门通知，部门通知仅相关部门人员可见
工作流	通过可视化流程设计器，定义各种各样的流程。流转时可以指定角色也可以指定相关人员，支持串签、会签、异或发散、异或聚合、条件节点、节点上多个人员同时处理、人员安排策略等，能够自动按组织机构、角色、职位根据行文的方向自动匹配人员，并且具备强大的流程查询功能
智能表单设计	通过表单智能设计器，能够在原来 Word 文档基础上创建表单，支持常用的输入框、下拉菜单、日期控件，支持嵌套表格，还支持宏控件，如用户选择、部门选择、意见框、签名框、图像控件、手写板等。在设计流程的时候，能够指定相关人员对表单控件的修改权限，没有权限的人员将不可以修改输入框的内容
电子文件柜	文档管理系统是用户对各种文档进行管理的工具，并在此基础上可以建立个人文档库,针对个人文档库和公用文档库，提供对文档的建立、修改、删除及归类存储等管理功能，可以使用多种文件格式，并可设置读者权限来共享。电子文件柜中采用了功能强大的 WebEdit 控件，可以很方便地采集远程图片、Flash 等，实现所见即所得编辑
工作计划	工作计划是为了加强工作的计划性，提高工作效率，日常工作必须做到有计划的合理安排。工作计划中可以指定参与部门、人员、负责人等，并且可以实现计划的调度，如周计划、月计划等，可以定时提醒参与人员，工作计划带有进度，用户可以添加工作计划的回复，回复可以带附件
任务督办	以树形的方式对任务进行组织、发起者可以把任务交办给某几个人员、承办者可回复任务或者继续交办、任务的发起者可以催办、改变任务的状态、任务层层布置下去，最终形成一棵任务树，树上各个节点的人员只能看到有权看到的节点
考勤管理	实现网上签到，可进行考勤信息的记录，可定义每天的上下班时间
工作记事	记录每天的工作，记录只能在当天修改。便于工作的回顾和总结，上级领导可以调阅查看相关人员工作情况
组织机构	单位名录将以树状的机构宏观上将组织的机构管理起来，使用户能够轻松查询组织的机构图以及机构内部的基本人员信息，将组织信息一目了然地显示在用户的面前
	个人助理
我的文档	提供个人文件柜功能，短消息可以转存至的文档
通信录	对通信名单进行分组管理、查询、可以导入、导出 Outlook 格式的通信录
消息中心	可以收发短消息，短消息可以加附件，有权限的用户可以进行短消息的群发
工作代理	员工外出时可以设置工作的代理人，所有事务可以自动转发给工作代理人，员工回来后可以查看所有授权的事务处理过程
日程管理	日程管理可以用于个人时间管理。可以进行约会、会议安排。可以通过台历式的图形界面，轻松地查看安排好的各种约会

续表

模块名称	功能简介
个人助理	
控制面板	修改个人信息、设置消息提示的参数、管理论坛中的个人用户信息、定制桌面，可将文件柜中的目录和文件、待办流程、任务督办、日程安排、论坛新帖、博客新帖等根据个人的需要定制至桌面
电子邮件	电子邮件是办公自动化系统中最基本的功能，通过电子邮件系统可以方便地起草、发送邮件、浏览接收到的邮件并归类存档，可以实现各类信息（如信件、文档、报表、多媒体等多种格式文件）在系统中各分支机构、部门及个人之间快速、高效地传递
公共信息管理	
图书管理	图书资料的基本信息管理和借阅管理
办公用品管理	物品管理主要是实现办公用品这类易耗品、公用设备的请领管理。如办公设备、办公用品等的基本信息管理和借用、占有及调度管理，用户通过系统全面了解机构物品各种情况，并可以进行申领
资产管理	实现对单位固定资产的基本信息、登记、领用、折旧管理，同时系统提供查询和统计功能
会议管理	会议管理系统实现了会议室、会务信息的申请、安排和管理，提供了会议人员、时间、场地的管理
车辆管理	对车辆资源的使用、调度进行管理。可实现驾驶员、车辆占用及调度的统一安排
问卷调查	在线问卷，调查意见、想法，并可汇总，以便于管理人员参考掌握相关情况
档案管理	
档案管理	档案管理实现对人员的基本信息、学习、履历、家庭、任职、专业技能、考核、奖励信息的管理、查询
销售管理	
客户信息管理	客户信息、客户单位信息管理，个人用户可对自己的客户信息进行管理，并可共享给其他人员，客户经理可对所有的客户信息进行管理。管理人员可以自行定义需要管理的客户信息，并支持对新加信息的管理
合同管理	合同管理可以登记合同的详细信息，管理人员可以自行定义合同中的有关内容，并支持对新加内容的查询
产品销售管理	添加产品销售的记录，并可进行查询。管理人员可以自行定义管理信息中的有关内容，并支持对新加内容的查询
供应商信息管理	对供应商及联系人进行管理。管理人员可以自行定义管理信息中的有关内容，并支持对新加内容的查询
超级管理	
工号管理	对员工工号进行管理，用户也可以通过工号登录
调度中心	可对流程和工作计划进行调度，定时发起流程，或者进行工作计划的提醒，有效保障工作按时有条不紊地进行

续表

模块名称	功能简介
	超级管理
系统管理	对用户、角色、用户组、权限分配、部门、公共共享、流程定义、流程中文档的序列号、论坛、博客、讨论、系统环境、配置等进行管理
自定义模块	通过智能表单设计，定义模块的显示列表、权限等
系统日志	对系统用户的登录使用情况进行监控记录
生日管理	对员工生日进行管理，可以设置生日提醒
菜单管理	对左侧菜单、顶部及底部导航菜单进行管理
工作日历	对工作日进行管理，设置节假日，安排工作时间段，流程与考勤与工作日历是相关联的

1.6 本章练习

1. 什么是软件测试？其目的和意义是什么？
2. 软件测试遵循的基本原则有哪些？
3. 常见的软件测试活动分为哪些级别？
4. 常见的软件测试类型有哪些？
5. 常见的软件测试方法有哪些？
6. 代码走读属于哪种测试级别？哪种测试类型？哪种测试方法？
7. 利用 QTP 实施自动化测试属于哪种测试类型？

第 2 章 测试计划与测试方案

测试计划设计阶段，需根据需求规格说明书、项目或产品实施计划及开发计划，制订测试计划，按照不同的测试阶段，测试计划分为单元测试计划、集成测试计划、系统测试计划、验收测试计划、维护测试计划等。

测试方案，根据不同的测试对象及测试范围，为了实现测试计划所定义的测试目标，可能会采用不同的测试策略。

学习目标

- 了解软件测试计划概念
- 理解软件测试方案
- 掌握软件测试计划及测试方案编写

2.1 软件测试流程

无论在何种测试模型中，测试工作流程基本分为测试计划、测试设计、测试实现、测试执行 4 个阶段。进一步可细分为测试计划与控制、测试分析与设计、测试实现与执行、评估出口准则与报告、测试结束活动（ISTQB 划分方法）。

但在实际工作中，可以按照图 2-1 实施测试。

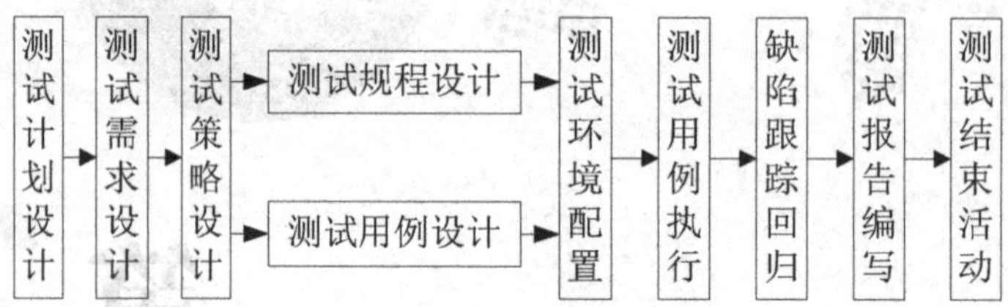

图 2-1 软件测试工作流程

2.2 测试计划

“工欲善其事，必先利其器”。做任何事情，都需要有个计划，就像去买一台计算机，在买之前，肯定需要利用网络查看相关的配件价格，列出单据后再去购买，这样就避免了盲目性。同样，很多朋友喜欢旅游，那么出发之前，也需要对旅程做一些安排，避免浪费宝贵的休假时间。在软件生产活动中，项目经理会制订项目的生产计划，开发负责人需制订开发计划，而测试人员，同样需要制订一个完善的测试计划，来指导测试工作。

专业的测试必须以一个好的测试计划作为基础。测试计划是测试工作开展的起始步骤和重要环节。一个测试计划应包括：产品基本情况描述、测试需求说明、测试策略描述、测试资源配置、计划表、问题跟踪报告、停测标准、风险分析等。

2.2.1 测试计划目的

测试计划的目的：

- 收集并分析被测软件的需求情况；
- 细化待测的需求，如功能需求、性能需求等；
- 尽量量化测试需求，并给出测试标准；
- 制定停测标准，控制测试成本；
- 合理配置测试资源；
- 评估测试风险，尽量避免或减少风险带来的损失。

2.2.2 测试计划内容

1. 定义测试需求

根据用户需求规格说明书定义并完善测试需求，以作为整个测试的标准。

2. 需要考虑的测试内容

- 软件功能
- 用户界面
- 软件性能
- 配置测试
- 安装卸载测试
- 安全性测试

3. 测试设计的目标

- 定义手动测试过程;
- 自动测试过程;
- 选择适当的测试用例;
- 组织测试过程信息，并传递给测试开发人员。

测试计划一般从测试的目的、范围、背景、测试策略、测试人员的组织、测试启动准则与结束准则，以及测试任务、测试中可能遇到的问题与对策等多方面制订测试计划。总之，测试是一件很细致的工作，测试计划制订的好与坏，直接影响软件的质量。

制订测试计划应在需求规格说明书评审完成后就开始进行，计划本身并不涉及具体测试用例及方法，计划只是告诉在某个阶段需要做什么事情，并不需要说明具体怎么做，但需要制订此计划的人员充分理解需求文档，估计测试的时间，并根据项目里程碑、开发里程碑进行相应的测试时间考虑。同时如果测试有需要特殊设备，包括特殊机器或加密设备需要提前规划，定出提供日期，以确保制订的计划可以如期执行。

同时，测试计划要根据开发过程（概要设计、详细设计、编码过程）的实际情况进行调整，并通知相关负责人员。当然这是对通常情况，如果只是做一个很小的版本更新，过程就可简单得多，因为已经有以前的基础。

在软件测试活动中，基本上每个软件产品的测试都需要写测试计划，不管有没有强制性的要求，有计划的做事，总比盲目的干活要好，磨刀不误砍柴工。

2.2.3 测试计划示例

以 OA 系统为例，规范的测试计划如下。

OA 系统测试计划

关 键 词：系统测试计划　测试对象　测试任务　工作量　资源

摘　　要：根据“OA 系统项目工作”任务书和“OA 需求规格”说明书的要求，对项目测试过程中涉及的人力、物力资源，应交付的工作产品，测试通过/失败标准等项做了说明，旨在为相关人员的系统测试活动提供指导。

缩略语清单：无

参考资料清单：

名称	作者	编号	发布日期	出版单位
OA 系统需求规格说明书	OA 项目组		2014-12-08	
OA 系统工作任务书	OA 项目组		2014-12-08	

一、目标

本计划旨在对 OA 系统的以下各项内容进行明确的标识，使系统测试活动可以顺利有效的执行。

（1）测试需求。

（2）组织结构，结构间的关系及成员的职责。

（3）测试进度，任务安排。

（4）测试通过/失败的标准。

（5）测试挂起/恢复的标准。

（6）应交付的测试工作产品。

二、概述

1. 项目背景

OA 系统项目是成都冲和科技有限公司的重头项目，为满足大型企业协同管理的需求而开发的新一代先进的协同平台套件系统。

2. 范围

本文档的主要阅读对象为 OA 系统的测试人员。通过本文档，为系统测试设计、实现、执行活动提供指导。

三、组织形式

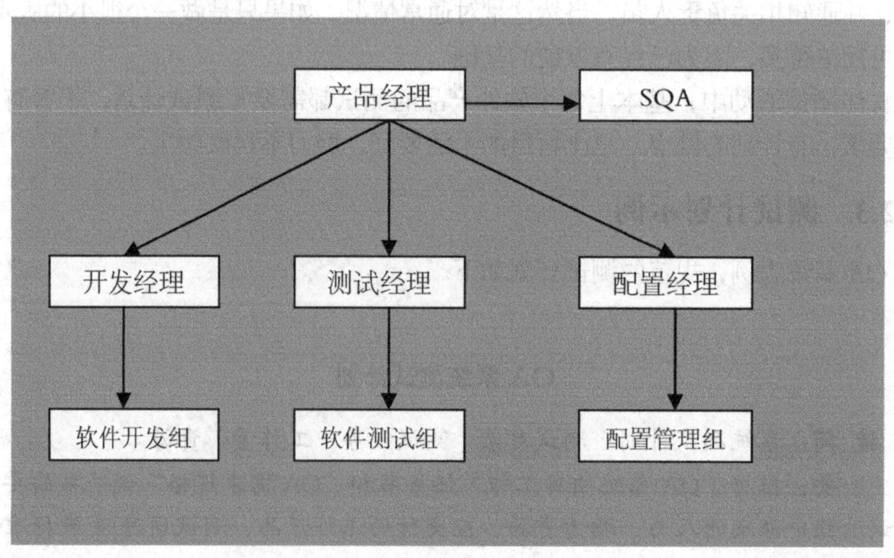

组织结构图一

说明：

（1）OA 系统由产品经理总负责，涉及软件开发组、测试组、配置管理组及 SQA，各组之间的关系如组织结构图一所示。

（2）测试组与产品经理，配置管理组，软件开发组，SQA 的合作协调遵照公司既定流程执行。

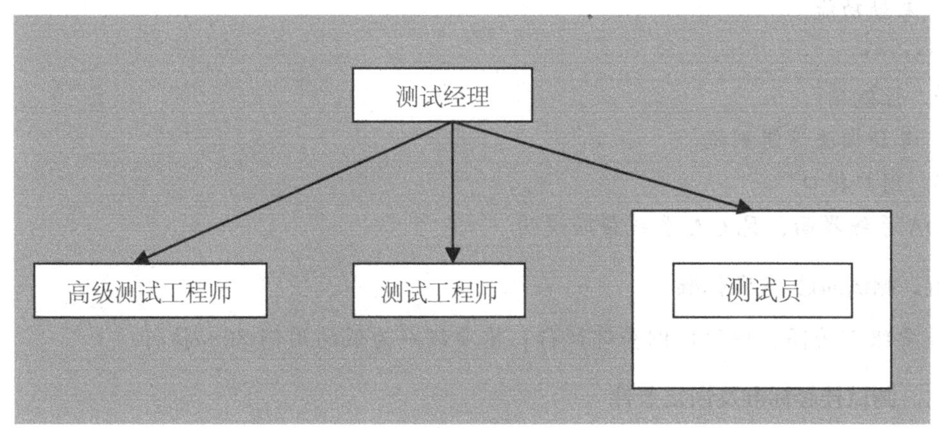

测试组成员结构图二

系统测试组成员职责说明：

测试经理：

（1）负责系统测试计划的制订；

（2）负责人力、物力资源的分配，协调；

（3）负责向产品经理汇报项目测试进展情况；

（4）负责与开发组、配置组、SQA 的工作协调；

（5）审核缺陷报告单；

（6）根据测试需要，组织项目专业知识，测试工具的培训。

高级测试工程师：

（1）负责系统测试方案的生成；

（2）提交系统测试方案。

测试工程师：

（1）负责系统测试用例的生成；

（2）提交系统测试用例和系统测试规程。

测试员：

（1）负责系统测试用例的执行。

（2）提交系统测试日报、缺陷记录、缺陷报告、测试报告及自动化测试脚本。

注意：

以上只是对各项任务按角色进行划分，实际执行过程中，一人需担当多项角色。

四、测试对象

1. 功能项

➢ 图书管理

➢ 资产管理

➢ 办公用品管理
➢ 车辆管理
➢ 工作流管理
➢ 考勤功能
……

2. 性能项
➢ 考勤模块性能测试

3. 用户接口
OA 系统界面，见 OA 系统帮助说明。

五、测试通过/失败标准

重要级别为高、中的用例全部执行；重要级别为低的用例 80%执行。

六、测试挂起标准及恢复条件

1. 系统测试挂起标准
（1）基本功能测试出现致命问题，导致 50%的用例无法执行；
（2）版本质量太差，60%的用例执行失败；
（3）测试环境出现故障，导致测试无法执行；
（4）其他突发事件，如需要优先测试其他产品。

2. 系统测试恢复条件
（1）基本功能测试通过，可执行进一步的测试；
（2）版本质量提高，用例执行通过率达到 70%；
（3）测试环境修复；
（4）突发事件处理完成，可继续正常测试。

七、测试任务安排

1. OA 系统测试计划
（1）方法和标准：
遵照 OA 系统测试计划模板
（2）输入/输出：
OA 系统需求规格说明书/OA 系统测试计划
（3）时间安排：
2014-12-18
（4）资源：
人力：2 人时
设备：PC 机 1 台
（5）风险和假设：
“OA 系统需求规格”说明书无法按时完成评审签发，测试计划设计顺延。

（6）角色和职责：

由测试组长张三负责系统测试计划的制订。

2. OA 系统测试设计

（1）方法和标准：

遵照 OA 系统测试方案模板

（2）输入/输出：

OA 系统需求规格说明书、OA 系统测试计划/OA 系统测试方案

（3）时间安排：

2014-12-19

（4）资源 ：

人力：3 人时

设备：PC 机 1 台

（5）风险和假设：

OA 系统测试计划无法按时完成评审签发，测试方案设计顺延。

（6）角色和职责：

由测试组长张三负责系统测试方案的设计。

3. OA 系统测试实现

（1）方法和标准：

遵照 OA 系统测试用例、测试规程模板

（2）输入/输出：

OA 系统需求规格说明书、OA 系统测试计划、OA 系统测试方案/OA 系统测试用例、OA 系统测试规程。

（3）时间安排：

2014-12-20

（4）资源：

人力：3 人时

设备：PC 机 2 台

（5）风险和假设：

“OA 系统测试方案”无法按时通过评审签发，测试用例和测试规程设计顺延。

（6）角色和职责：

测试组员李四等人完成“OA 系统测试用例”设计。

4. OA 系统测试执行

（1）方法和标准：

遵照 OA 系统测试日报、OA 系统缺陷记录、OA 系统缺陷报告、OA 系统测试报告模板。

（2）输入/输出：

OA 系统需求规格说明书、OA 系统测试计划、OA 系统测试方案/OA 系统测试日报、OA 系统缺陷记录、OA 系统缺陷报告、OA 系统测试报告。

（3）时间安排：

2014-12-25 第一轮测试

2014-12-27 第二轮测试

2014-12-29 测试报告提交

（4）资源：

人力：9 人时

设备：PC 机 3 台

（5）风险和假设：

➢ OA 系统测试用例、OA 系统测试规程无法按时完成评审签发，测试执行顺延。

➢ 测试版本质量太差，无法按时完成测试任务。

（6）角色和职责：

由测试组长张三、组员李四等人执行三轮测试。

八、应交付的测试工作产品

序号	交付工作产品	提交时间	提交人员
1	OA 系统测试计划	2014−12−18	张三
2	OA 系统测试方案	2014−12−19	张三
3	OA 系统测试用例	2014−12−20	张三、李四
4	OA 系统测试规程	2014−12−20	张三、李四
5	OA 系统测试日报 OA 系统缺陷记录 OA 系统缺陷报告	2014−12−25～ 2014−12−29	张三、李四
6	OA 系统测试报告	2014−12−29	张三

九、工作量估计

序号	任务	人员安排	工作量
1	系统测试计划	张三	2 人时
2	系统测试设计	张三	3 人时
3	系统测试实现	张三、李四	3 人时
4	系统测试执行	张三、李四	9 人时
5	用例、规程更新	张三、李四	3 人时

十、资源分配

测试人员：张三、李四。

测试机器：PC 机 3 台。

测试环境：Windows xp，Windows 7、IE 7/8/9

十一、附录

1．简介

（1）目的

OA 系统测试计划这一文档有助于实现以下目标。

基于项目提供了确切的需求文档并参照项目组的 OA 系统项目组工作计划，制订本计划，重点使用阐述 OA 系统测试活动实施过程中所需参考的文档、任务安排、资源耗用及规程等，并作为 OA 系统测试方案的编写依据。

（2）背景

OA 系统项目是公司的重头项目，为满足大型企业协同管理的需求而开发的新一代先进的协同平台套件系统。

（3）范围

本计划用于指导 OA 项目测试组完成 OA 项目的测试工作，并为项目组总体把控项目质量提供帮助，文中定义本次测试范围为《OA 系统用户需求规格说明书》中定义的所有功能、UI（界面）、性能方面已明确的需求，同时规定在测试活动中人力资源、硬件资源的需求。

2．测试参考文档和测试提交文档

（1）测试参考文档

下表列出了制订测试计划时所使用的文档。

文档（版本/日期）	已创建或可用	已被接收或已经过复审	作者或来源	备注
OA 系统用户需求规格说明书	是■ 否□	是■ 否□	业务部	
测试环境搭建单	是□ 否■	是□ 否□	开发部	
测试工作流程规范	是■ 否□	是■ 否□	测试部	
缺陷管理流程定义	是■ 否□	是■ 否□	测试部	

（2）测试提交文档

① OA 系统测试计划

② OA 系统测试方案

③ OA 系统测试用例

④ OA 系统功能测试报告

⑤ OA 系统性能测试方案

⑥ OA 系统性能测试报告

3．测试进度

测试活动	计划开始日期	预期结束日期	备注
制订 OA 系统测试计划	2014-12-18	2014-12-18	测试组长张三完成
制订 OA 系统测试方案	2014-12-18	2014-12-18	测试组长张三完成
执行需求测试	2014-12-19	2014-12-23	测试组完成

续表

测试活动	计划开始日期	预期结束日期	备注
设计测试用例	2014-12-23	2014-12-29	测试组完成
执行测试用例	2014-12-29	2015-1-10	测试组完成
功能测试评估	2015-1-10	2015-1-10	测试组长张三完成

4．人力资源

角色	所推荐的最少资源	具体职责或注释
测试组长	1	负责小组功能任务分配及监控小组工作行为。负责最终测试报告输出及评估
测试工程师	4	负责测试用例设计及执行用例，最终跟踪处理缺陷

5．系统风险、优先级

风险名称	优先级	应对措施
需求变更	高	采用配置管理方法严格控制，见《配置管理工作流程规范》
人员变动	高	

6．问题严重度描述

问题严重度	描述	响应时间
高	系统崩溃，宕机。功能实现错误	0.5 工作日完成
中	页面响应慢、页面布局错乱，有错别字	1 个工作日完成
低	一些用户体验方面的问题	2 个工作日完成

2.3 测试方案

如果说测试计划告诉在什么阶段做什么事情，那么测试方案则是告诉在什么阶段怎么做这些事情。一般情况下，测试方案写的比较少，特别是现在很多公司都追求短平快的效益，往往就会忽略了测试方案的编写，但实际上这是非常错误的。测试方案是软件测试工作中非常重要的文档。

一般测试方案主要包括以下几个方面：测试配置要求、软件结构介绍、各测试阶段测试用例等。

2.3.1 测试方案目的

根据测试计划，规划测试内容，并且详细制定被测需求的测试方法。

2.3.2 测试方案内容

（1）确定测试手段，确定在各个阶段使用何种测试方法。

（2）测试通过准则界定。

（3）各测试阶段所用测试用例，如单元测试阶段、集成测试阶段等。

与测试计划所区别的是测试方案规定在各个测试阶段如何去执行测试，使用哪些测试用例，并最终给出测试的结果。此设计阶段需测试设计人员具有较高的技术能力以及项目经验。

2.3.3 测试方案编写

在规范的软件企业中，企业都会提供标准的测试方案模板。模板中规定了方案中必须包含的内容，虽然不同的企业模板内容会有些差异，但是核心内容基本是相同的，方案核心内容包括以下3方面。

1．测试环境的规划

在软件版本发布后，软件测试工程师需要把发布的软件安装到测试环境中进行测试。那么需要在软件测试方案中明确测试环境各种组成元素，这里包含测试环境的硬件、软件、网络拓扑图。硬件如硬件服务器的型号和主要的元件参数、路由器型号等；软件如OA系统运行所依赖的软件环境服务器操作系统、数据库及版本、Web服务器及版本；网络拓扑图主要用于指导搭建环境时网络的组成方式。测试环境的硬件、软件和组网方式一般会在软件概要设计文档中有所体现，由软件架构师确定。测试环境的规划原则就是尽量贴近生产环境，最好保持一致。

2．测试策略

这部分是测试方案的核心内容，就是用于指导测试工程师如何去测试被测软件系统，具备重要的指导意义。

测试策略可以从以下几个方面着重考虑。

（1）软件保证质量维度。一个软件质量不能只考虑功能特性，要从多维度综合来评估一个软件的质量。例如一个软件的登录功能，如果从质量维度去考虑测试策略会考虑以下方面。

功能：保证登录可用。比如用户输入了正确的用户名和正确的密码能够登录到系统中。如果用户提供了错误的信息就不能登录到系统中。这是最基本的功能保证。

性能：用户除了考虑功能以外还会关心产品的性能，也就是用户登录的速度。登录的速度是影响用户体验的重要指标之一，那就需要测试人员保证系统的性能，做性能测试验证。

安全：登录时一个软件系统的入口，对于系统的入口，登录的安全性是至关重要的。如果存在安全漏洞会使攻击者轻松进入系统，窃取用户数据等威胁操作。登录功能要做安全性测试。

一般来说软件需求说明书中会有功能性需求和非功能性需求，这两部分的需求就是需要考虑的软件质量维度，至少测试策略中要做完整的覆盖。如果需求中给出的不够完整，测试人员要做测试需求分析加以补充。

（2）测试方法。明确每个功能点测试执行的具体方法。比如上面的举例登录需要完成性能测试，那么登录的性能测试如何去完成呢？性能测试一般是需要模拟出多用户的操作情况，需要采集测试过程中的各种指标，靠手工是很难完成的，那测试方案中就需要明确如何去完成这个测试。

例如，登录性能测试执行方法：OA 是典型的 B/S 架构的系统，可以考虑性能测试工具 RPT 来完成。脚本的开发可以采用录制、优化方式完成脚本的开发。其中涉及注册的用户数据，可以考虑从后台制作完成。

（3）测试重点。测试重点是需要明确每个系统模块、功能点重点保证的内容，明确每个测试项的优先级。例如登录的测试功能方面应重点保证正确的输入能够得到正确的处理，错误的用户名或者密码禁止登录。性能测试的重点是模拟真实的用户使用场景和用户量，确认响应时间指标、服务器的资源占用是否在期望的范围内。安全性测试重点是防 sql 注入、敏感字符的限制等内容。

3. 测试规程

测试规程是测试过程中一些规则的统一的定义。例如用例优先级的判断规则、缺陷严重程度的判断标准、测试数据准备的原则、测试执行顺序的要求等方面的定义。

以上内容是测试方案所需的核心内容，当然每家企业也会根据自己的实际情况做适当的补充和裁剪。

测试方案是整个测试过程指导意义极强的文档，测试过程的质量很大程度受测试方案的质量所影响，所以测试方案在企业中一般都是由测试经理或资深测试工程师来编写，用于指导低级别测试工程师后续的测试工作。测试方案的发布是需要经过项目组经过严格的评审后，才能正式发布。

2.3.4 测试方案示例

一、简介

1. 目的

OA 系统测试方案有助于实现以下目标：

基于项目提供了确切的需求文档并参照项目组的《OA 系统项目组工作计划》及《OA 系统测试计划》，制定本方案，重点阐述使用黑盒测试方法对 OA 系统不同模块，不同业务进行功能、UI（界面）、性能等方面进行需求验证，以检查是否符合预期需求。

2. 背景

OA 系统项目是公司的重头项目，为满足大型企业协同管理的需求而开发的新一代先进的协同平台套件系统。

3. 范围

本方案用于指导 OA 项目测试组针对不同的测试模块，测试需求实现测试工作，文中具体阐明测试活动中需要用到的技术技能及相关测试工具。

二、测试参考文档和测试提交文档

1. 测试参考文档

下表列出了制订测试计划时所使用的文档。

文档（版本/日期）	已创建或可用	已被接收或已经过复审	作者或来源	备注
OA 系统用户需求规格说明书	是■ 否□	是■ 否□	业务部	
测试环境搭建单	是□ 否■	是□ 否□	开发部	
测试工作流程规范	是■ 否□	是■ 否□	测试部	
缺陷管理流程定义	是■ 否□	是■ 否□	测试部	

2. 测试提交文档

（1）OA 系统测试计划。

（2）OA 系统测试方案。

（3）OA 系统测试用例。

三、测试环境

测试服务器环境如下表所列。

软件环境（相关软件、操作系统等）
OS：Windows Server 2003 Enterprise Edition SP2
Web 服务器：Tomcat5.5
数据库：Mysql
硬件环境（网络、设备等）
PC：普通 PC
CPU：P4 3.0
MEM：1GB
DISK：SATA 80G

测试客户端环境

软件环境（相关软件、操作系统等）
OS：Windows XP 、Windows 7
IE：7.0、8.0、9.0
硬件环境（网络、设备等）
个人 PC
CPU：P4 3.2
MEM：1GB
DISK：80GB

四、测试工具

测试使用工具如下表所列。

用途	工具	生产厂商/自产	版本
测试管理	TestDirector	HP mercury	8.0SP1
功能测试工具	QuickTestProfessional	HP mercury	9.2
性能测试工具	LoadRunner	HP mercury	8.1

五、测试策略

1. 功能测试

测试目标	确保 OA 系统的功能满足 OA 系统用户需求规格说明书中的需求定义
测试范围	OA 系统用户需求规格说明书中定义的功能需求
技术	使用等价类、边界值、错误推断等用例设计方法设计本次测试的测试用例，并使用渐增式集成方法对系统功能模块进行测试
开始标准	编码完成及用例评审通过
完成标准	缺陷修复率大于 90%
测试重点和优先级	与 OA 系统用户需求规格说明书中的需求优先级一致
需考虑的特殊事项	缺陷修复率计算法则：缺陷修复率=校验通过关闭的缺陷数/总的缺陷数

2. 用户界面测试

测试目标	通过测试进行的浏览可正确反映业务的功能和需求，这种浏览包括窗口与窗口之间、字段与字段之间的浏览，以及各种访问方法（Tab 键、鼠标移动、和快捷键）的使用 窗口的对象和特征（如菜单、大小、位置、状态和中心）都符合标准
测试范围	OA 系统用户需求规格说明书中定义的 UI 需求
技术	使用静态测试方法，仔细审查界面图片、文字、按钮等界面元素的正确性与整体统一性
开始标准	系统界面设计完成并通过评审
完成标准	与 OA 系统用户需求规格说明书中的 UI 需求一致
测试重点和优先级	与 OA 系统用户需求规格说明书中的需求优先级一致
需考虑的特殊事项	

3. 性能测试

测试目标	通过设计典型的业务场景，检查系统在大业务量下能否提供持续的服务，并且系统的资源耗用在一个合理的范围内
测试范围	OA 系统用户需求规格说明书中定义的性能需求
技术	使用专业的性能测试工具 LoadRunner 模拟多并发的操作，完成被测模块实际业务的操作
开始标准	功能测试完成

续表

完成标准	与 OA 系统用户需求规格说明书中的性能需求一致
测试重点和优先级	与 OA 系统用户需求规格说明书中的需求优先级一致
需考虑的特殊事项	

六、问题严重度描述

问题严重度	描述	响应时间
高	系统崩溃，宕机，功能实现错误	0.5 工作日完成
中	页面响应慢，页面布局错乱，有错别字	1 个工作日完成
低	一些用户体验方面的问题	2 个工作日完成

2.4　本章练习

1. 常见的测试流程是什么？
2. 测试计划包含哪些内容？
3. 测试方案包含哪些内容？

第 3 章 OA 系统测试环境搭建

测试环境适合与否会严重影响测试结果的真实性和正确性。其搭建参考标准原则上是需求规格说明书或开发计划中明确表述的系统实际运行环境，但模拟实际运行环境，硬件配置很高，成本昂贵，一般通过虚拟机搭建或与开发团队共用。

系统测试环境除支撑被测软件运行的硬件设备外，还应包含被测软件和被测软件配套的操作系统、数据库等系统软件、备料、测试数据、相关资料文档等。

测试环境搭建完成后，环境搭建人员需做预测试，以保证测试环境的正确性，然后组织实施测试活动。

学习目标

- 了解软件测试环境搭建流程
- 理解如何配置系统测试环境

3.1 测试环境搭建流程

在软件版本测试前需要搭建好测试环境。测试环境的搭建分为两部分，一部分是测试版本提供前搭建完成，另一部分是在测试版本提供后进行搭建。

测试版本提供前主要根据软件需求规格说明书、软件设计说明书等文档来完成基础环境的搭建，包括以下2方面。

（1）硬件环境的准备及网络环境的搭建。比如PC服务器、路由器、防火墙等硬件设备，并且要按照生产环境方式的组网方式完成网络搭建。

（2）基础软件的安装。按照软件设计文档描述，完成测试环境中的一些基础软件安装，比如操作系统、数据库、JDK、Web服务器、中间件等内容的安装。

测试版本提供后的测试环境搭建，主要是完成以下2方面。

（1）基础软件的参数配置。录入操作系统的核心参数调整、Web 服务器的参数调整等内容。

（2）被测试系统的安装和配置、被测试系统的基础数据的准备。

这部分的安装主要依赖于开发人员提供的xxx软件系统安装部署指导书.doc来完成。测试人员按照此文档的描述进行被测系统的基础环境的测试调整、被测试系统的安装和参数配置和基础数据的准备。

实际严格意义来讲，此部分的测试环境的安装配置也是属于测试的一部分，就是对开发提供的安装配置指导书进行测试。如果按照此文档无法正确地完成安装，那么基本是被测试系统存在缺陷或者此文档描述错误导致的。安装部署指导书需要经过严格地测试，保证其正确性、完整性，最后用于指导运维人员使用此文档在生产环境上完成系统的安装。

3.2 测试环境搭建

遵从项目开展的进度计划安排，测试组在编写并完成测试用例的评审活动后，即可等待研发同事的测试版本。一旦项目开发负责人提出测试申请，测试部门即需迅速介入测试。此时，项目测试组需要向配置管理员申请测试版本，并在开发部门的指导下，完成测试环境的搭建。

通常情况下，项目开发组在做测试版本集成时，需编写该测试版本的测试环境搭建单，连同测试版本一起提交至配置管理员处。测试组接到测试申请、成功提取测试版本的同时，需同步提取对应版本的测试环境搭建单，例如 OA 系统测试环境搭建单。该文档详细描述了如何搭建 OA 系统的测试环境，以及在环境搭建过程中需要注意的地方。如果开发工程师仅提供一份非常简单，甚至不提供文档时，测试组就需要自己具备相关的知识去解决了。

一般地，搭建测试环境需要具备相应的软硬件知识。与开发工程师不一样，测试工程师可能需要接触众多的测试环境，有 C/S 结构的，有 B/S 结构的，有 Windows 平台的，也有 Linux 或者 UNIX 平台的。形形色色，各种各样。OA 系统是运行在 Windows 平台上的，所以，就需要具备在 Windows 平台上搭建相应测试环境的技能。这里需要强调的是，一般使用 Windows 做服务器，大多采用的是 Windows Server 2003 Enterprise Edition，而不采用其他的版本。

本系统是基于 JAVA BEAN、SERVLET 设计的，运行在 JDK+TOMCAT 服务上，使用的数据库是 MYSQL。在环境搭建的过程中，需要测试工程师掌握相关的软件安装及配置技能。

在项目组中，搭建测试环境工作一般由测试组长负责，当然也可以由组员完成。本次测试服务器搭建的流程如图 3-1 所示。

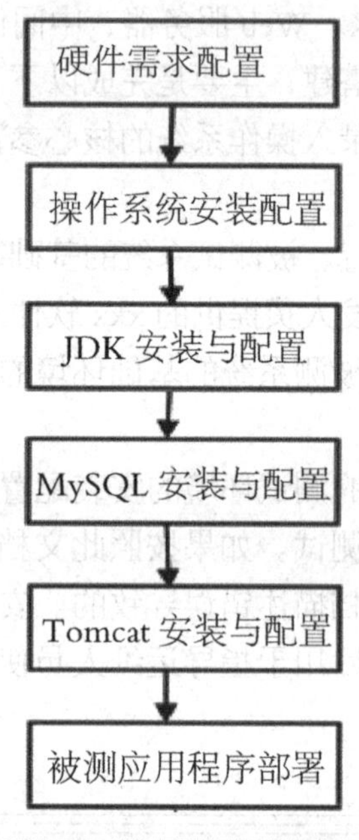

图 3-1 测试环境搭建流程图

其他的测试环境搭建也是类似的流程方法，根据实际情况调整内容即可。

3.2.1 测试环境配置要求

在用户需求规格说明书中一般都需定义好软件系统的硬件与软件运行环境。其中硬件部分需详细列出支撑本软件系统运行的硬件平台，如 CPU、内存、硬盘、网卡等硬件设备的型号，同时对机型也有一定的要求，一般大型的项目都采用专业的服务器，如 IBM、DELL、HP 这些厂商生产的高品质的专业服务器，配置一般都是比较强劲的，也有些项目采用普通的 PC。相对来说，专业的服务器各方面指标都要比普通的 PC 好得多，不过价格也贵了很多。软件部分则会详细列出支撑本软件系统运行的软件环境，如操作系统（OS）、Web 服务器、编译器、中间件、数据库等。同样，需要列出这些软件的版本型号。在软件项目开发中，版本之间的差异很可能导致软件的失效，所以必须指明与软件系统运行相关的所有硬件、软件的型号与版本。

1．测试服务器硬件需求

硬件需求的信息获取相对来说要容易些。一般情况下，可以根据用户需求规格说明书获得，或者根据开发同事提供的文档及他们的描述获得。而且，一般情况下，硬件之间的差别不是很大，其带来的版本间的影响也是比较小的，只需在通用的硬件平台上进行测试即可。如果有特殊的需要，测试工程师可在项目上线时做上线测试。

本软件运行的测试服务器硬件需求如表 3-1 所示。

表 3-1　OA 系统测试服务器硬件需求列表

主机用途	机型	台数	CPU/台	内存容量/台	硬盘	网卡
Web 应用服务器	普通 PC	1	P4 3.0/1	DDR6671G/1	SATA80GB	100M
数据库服务器	普通 PC	1	P4 3.0/1	DDR6671G/1	SATA80GB	100M

注：数据库服务器与 Web 服务器共用一台机器。

从表 3-1 得知，在实际的测试过程中需要详细了解被测系统的硬件配置，这点在做功能测试的时候，其必要性可能暂时体现不出来，但在性能测试时往往起到了决定性的作用。所以，一定要弄清楚被测系统所需的硬件平台配置。所谓知己知彼，百战不殆。

在实际工作中，这方面的信息要求往往被忽略，有时仅仅概要的列出服务器的配置，比如 CPU、内存、硬盘、网卡等。作为测试工程师，应该本着实事求是的态度，弄清楚每一个硬件配置，即使其他部门未能给出详细的配置，也必须自己严格要求。因为每一种测试结果都是在特定的环境下出现，所以，在什么样的配置下软件系统出现什么样的表现，这是需要关注的，也是最终测试报告中需要关注的。

2．测试服务器软件需求

与硬件需求相比，软件需求要复杂的多。软件的类别太广泛，版本也很多，例如，Windows 产品系列就有 Windows 98、2000、XP、2003、Vista、2008 之分，被测软件在这些操作系统上的表现可能有很大的差别。这样的问题，在软件测试中一般称之为兼容性问题。在现今 B/S 结构软件盛行的时代，兼容性尤为突出。现在有很多浏览器，Internet Explorer、遨游（Maxthon）、火狐（FireFox）等。每种浏览器都有一定的用户群体，在做项目测试的时候，如果没有明确的需求主体，那么这些浏览器的常规版本都需要进行兼容性方面的测试。总之，在搭建测试环境的时候，就必须指明当前系统运行所必须的软件版本。

本软件运行的测试服务器软件需求如表 3-2 所示。

表 3-2　OA 系统测试服务器软件需求列表

名称	用途	版本号
Tomcat	Web 服务器	5.5.25 安装版
JDK	Java 编译器	1_5_0_08-Windows-i586-p
MySql	数据库	5.0.18
Windows Server 2003 Enterprise Edition	系统平台	SP1 简体中文版

从表 3-2 得知本系统所需的软件版本，那么就需要准备这些版本的软件。一般情况下，可以向开发同事索取，如果公司中有正式的配置管理，或者有相应的质量管理规范，则需根据相应的流程去索取。

上面仅仅介绍了测试服务器的配置，实际上还应该有测试客户端的配置，不过很多时候，不考虑这些，除非有特殊的说明，比如软件中可能需要使用第三方插件时，才需根据实际需要配置相应的环境。

根据上述硬件、软件方面的配置要求，准备好这些环境，比如配置好硬件机器，就可以进行测试环境的搭建了。

3.2.2 硬件需求配置

硬件需求的配置很简单，只需要根据测试服务器硬件需求列表，向公司里负责硬件资源管理的部门或者人员申请即可。管理流程比较完善的公司可能会有环境保障部门，由专人负责公司硬件资源的管理与维护，也可能由质量保证部门负责这方面的事情，不管是谁负责，只要申请到相应的硬件资源即可。一般地，申请到的资源都是已经安装配置好的机器，无需再做什么改动。

3.2.3 操作系统安装

在申请到相应的硬件资源后，就开始着手测试服务器操作系统的安装了。

通常在普通的 PC 上安装操作系统确实比较简单，按照常规的方式去做就行了，但在另外一种方式下，可能就比较麻烦了。有些时候，根据资源的分配，可能需要在虚拟机，比如 VMware Workstation 上安装相应的系统，这时恐怕就不是那么容易了。至于为什么需要用虚拟机，这里简单介绍一下。有些公司的服务器配置是比较高的，如果一个配置很高的机器仅让它发挥部分效能，恐怕这是最浪费的事，于是多数情况下领导会让一机多用，一台服务器上安装一个宿主系统，然后利用虚拟机工具模拟多个系统环境，在这些虚拟的系统上开展工作。测试工程师可以利用这些系统开展相应的测试工作，当然这些测试工作仅限于功能方面的测试，因为真实的软件服务运行环境一般情况下不会采用虚拟机。在虚拟机上安装系统时，需要考虑的是硬盘容量的大小及型号、网络的连接方式等。很多时候，默认的方式不一定行，比如在某些主板上，使用 SCSI 方式模拟硬盘就会导致失败，必须使用自定义的 IDE 模式。这些都是需要注意的。在安装过程中，尽量去模拟真实的测试环境，但也需考虑实际的硬件配置。

还有一种比较常见的操作系统安装比较麻烦，就是 Linux 或者 UNIX 系统。相信很多朋友对这样的系统安装配置并不熟悉，那么在测试工作中用到的时候就比较麻烦。现在的 Linux 版本有很多，比如 Debian、OpenSuSe、Fedora、Solaris、Ubuntu 等。虽说这些系统从外观来看都是差不多的，但在实际的安装配置过程中又有细微的差别，尤其需要注意的是 Linux 系统安装过程中的硬盘分区方法。很多问题可能是以前没有见过的，这就需要去学习与解决了。

3.2.4 JDK 安装与配置

安装好操作系统后，就需要进行相关的软件安装了，根据图 3-1 所示的流程图，操作系统安装完成后，即开始JDK 的安装。

JDK 的安装与配置主要有三步：JDK 软件安装、环境变量配置、验证 JDK 配置。

1. JDK 软件安装

按照 OA 系统运行的 JDK 软件版本要求，采用 jdk-1_5_0_08-windows-i586-p 进行 JDK 的安装与配置。

STEP 1 单击 jdk-1_5_0_08-Windows-i586-p.exe，出现如图 3-2 所示。

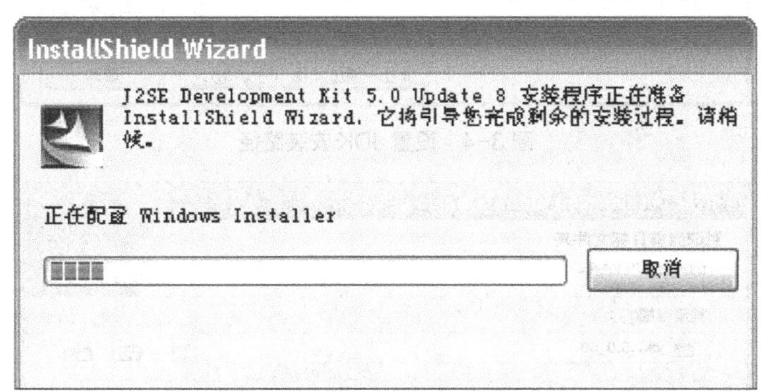

图 3-2 JDK 安装解压

STEP 2 初始化安装程序完成后出现如图 3-3 所示，选择“我接受该许可证协议中的条款”，同意安装条款，单击【下一步】按钮，进入下一安装界面。

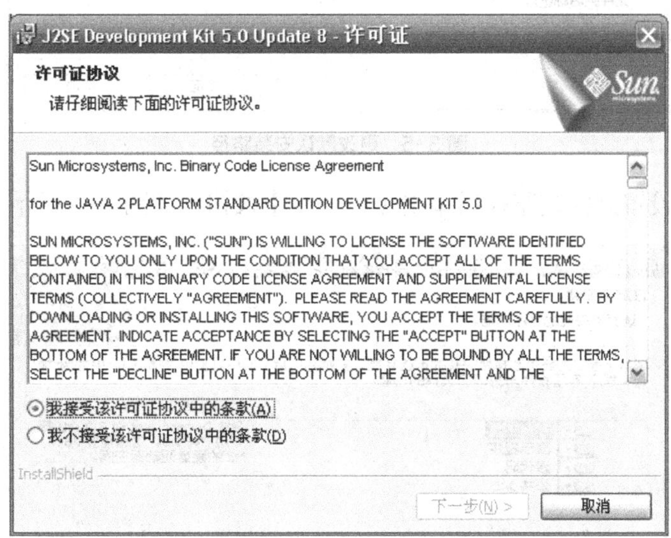

图 3-3 安装许可证选择

STEP 3 在图 3- 4 中单击【更改】按钮，更改 JDK 的安装路径，如图 3-5 所示，最好放在 C 盘根目录下，修改完成后，单击【确定】按钮，返回到如图 3-4 所示界面。

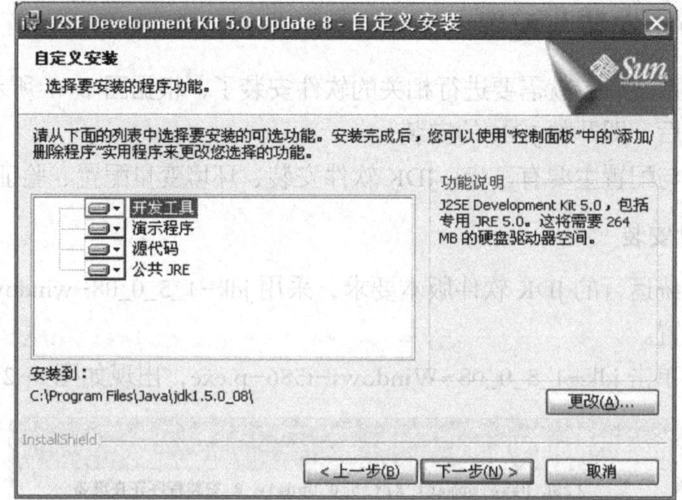

图 3-4　设置 JDK 安装路径

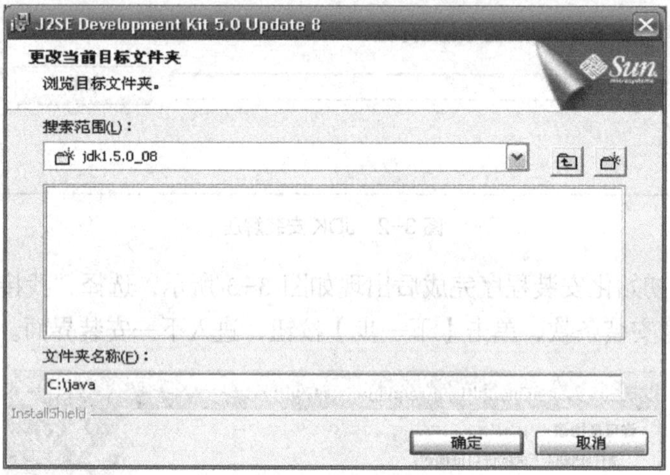

图 3-5　更改默认安装路径

STEP 4 设置好安装路径后单击【下一步】按钮，如图 3-6 所示。

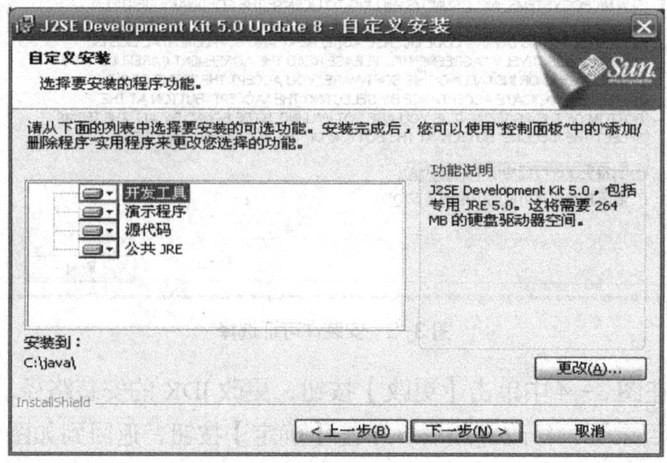

图 3-6　更改安装路径后的效果

STEP 5 安装界面如图 3-7 所示。

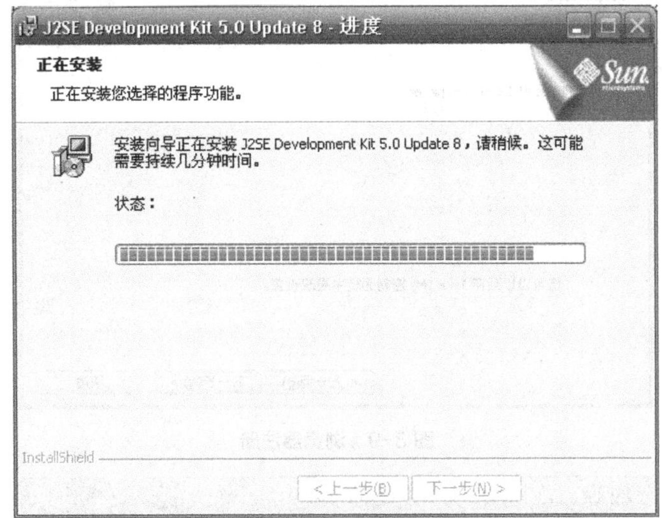

图 3-7　JDK 安装界面

STEP 6 自定义安装语言环境，这里不做修改，默认即可，单击【下一步】按钮，如图 3-8 所示。

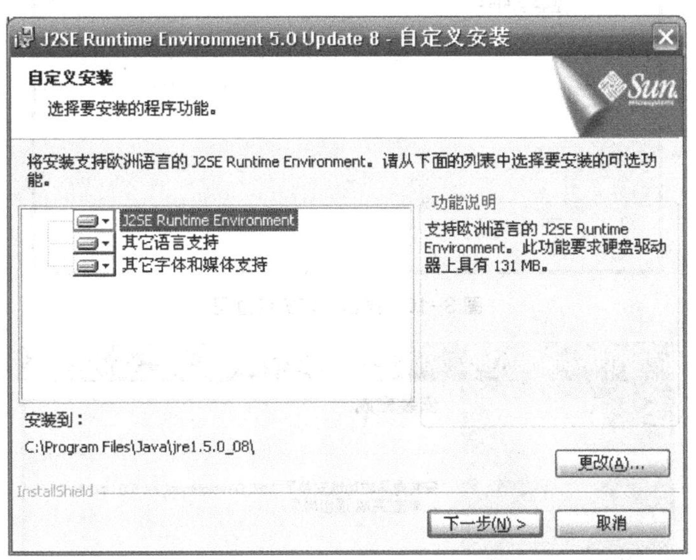

图 3-8　设置语言环境文件安装路径

STEP 7 浏览器注册，默认即可，单击【下一步】按钮，如图 3-9 所示。

STEP 8 安装过程进行中，如图 3-10 所示。

STEP 9 安装完成，如图 3-11 所示，单击【完成】按钮即可。

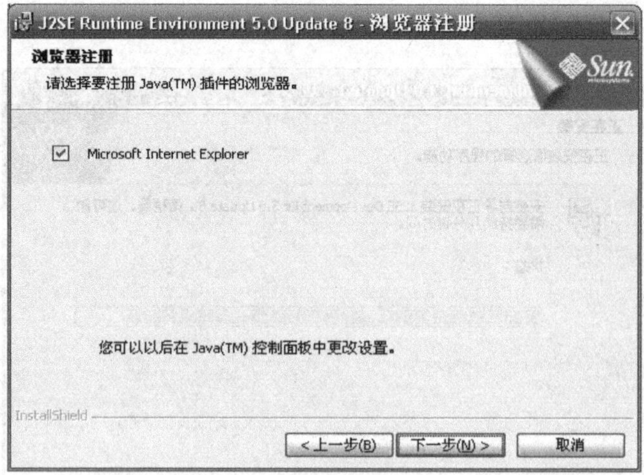

图 3-9　浏览器注册

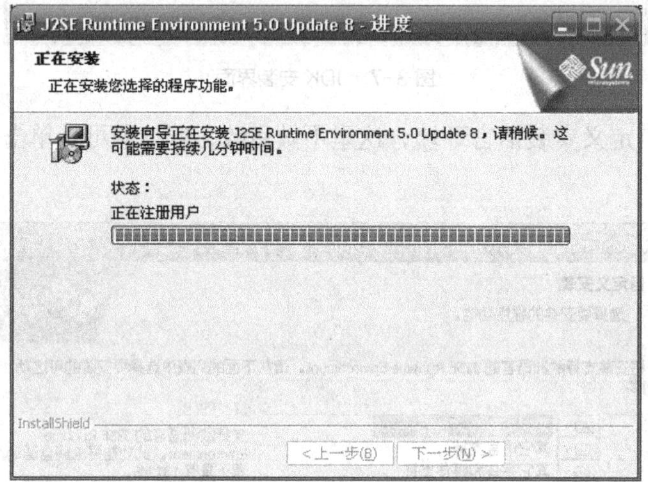

图 3-10　语言环境安装过程

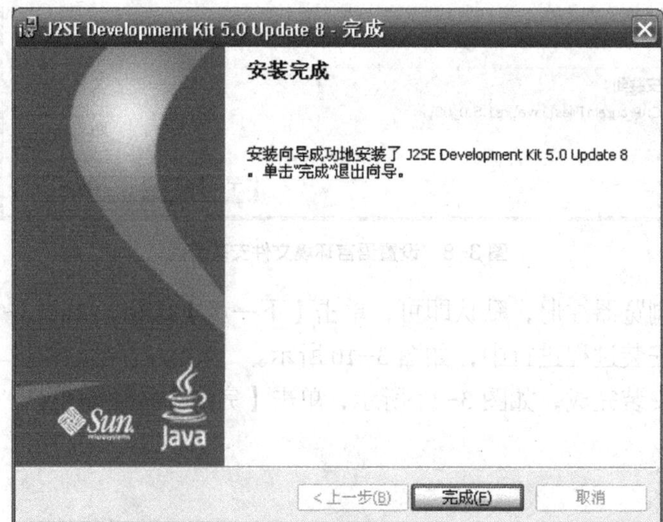

图 3-11　JDK 安装完成

2. JDK 环境变量配置

正确安装了 JDK 后，需要对其进行环境变量的设置。

STEP 1 单击“我的电脑→属性→高级→环境变量”，出现如图 3-12 所示。

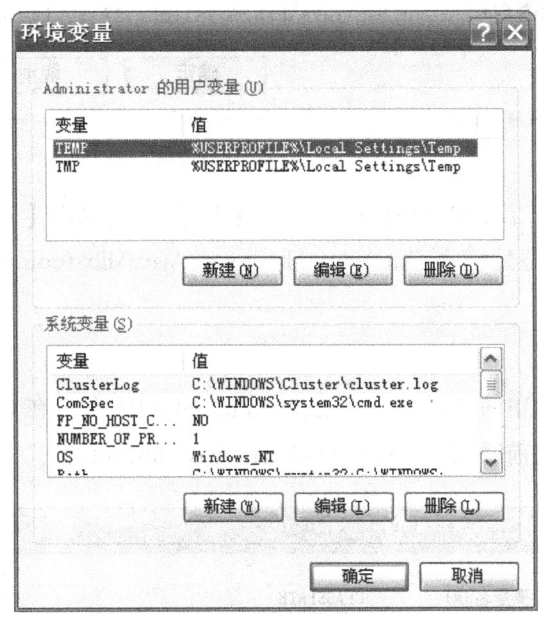

图 3-12　环境变量列表

STEP 2 设置 JAVA_HOME 变量，在系统变量中单击【新建】按钮，变量名处输入“JAVA_HOME”，变量值处输入“C:\java”，如图 3-13 所示，单击【OK】按钮。这里的变量值就是 JDK 的安装目录。

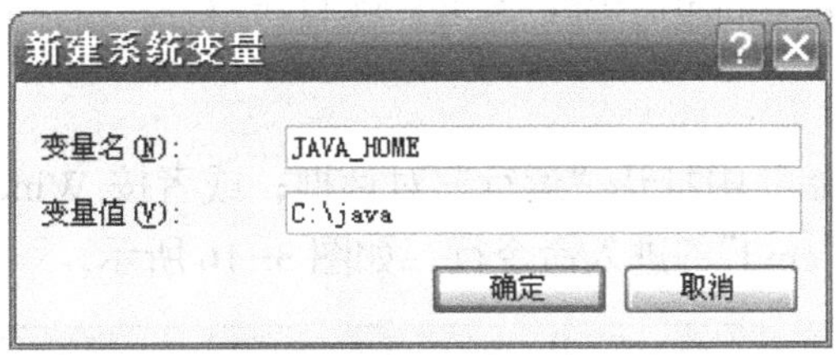

图 3-13　新建 JAVA 环境变量

STEP 3 添加 Path 路径，在系统变量中找到 Path 变量，单击编辑，在变量值的最前面添加“C:\java\bin;”，如图 3-14 所示。

不是删除里面的变量值，而是在原有值的前面添加“C:\java\bin;”，并且 bin 后面一定要加“;”分割变量值。

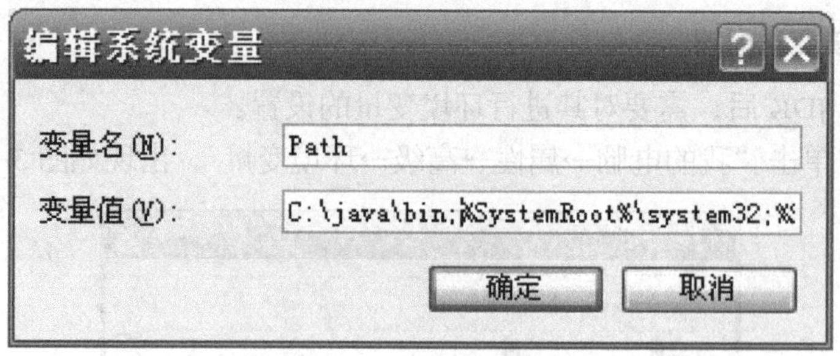

图 3-14　设置 Path 变量

STEP 4 添加 CLASSPATH 路径，在系统变量中单击【新建】，变量名处输入“CLASSPATH”，变量值处输入“.;c:\java\lib\dt.jar;c:\java\lib\tools.jar;”，如图 3-15 所示，单击【确定】按钮。

变量值中的“.;”千万不能少。如果系统中已经存在 CLASSPATH 变量，只需在变量值前添加“.;c:\java\lib\dt.jar;c:\java\lib\tools.jar;”即可。

图 3-15　创建 CLASSPATH 环境变量

STEP 5 全部确定，注销系统，使变量配置生效。

3．验证 JDK 配置

STEP 1 在“开始”中打开“运行”对话框；或者按 Windows 徽标+R 键，打开“运行”对话框。输入“cmd”，进入命令行，如图 3-16 所示。

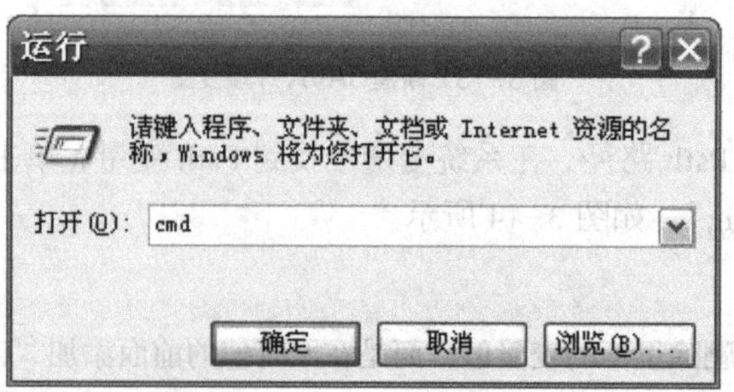

图 3-16　进入命令符窗口

STEP 2 进到 C 盘根目录，输入“java -version”或者“javac”出现相关的版本信息或者帮助信息，即表示安装成功，如图 3-17 所示。

```
Microsoft Windows [版本 5.2.3790]
(C) 版权所有 1985-2003 Microsoft Corp.

C:\Documents and Settings\Administrator>cd ../..

C:\>java -version
java version "1.5.0_08"
Java(TM) 2 Runtime Environment, Standard Edition (build 1.5.0_08-b03)
Java HotSpot(TM) Client VM (build 1.5.0_08-b03, mixed mode, sharing)

C:\>javac
用法: javac <选项> <源文件>
其中, 可能的选项包括:
  -g                         生成所有调试信息
  -g:none                    不生成任何调试信息
  -g:{lines,vars,source}     只生成某些调试信息
  -nowarn                    不生成任何警告
  -verbose                   输出有关编译器正在执行的操作的消息
  -deprecation               输出使用已过时的 API 的源位置
  -classpath <路径>            指定查找用户类文件的位置
  -cp <路径>                   指定查找用户类文件的位置
  -sourcepath <路径>           指定查找输入源文件的位置
  -bootclasspath <路径>        覆盖引导类文件的位置
  -extdirs <目录>              覆盖安装的扩展目录的位置
  -endorseddirs <目录>         覆盖签名的标准路径的位置
```

图 3-17　检查 JAVA 是否安装成功

STEP 3 编译一个简单的程序检查。打开记事本，输入下列代码：

```
public class HelloWorld {
    public static void main(String args[])
        {
                System.out.println("JAVA 环境配置成功!") ;
        }
}
```

保存名为“HelloWorld.java”，放在 C 盘根目录。

STEP 4 进入 DOS 命令窗口，输入下面的命令，如图 3-18 所示。

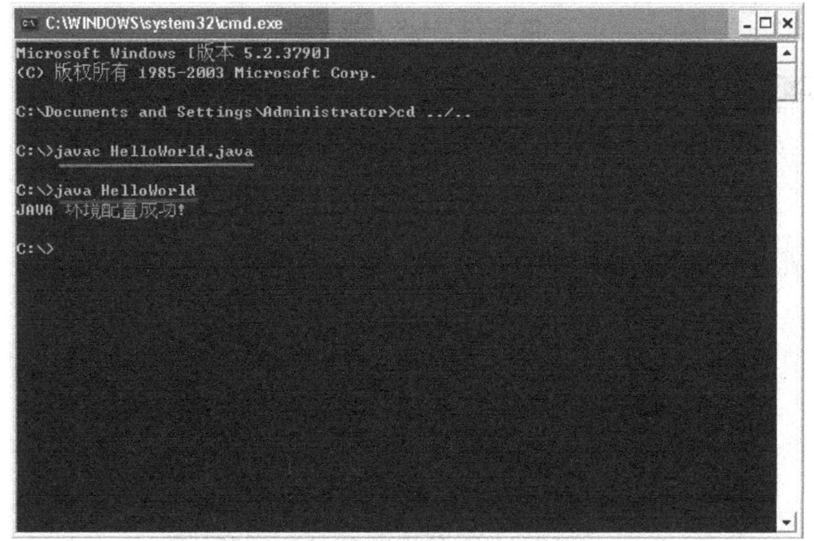

图 3-18　编译及运行 JAVA 程序

如果输出“JAVA 环境配置成功!”，则表示 JDK 安装配置成功。

到这里，JDK 就配置成功了，已经完成了测试环境搭建的第三步了。

3.2.5　MySQL 安装与配置

在搭建带有数据库的测试环境时，需要弄清楚一个非常重要的事，就是数据库内容的生成方式。一般情况下有 SQL 导入、数据库备份还原、数据库附加等方式。这些生成数据库的文件，项目组开发工程师肯定会提供其一，所以在提取测试版本后，需要按照测试版本的文件清单列表仔细核对，检查相关的软件系统配置文件是否齐备，比如配置文件、数据库生成文件等，缺一不可。对于本系统，使用的是 SQL 导入的方式生成相应的数据库文件。首先进行 MySQL 数据库的安装配置过程，然后再导入 SQL 文件，生成数据库内容。

STEP 1 双击 MySQL-5.0.18.exe，单击图 3- 19 中的【Next】按钮。

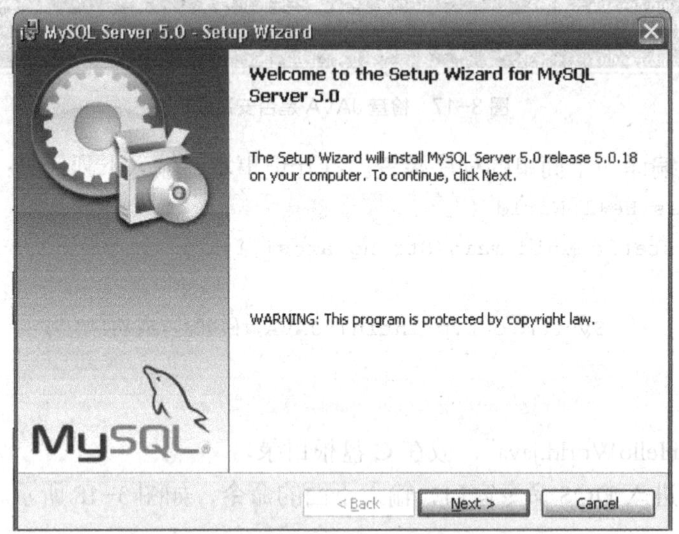

图 3-19　MySQL 准备安装

STEP 2 选择“Custom”，如图 3-20 所示，单击【Next】按钮。

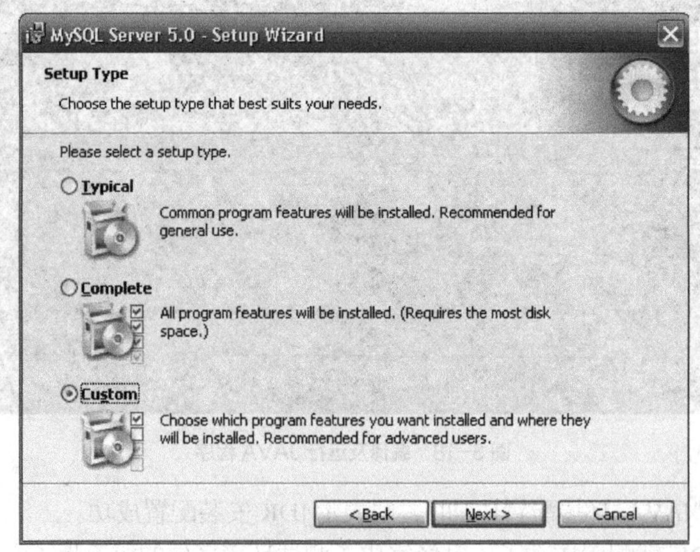

图 3-20　安装类型选择

STEP 3 单击【Change…】按钮，修改安装路径，如图 3–21 所示。

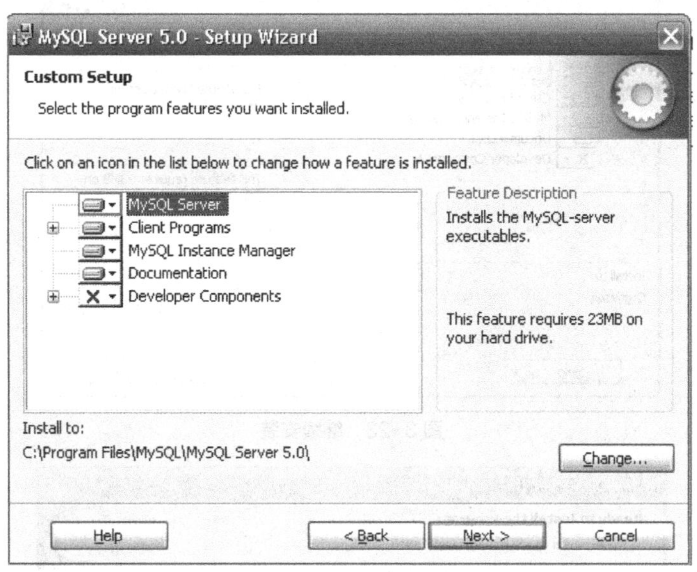

图 3–21　安装路径设置

STEP 4 按如图 3–22 所示，修改安装路径，建议修改为某系统盘的根目录，便于管理，如此处设置为“C:\mysql”，设置完成后单击【OK】按钮。

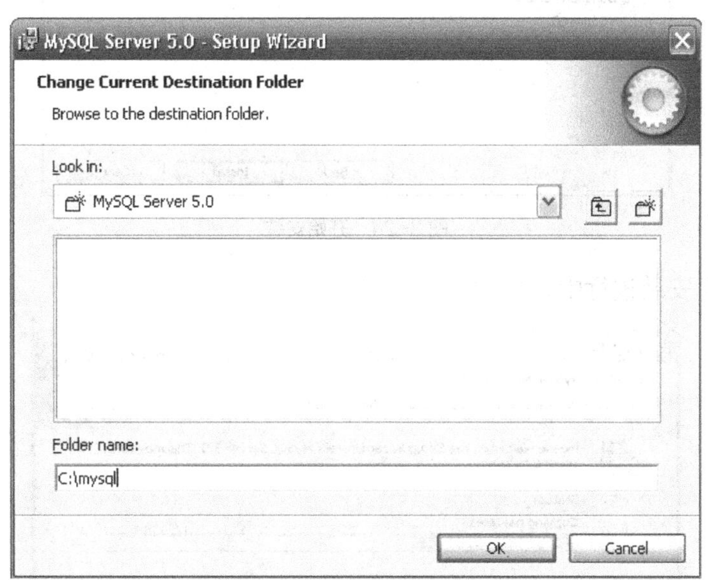

图 3–22　修改安装路径

STEP 5 修改好 MYSQL 安装路径后，单击【Next】按钮，如图 3–23 所示。

STEP 6 单击【Install】按钮，执行安装，如图 3–24 所示。

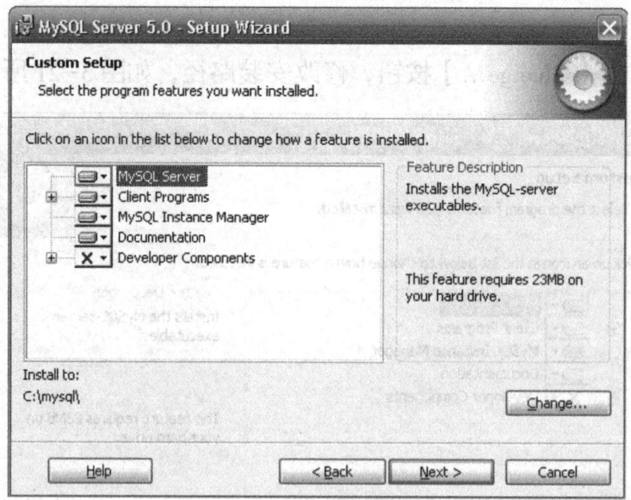

图 3-23　继续安装

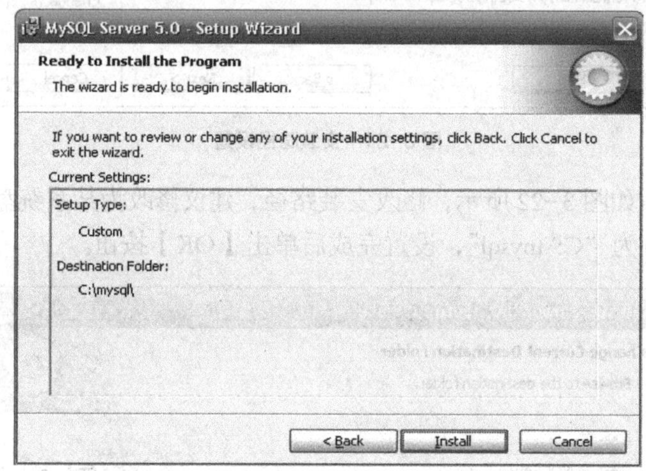

图 3-24　开始安装

STEP 7 安装进行中，如图 3-25 所示。

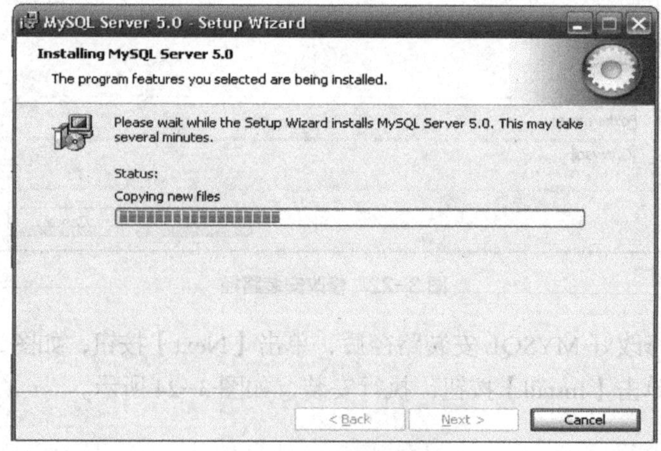

图 3-25　安装进程

STEP 8 选择“Skip Sign-Up”，跳过注册，单击【Next】按钮，如图 3-26 所示。

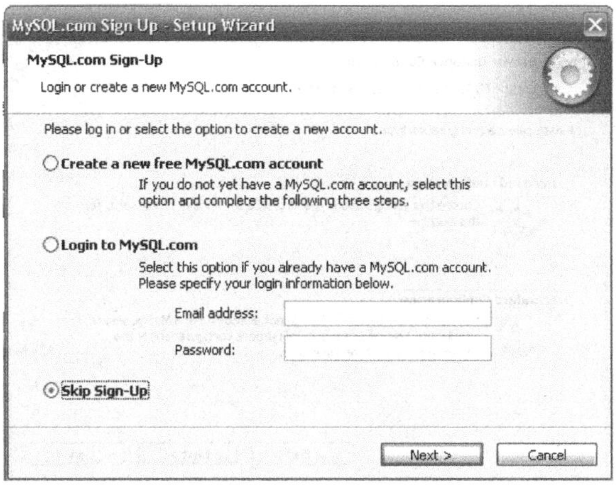

MySQL.com Sign Up - Setup Wizard
MySQL.com Sign-Up
Login or create a new MySQL.com account.
Please log in or select the option to create a new account.
Create a new free MySQL.com account
If you do not yet have a MySQL.com account, select this option and complete the following three steps.
Login to MySQL.com
Select this option if you already have a MySQL.com account. Please specify your login information below.
Email address:
Password:
Skip Sign-Up
Next >
Cancel

图 3-26　MySQL 注册界面

STEP 9 勾选“Configure the MySQL Server now”，单击【Finish】按钮，进入 MySQL 配置界面，如图 3-27 所示。

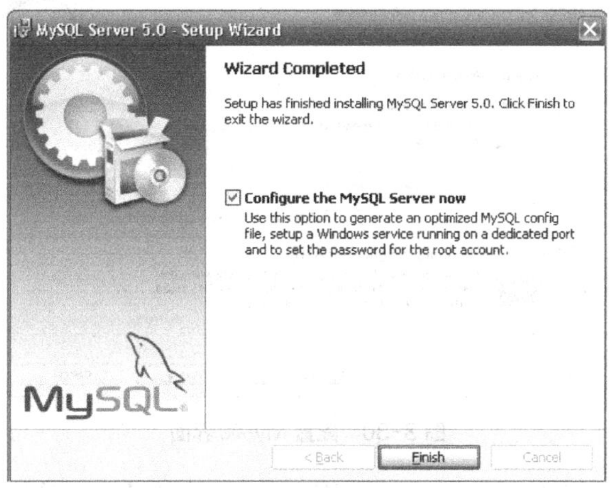

图 3-27　完成安装

STEP 10 该界面是 MySQL 配置欢迎界面，单击【Next】按钮，如图 3-28 所示。

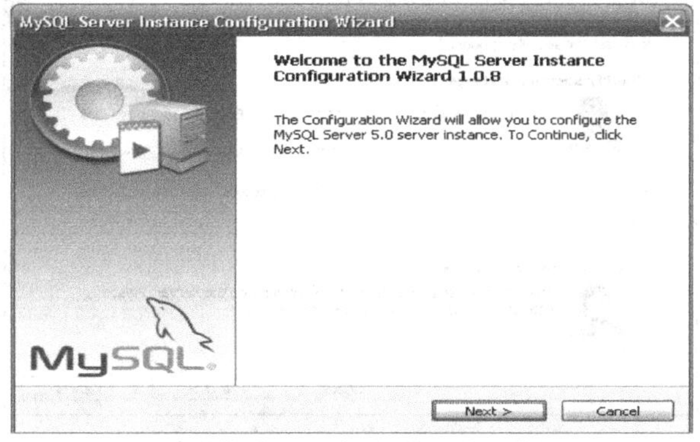

图 3-28　进入配置界面

STEP 11 按如图 3- 29 所示，选择“Standard…”（标准配置），单击【Next】按钮。

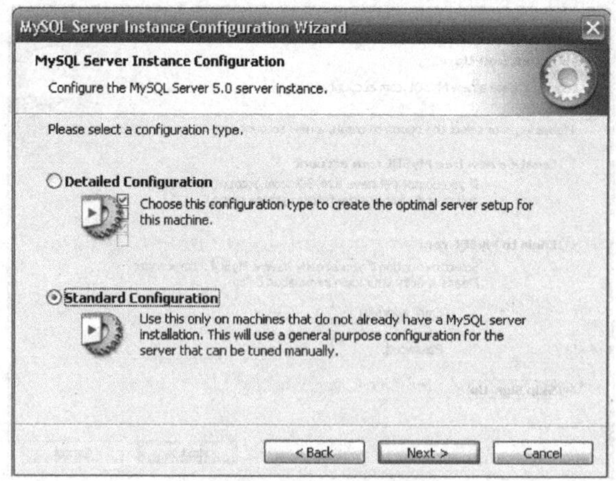

图 3-29 选择配置类型

STEP 12 按如图 3- 30 所示设置，单击【Next】按钮。

图 3-30 配置 MySQL 界面

STEP 13 勾选所有项，并设置 root 用户密码，单击【Next】按钮，如图 3-31 所示。

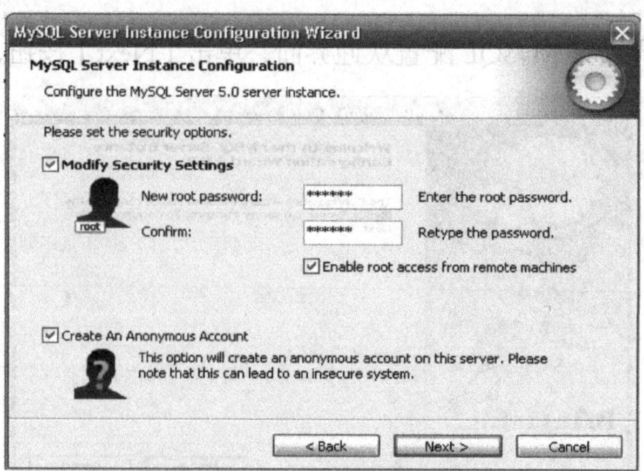

图 3-31 设置 MySQL 账号信息

STEP 14 单击【Execute】按钮，执行配置，如图 3–32 所示。

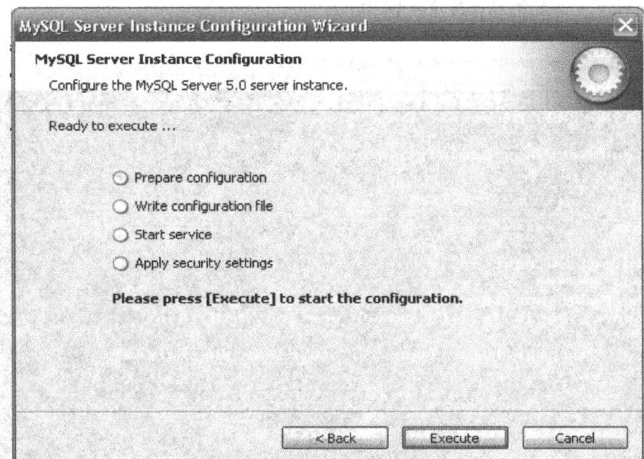

图 3–32　MySQL 配置界面

STEP 15 单击【Finish】按钮完成 MySQL 的安装与配置，如图 3–33 所示。

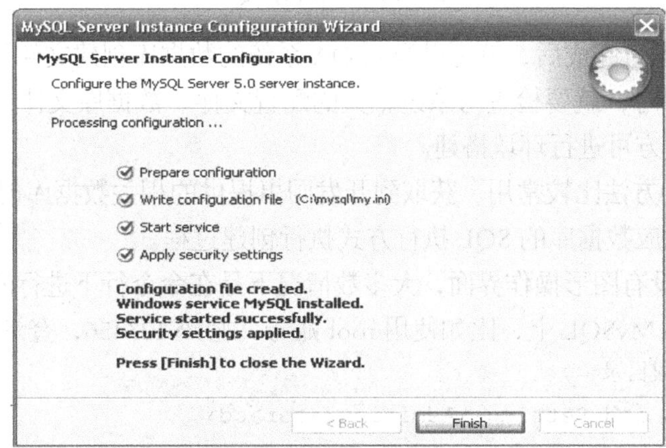

图 3–33　MySQL 安装完成

STEP 16 打开命令提示符，进入 MySQL 的 bin 目录，如图 3– 34 所示。

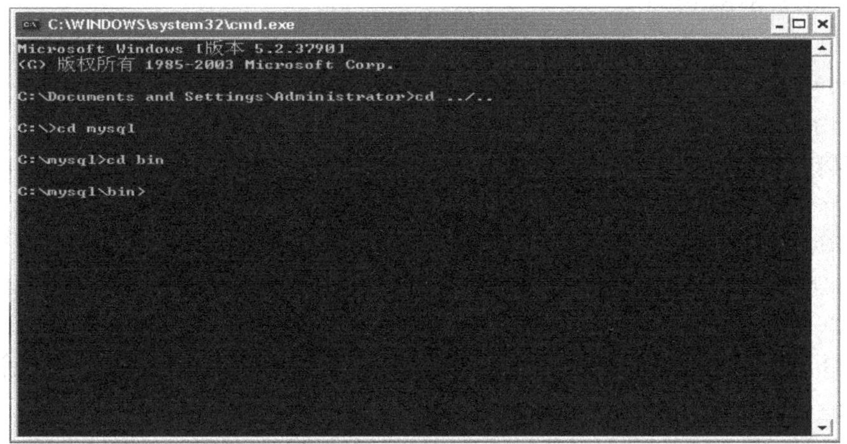

图 3–34　进入 MySQL bin 目录

STEP 17 登录 MySQL，输入 mysql –u root –p，此命令意思是以 root 登录，并要求输入密码，输入密码后，界面如图 3–35 所示。

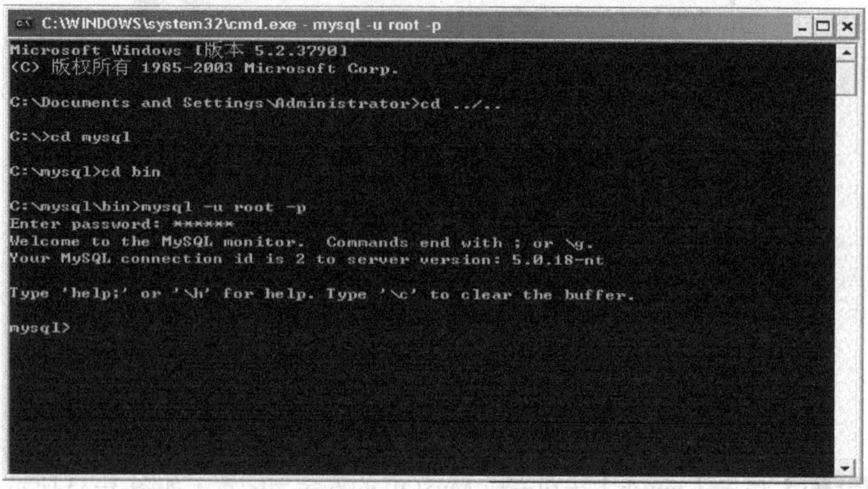

图 3–35　登录 MySQL

MySQL 安装配置完成后，就可以导入 OA 系统的数据库创建文件了。前面讲了，在提取测试版本的同时，就要检查与系统相关的配置文件、数据库文件或者其他文件是否齐备，确认无误后方可进行环境搭建。

SQL 导入这种方法比较常用。获取到开发同事提供的相关数据库创建 SQL 文件后，测试工程师按照对应数据库的 SQL 执行方式执行创建过程。

MySQL 自身没有图形操作界面，大多数情况下是在命令行下进行的。首先需要使用相应的用户登录到 MySQL 上，比如使用 root 账号，密码 123456，登录到 MySQL 中。

```
1. 进入到 C 盘根目录
C:\Documents and Settings\Administrator>cd\
2. 进入 mysql 目录
C:\>cd mysql
3. 进入 mysql 中的 bin 目录
C:\mysql>cd bin
4. 使用 root 账号登录，并要求输入密码
C:\mysql\bin>mysql -u root -p
Enter password: ******
5. 成功登录到 mysql
Welcome to the MySQL monitor.  Commands end with ; or \g.
Your MySQL connection id is 2 to server version: 5.0.18-nt
Type 'help;' or '\h' for help. Type '\c' to clear the buffer.
mysql>
```

成功登录到 MySQL 后，即可在命令窗口中输入相应的导入命令完成导入，命令如下：

```
source c:\xxxx.sql
```

上述命令的意思是将C盘根目录下的xxxx.sql文件导入到MySQL中。需要注意的是，在导入之前，最好将相应的数据库SQL文件放在某个盘的根目录下，这样使用起来比较方便。

根据《OA系统测试服务器环境搭建单》中提供的信息，数据库文件位于oa\setup的目录下，文件名分别为redmoonoa.sql与cwbbs.sql，将其复制到D盘的根目录下，然后进入DOS，登录到MySQL中，进行OA系统数据库的创建，具体过程如下代码所示：

```
C:\Documents and Settings\Administrator>cd\
C:\>cd mysql
C:\mysql>cd bin
C:\mysql\bin> mysql -u root -p --default-character=utf8
Enter password: ******
Welcome to the MySQL monitor.  Commands end with ; or \g.
Your MySQL connection id is 2 to server version: 5.0.18-nt
Type 'help;' or '\h' for help. Type '\c' to clear the buffer.
mysql> source d:\redmoonoa.sql
```

按回车键后，MySQL将自动开始数据表的创建。使用同样的导入方法创建bbs的数据库内容。如果过程中存在错误，请仔细核对相关步骤，确保每一步都是正确的。

3.2.6 Tomcat安装与配置

前面完成了JDK、MySQL的安装与配置，现在要进行的是Web服务器的安装与配置了。Tomcat的安装与配置比较简单，基本可以分为三步：Tomcat安装、Tomcat配置、Tomcat验证。

1. Tomcat安装

STEP 1 单击apache-tomcat-5.5.25.exe，出现如图3-36所示，单击【Next】按钮。

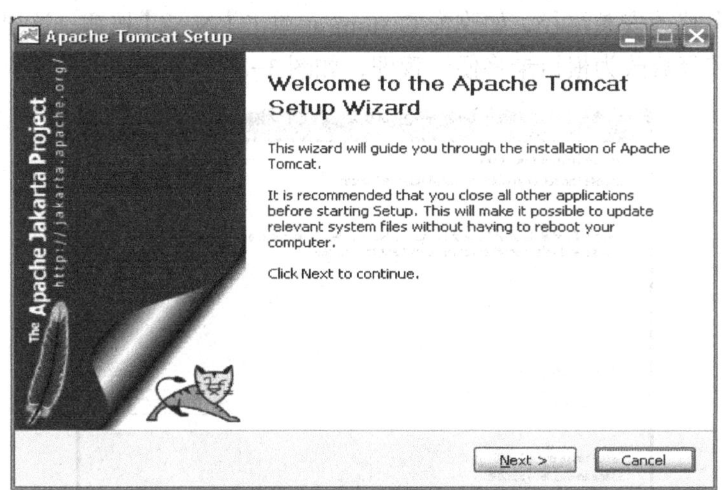

图3-36 Tomcat安装界面

STEP 2 单击【I Agree】按钮，如图3-37所示。

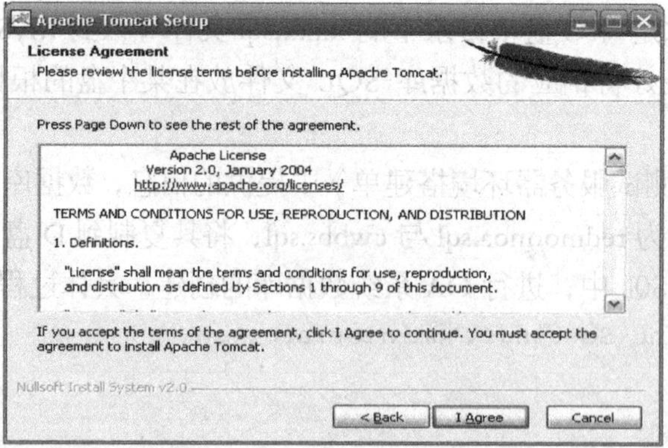

图 3-37 安装许可证选择

STEP 3 勾选 Examples、Webapps 两项，单击【Next】按钮，如图 3-38 所示。

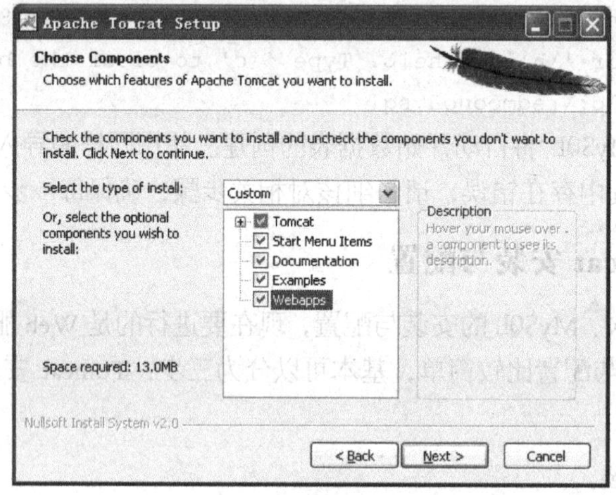

图 3-38 选择安装组件

STEP 4 修改安装路径，如改为 C:\tomcat,单击【Next】按钮，这里的修改不是必须的，但安装路径修改为根目录将便于管理，如图 3-39 所示。

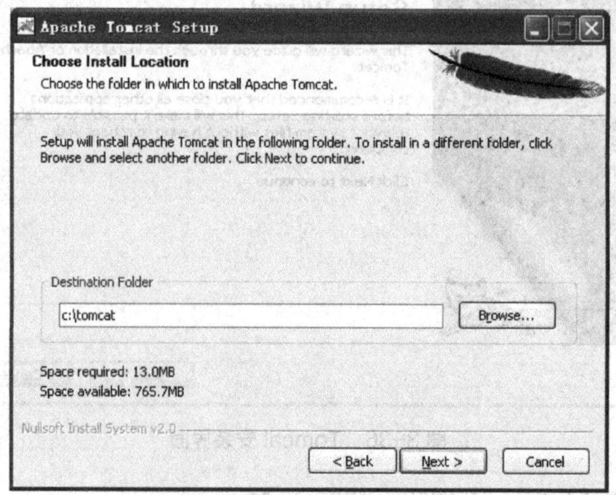

图 3-39 更改安装路径

STEP 5 此处提供的功能是为 Tomcat 创建一个管理员用户与密码，默认设置，不做修改，单击【Next】按钮，如图 3-40 所示。

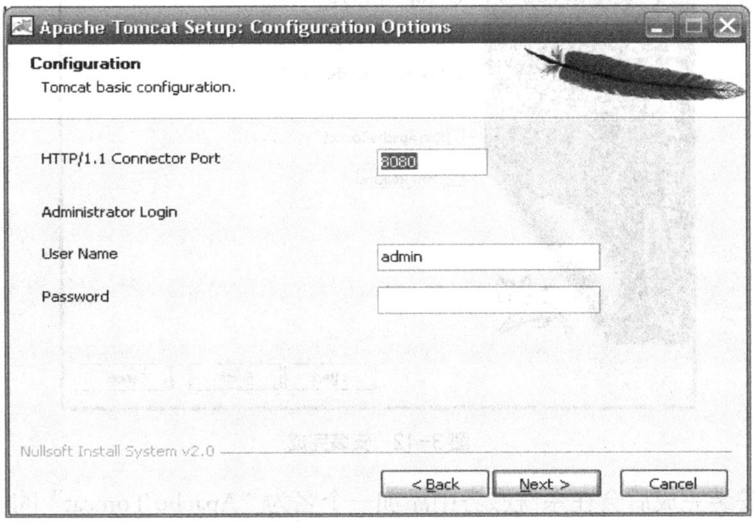

图 3-40　配置 Tomcat 管理员

STEP 6 选择 JAVA 虚拟机（JVM），这里选择 JDK 安装路径，如 C:\java，完成后单击【Install】按钮，如图 3-41 所示。

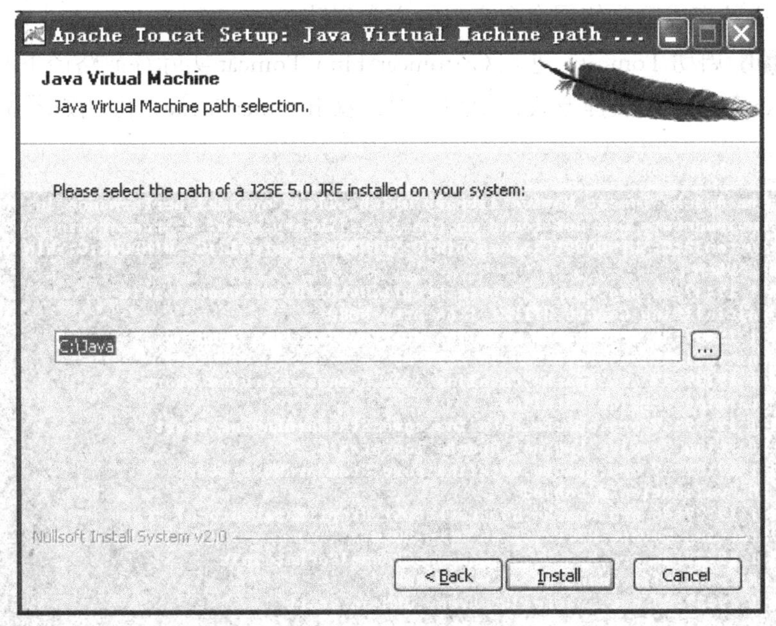

图 3-41　设置 JVM 路径

STEP 7 取消两个勾选，单击【Finish】按钮，安装完成，如图 3-42 所示。

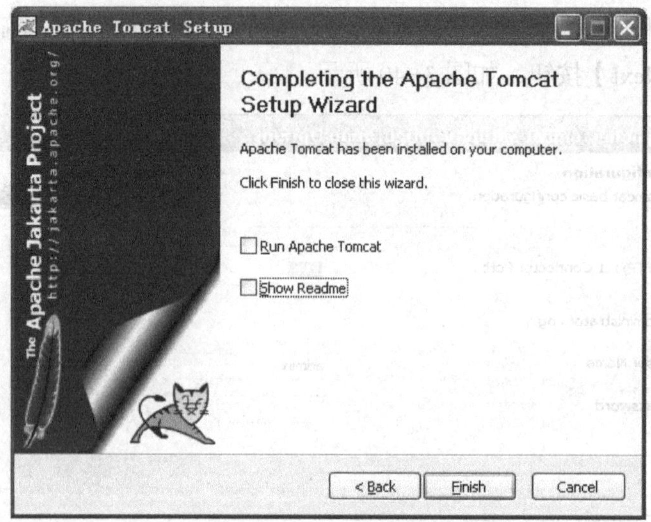

图 3-42　安装完成

Tomcat 安装完成后会在系统服务中添加一个名为“Apache Tomcat”的服务，启动类型为“手动”，刚才安装的时候之所以不选择“Run Apache Tomcat”是因为将用命令窗口方式启动。

2. Tomcat 验证

Tomcat 安装完成后，使用命令窗口的方式启动 Tomcat。

STEP 1 启动 Tomcat：进入 C:\tomcat\bin（Tomcat 实际存放路径下的 bin 目录），将 tomcat5.exe 创建桌面快捷方式，回到桌面，双击 tomcat5.exe，出现如图 3-43 所示。

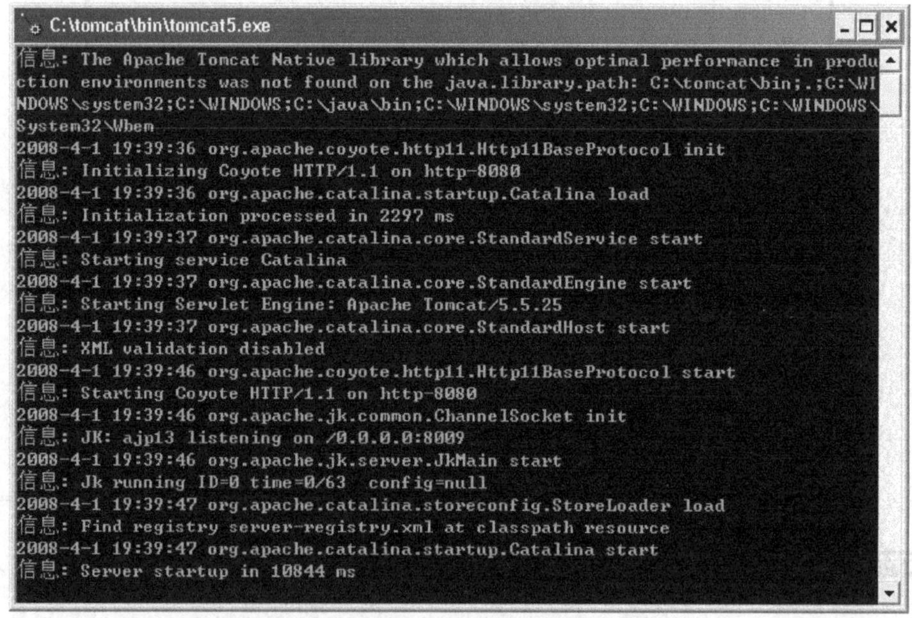

图 3-43　Tomcat 服务启动界面

图 3-43 表示 Tomcat 正常启动了。

STEP 2 验证 Tomcat：打开 IE，输入 http://localhost:8080，出现如图 3-44 表示安装成功。

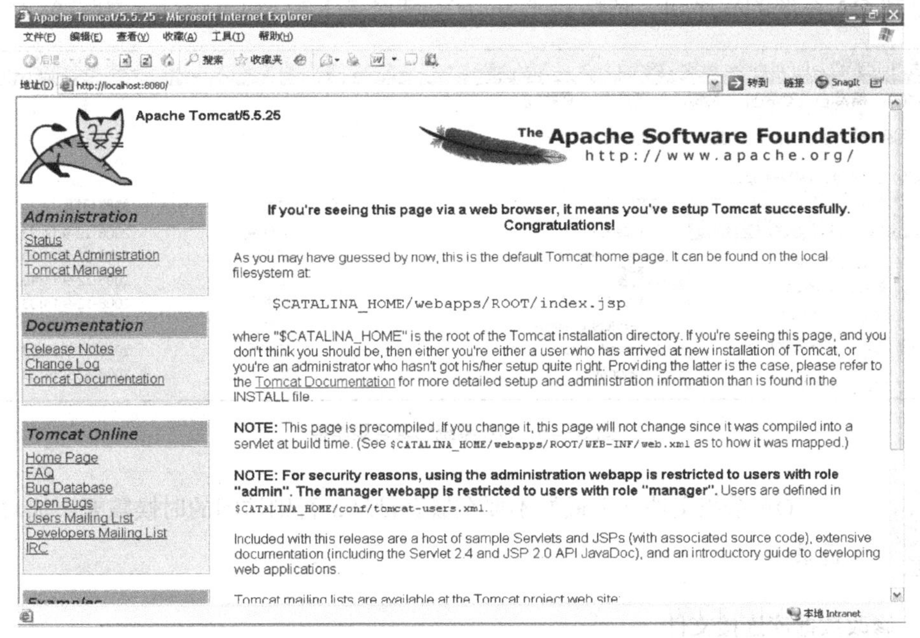

图 3-44　Tomcat 默认网站首页

3.2.7　被测应用程序部署

JDK、MySQL、Tomcat 安装配置完成后，就可以部署配置被测系统了。在开始部署前，需要弄清楚本系统有哪些特殊的设置，比如需不需连接数据库，哪个文件是连接数据库的？需不需要设置日志路径，哪个文件又是设置日志路径的？需不需要第三方插件，又如何安装第三方插件等。只有把与被测系统相关的信息搞清楚了，才能成功地完成被测系统的部署与配置。部署被测系统一般的流程如图 3-45 所示。

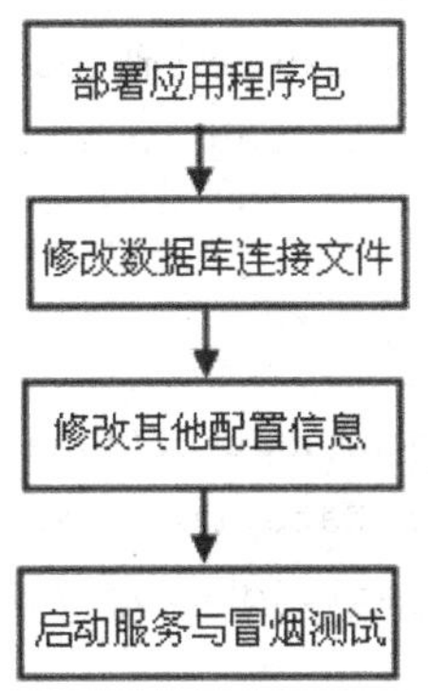

图 3-45　被测应用服务部署流程图

1．部署应用程序包

在部署被测系统时，一般是将其放在 Tomcat 其安装目录下的 webapps 文件夹下，例如 C:\tomcat\webapps。这些应用程序包的存放路径不是固定不变的，可根据实际应用情况做出调整。

了解了相关的 Web 服务器知识后，开始部署 OA 系统应用程序包。

复制 OA 系统的程序包，粘贴到 Tomcat 安装目录下的 webapps 下，如图 3-46 所示。

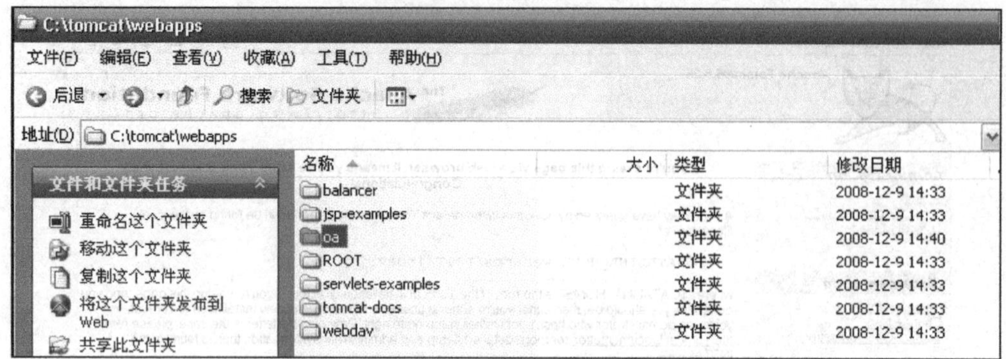

图 3-46　OA 系统部署目录路径

注意　OA 系统文件夹下最好不要在嵌套目录，否则访问的时候需要添加对应的目录。

2．修改数据库连接文件

放置好了被测系统程序包后，就需要根据实际情况进行数据库连接文件的修改了。OA 系统使用的是 MySQL 数据库，在环境搭建的时候，一般情况下都需要更改数据库连接文件。在实际的项目中，开发工程师都会指明哪个是数据库连接配置文件，这点测试工程师不用担心。比如这里的 OA 系统，开发工程师必须在《OA 系统测试服务器搭建单》中指明数据库的连接文件名称及存放目录路径。根据相应的描述，得知本系统的数据库连接文件存放在 OA 系统项目应用程序包下的 WEB-INF 目录下，名称为 proxool.xml，其内容如下。

```
<?xml version="1.0" encoding="iso-8859-1"?>
<!-- the proxool configuration can be embedded within your own application's.
Anything outside the "proxool" tag is ignored. -→
<something-else-entirely>
    <proxool>
        <alias>oa</alias>
<driver-url>jdbc:mysql://localhost:3306/redmoonoa?useUnicode= true&amp;
characterEncoding=UTF-8&amp;zeroDateTimeBehavior=convertToNull</driver-url>
        <driver-class>com.mysql.jdbc.Driver</driver-class>
        <driver-properties>
            <property name="user" value="root" />
            <property name="password" value="123456" />
        </driver-properties>
        <maximum-connection-count>200</maximum-connection-count>
        <house-keeping-test-sql>select 1</house-keeping-test-sql>
```

```
    </proxool>
    <proxool>
        <alias>mzj</alias>
    <driver-url>jdbc:mysql://localhost:3306/redmoonoa?useUnicode=
true&amp; characterEncoding=UTF-8&amp; zeroDateTimeBehavior= convertToNull
</driver-url>
        <driver-class>com.mysql.jdbc.Driver</driver-class>
        <driver-properties>
            <property name="user" value="root" />
            <property name="password" value="123456" />
        </driver-properties>
        <maximum-connection-count>200</maximum-connection-count>
        <house-keeping-test-sql>select 1</house-keeping-test-sql>
    </proxool>
</something-else-entirely>
```

其中这段代码

```
<driver-properties>
            <property name="user" value="root" />
            <property name="password" value="123456" />
</driver-properties>
```

是设置 MySQL 的用户名、密码，比如此处的用户名“root”，密码 “123456”。可以根据实际情况修改。

其中的另外一段代码

```
jdbc:mysql://localhost:3306
```

则是设置 MySQL 数据库路径的地方。此处使用的是本地的 MySQL 数据库，故此处默认就行了，无需修改。当然，也可以根据实际情况进行修改。Proxool 数据库连接文件中其他的部分，不了解的朋友可以暂时不用管，因为所需关注的地方也就是上面两点。

提示

编辑一些配置文件时可以用 EditPlus 编辑器，如果使用记事本或者写字板往往会引起乱码问题，从而导致系统无法正常运行。

到这里已经完成了 JDK、MYSQL、Tomcat 等相关软件的安装与配置。与本次项目配置方法相同，很多项目都可以采用这样的流程进行环境的搭建，当然在这个过程中可能有些细微的差别，只需要按照对应的搭建说明，或者开发工程师提供的配置说明搭建即可。

3．修改其他配置信息

除了上述测试环境搭建中必须的几个步骤之外，有的系统往往还有一些额外的配置要求。比如，系统中有可能需要设定相应的日志路径，或者假如系统用到第三方控件、加密软件等，可能还需进行这些插件、软件的安装与配置等。所以，需要根据实际情况进行相关的配置。在 OA 系统中，需要设置系统日志的存放路径以及缓存的路径。下面进行此类配置的修改。《OA 系统测试服务器搭建单》中指明了日志配置文件的存放路径在 OA 系统项目应用程序包下的 WEB-INF 目录下，名称为 log4j.properties，以及缓存设置的配置文件在 OA 系统项目应用程序包下的 WEB-INF 目录中的 classes 下，名称为 cache.ccf，首先打开 log4j.properties，其内容如下：

```
#
#Mon Aug 04 23:40:20 CST 2008
log4j.appender.A1.layout.ConversionPattern=%-d{yyyy-MM-dd HH:mm:ss} [%c] -[%p]
%m%n
log4j.appender.R.File=C:/tomcat/webapps/oa/log/oa.log
log4j.rootLogger=info, R
log4j.appender.R.MaxFileSize=100KB
log4j.appender.R.layout=org.apache.log4j.PatternLayout
log4j.appender.R.MaxBackupIndex=8
log4j.appender.R.layout.ConversionPattern=%p %t %c - %m%n
log4j.appender.A1.layout=org.apache.log4j.PatternLayout
log4j.appender.A1=org.apache.log4j.ConsoleAppender
log4j.appender.R=org.apache.log4j.RollingFileAppender
```

其中这段代码

```
log4j.appender.R.File=C:/tomcat/webapps/oa/log/oa.log
```

就是设置相应的日志文件的路径。一定要将此设为与 OA 系统应用程序包中 log 日志文件包所在的路径一致，否则在系统初始化时就可能报错。设置好日志文件后，再来设置缓存文件。

打开 WEB-INF\classes 下的 cache.ccf，其内容如下：

```
#
#Mon Aug 04 23:40:20 CST 2008
jcs.default.elementattributes.IsLateral=true
jcs.region.RMCache.elementattributes.IsLateral=true
jcs.auxiliary.DC.attributes.DiskPath=C:/tomcat/webapps/oa/CacheTemp
jcs.auxiliary.DC.attributes.MaxRecycleBinSize=7500
jcs.region.RMCache.elementattributes.MaxLifeSeconds=7200
jcs.region.RMCache.elementattributes.IdleTime=1800
jcs.region.RMCache.cacheattributes=org.apache.jcs.engine.CompositeCache
Attributes
jcs.auxiliary.DC.attributes.OptimizeAtRemoveCount=300000
jcs.auxiliary.DC.attributes.MaxKeySize=10000
jcs.region.RMCache.elementattributes.IsRemote=true
jcs.default.cacheattributes.MaxObjects=1000
jcs.default.cacheattributes=org.apache.jcs.engine.CompositeCacheAttribu
tes
```

```
jcs.default.elementattributes.IsEternal=false
jcs.auxiliary.DC.attributes=org.apache.jcs.auxiliary.disk.indexed.IndexedDiskCacheAttributes
jcs.region.RMCache.elementattributes.IsEternal=false
jcs.default.elementattributes.MaxLifeSeconds=3600
jcs.region.RMCache.cacheattributes.MemoryCacheName=org.apache.jcs.engine.memory.lru.LRUMemoryCache
jcs.auxiliary.DC.attributes.MaxPurgatorySize=10000
jcs.region.RMCache.elementattributes.IsSpool=true
jcs.default.elementattributes.IdleTime=1800
jcs.region.RMCache=DC
jcs.region.RMCache.cacheattributes.MaxObjects=1200
jcs.auxiliary.DC=org.apache.jcs.auxiliary.disk.indexed.IndexedDiskCacheFactory
jcs.default.elementattributes.IsRemote=true
jcs.default.elementattributes.IsSpool=true
jcs.default.cacheattributes.MemoryCacheName=org.apache.jcs.engine.memory.lru.LRUMemoryCache
jcs.default=DC
```

其中

```
jcs.auxiliary.DC.attributes.DiskPath=C:/tomcat/webapps/oa/CacheTemp
```

就是设置缓存目录的地方，同样需要注意的是，此处的路径也一定要与实际的 OA 系统应用程序包路径相对应，否则在启动 Tomcat 服务器的时候，控制平台上会报告相应的错误信息。

以上所有的步骤完成后，就可以启动 Tomcat 服务器，进行服务的访问了。

4．启动服务与冒烟测试

测试服务器配置完成后，就可以启动 Tomcat 服务器运行服务了。Tomcat 服务器启动的方法非常简单，如果是使用.exe 安装包的 Tomcat，那么可以访问 Tomcat 安装目录下 bin 目录下的 tomcat5.exe，启动服务器。成功启动服务的 DOS 命令窗口如图 3-47 所示。

对于那种压缩包格式的 Tomcat，解压后进行简单的配置也可作为服务器使用。这样的 Tomcat，启动文件一般放在 Tomcat 包中 bin 目录下，名称为 startup.bat，双击打开即可。

除此之外，其他常见的 Web 服务器启动方式都比较简单，这里就不多赘述了。大家在实际碰到的时候，查查相关资料即可。

Tomcat 正常启动后，在浏览器中输入 http://localhost:8080/oa/setup，进行相关配置后即可访问 OA 系统了，该系统的使用页面如图 3-48 所示。

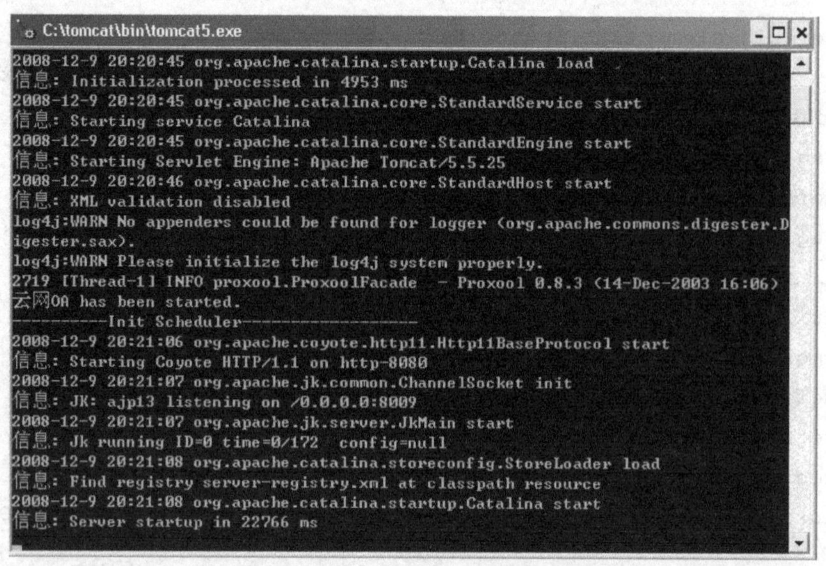

图 3-47　Tomcat 服务成功启动界面

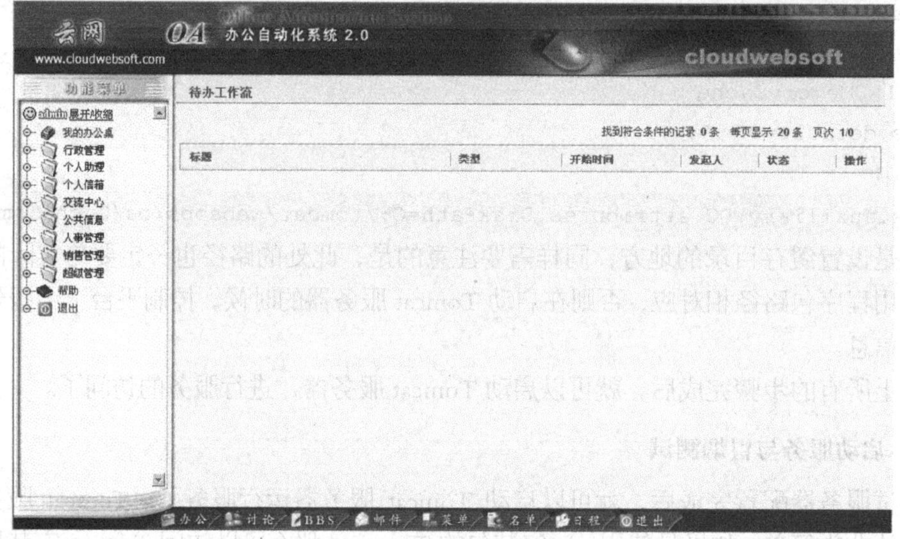

图 3-48　OA 系统使用界面

服务启动后，即需要进行简单的冒烟测试。所谓冒烟测试，就是启动服务后，使用正常的业务流程，对被测试系统进行快速的测试，主要检查被测系统在做版本集成时是否存在接口、配置数据方面的问题。一旦发现有类似的问题，应立刻停止测试，并告知开发组重新打包。冒烟测试又叫预测试，常利用一个正确的业务流程，贯穿整个系统，如果没有问题，就认为冒烟测试通过，如果有问题，就报告错误，重新打包。这个过程非常重要，却往往在测试工作中被忽略。辛辛苦苦测了几个小时，最后被告知当前版本打包有问题，不但浪费工作时间，还“伤害”测试工程师的感情。

冒烟测试通过后，就可以按照测试计划进行功能测试用例的执行，正式开展项目的测试工作了。

3.3 本章练习

1. 软件测试环境包括些什么？
2. 软件测试环境的搭建步骤是什么？
3. 软件测试环境的系统配置有哪些？

第 4 章 OA 系统测试项目实施

软件系统测试过程中，非常重要的环节即测试需求分析及用例设计。在日常测试工作中，测试工程师需熟练掌握测试需求提取及用例设计的技能。

本章重点介绍软件质量的六大特性、测试需求来源分析、测试项及测试子项定义，并通过案例剖析了等价类、边界值、正交实验、场景设计等 9 种用例设计方法，便于读者在实际测试工作中运用。

学习目标

- 理解软件质量特性
- 掌握常见测试需求分析方法
- 熟练掌握通用用例写作方法
- 熟练掌握等价类、边界值、正交实验、场景法等 9 种用例设计方法

4.1 测试需求提取

所谓测试需求，就是测试工程师在开展测试工作的初期，需要确定本项目测试的内容与重点。在接收到测试申请，分配到相应的任务后，测试工程师需要弄清楚被测对象是干什么的，哪些地方需要测试，这些需要测试的地方有没有优先级等。一般情况下，测试组长分配测试任务时，会给出与项目相关的文档，比如这里的 OA 系统需求规格说明书、OA 系统概要设计文档、OA 系统详细设计文档、OA 系统数据字典定义、OA 系统数据库设计等，然后测试工程师会根据自己的任务内容去查阅相关章节。如果前面有需求测试的话，这个步骤可以省略，直接进行需求的提取了。如果没有需求测试，则需要深入了解被测系统，以期知己知彼。

在进行测试需求分析时，通常采用原始测试需求分析—>测试项分析—>测试子项分析等三步法。

4.1.1 原始测试需求分析

通常情况下，测试需求来源一般都是需求规格说明书，但在现实项目中往往无法获取明确的用户需求，甚至没有需求（有些产品研发即是如此），故测试需求来源可能有多个途径，比如开发需求、协议标准规范、竞争性分析文档等。

在运用原始测试需求分析方法时，需要先了解这几个需求概念：原始需求、需求规格、开发需求、测试需求。

原始需求：用户需求的概括表述及展示，基本通过用户口述，需求开发人员记录的方式生成，格式相对随意。如用户提出需要一杯水，需求开发人员则会记录“用户期望得到一杯水”类似的需求表述。

需求规格：在原始需求的基础上进一步细化，软件质量概念中曾描述“满足要求”，因此体现软件质量优劣的核心标准即是特性符合程度，反向理解，即是需求表述是否定量或定性，只有明确了要求的规格，才能根据质量标准进行验证是否满足用户要求及满足的程度，因此需求规格是测试工程师真正需要关心的验证基础。需求规格说明书是经过原始需求细化、与用户确认，从软件质量各大特性及其子特性考虑的量化的用户期望表述文档。一般而言，需求规格说明书包含功能性需求、性能需求、外部接口需求（用户界面接口及外部应用程序接口），根据用户对象不同，可能还包括安全性需求、移植性需求等。需求规格说明书需写明实现哪些需求，哪些需求不能实现，参考哪些现行标准/协议/规范等。如原始需求“用户需要一杯水”，需求规格则是“用户需要一杯 50ML、60° 左右的纯净水”，定义了期望目标的容量、温度及属性，这样需求易于实现及易于验证。

开发需求：开发需求在需求规格的基础上进一步进行了细化，一般带有明确的实现方式。开发需求由开发人员根据需求规格进行细化，从体系架构、设计思想及人机交互环节考虑。如“用户需要一杯 50ml、60° 左右的纯净水”细化为开发需求则为“用户需要一杯用双层玻璃杯盛着 50ml、60° 左右的纯净水，并且使用木质托盘送上”。

测试需求：从软件测试角度考虑，关注可度量、可实现、可验证等几个方面，如上述的需求，50ml、60° 可度量，双层玻璃杯、纯净水、木质托盘可实现，整个定量及定性需求可验证，在开发需求保证继承于需求规格时，测试需求与开发需求差异不大。

对于测试需求而言，来源主要有需求规格说明书、开发需求、协议/规范/标准、用户需求、继承性需求、测试经验库、同行竞争分析等。通过确定不同的需求来源，确定原始测试需求提取的范围。在实际分析提取过程中，存在参考多个来源信息的现象，可能存在重复和冗余，需要进行整理，整理后的原始测试需求（原始测试项），作为后续原始测试需求分析活动的输入。

若测试需求来源是需求规格说明书，测试工程师可以直接根据需求中的功能、性能、外部接口特性，提取测试项及测试子项。这种情况下，提取出来的测试项及子项基本能保证测试需求的正确性及有效性。传统的软件项目，经过需求调研阶段，基本都会生成规范的项目需求规格说明书，这种情况下获取原始测试需求、测试项及测试子项相对容易。

对于输入是开发需求的情况，测试工程师可以考虑直接将一条开发需求作为一条原始测试需求来提取，然后参考被测对象概要设计及详细设计规格，检查提取出的原始测试需求是否存在遗漏。在实际操作中，如果觉得开发需求的粒度不合适，需求不够明确具体，可以考虑拆分成多条或者合并为一条原始测试需求。为明确测试和开发需求的对应关系，要建立原始测试需求和开发需求的跟踪关系（RTM，需求跟踪矩阵），明确提取的原始测试需求对应的开发需求标识，如果有合并的情况，则对应多个开发需求标识。随着市场竞争激烈，产品同质化加剧，奢望一份规范的需求规格说明书，将变得很难，因此很多公司可能仅有开发需求，在这种情况下，测试工程师需根据开发需求及自身经验获取测试需求，并且测试需求初步提取后一定需经过规范的同行评审环节进行评审验证确认。

若来源范围是某行业的协议标准规范，通常是将开发需求和相关的协议标准规范分配给同一个人，以其中一个为主另一个为辅来进行原始测试需求的提取。以开发需求为主提取出原始测试需求后，再针对协议、标准、规范来分析补充。可补充的原始需求通常包括如下情况：开发文档未详细说明，而是参见某某协议标准规范；开发文档未充分考虑到相关协议标准规范的要求，存在遗漏或者错误；除开发文档要求外，还存在其他需要遵循的协议规范和标准等情况。在移动通信、金融证券产品领域内，根据行业协议、标准或规范获取测试需求是比较常见的，因为这些产品的开发基本都是遵循某些行业标准的，在需求规格说明书中经常看到“具体需求，请参考 XXXX 通信协议”等字样。

单独从用户需求和开发文档中提取原始测试需求，也可能会存在大量的重复，所以通常也是将开发文档和相关的用户需求文档分给同一个人，以其中一个为主另一个为辅来进行原始测试需求的提取。因为开发需求往往是对用户需求的细化分解，所以一般情况是以开发需求为主提取出原始测试需求后，再通过对用户需求的分析验证提取的原始测试需求是否全面正确。同时，为了让测试更直接面向用户，可以以用户需求为主线，将从开发需求提取出来的原始需求进行整理，因为实际上将这些开发需求还原后，真正的需求来源就是用户需求。质量较高的用户需求通常是从用户实际使用的角度来描述和划分的（可以称之为用户使用场景），此类做法比较符合测试的习惯或要求，可将它们直接作为原始测试需求核心内容，但由于用户考虑问题并没有参考系统的实现，对应到具体的系统上信息不完整，所以需要结合开发需求、设计规格和产品知识进行补充，使其更加完整和准确。另外部分用户需求是没有体现在开发需求中的，但却可能提取出来作为原始需求。

来源范围如果是继承性需求的情况，可以使用继承性分析工程方法，对系统继承特性（包括从其他系统继承的特性），根据历史测试情况、用户使用情况反馈、用户应用环境变化、与新增特性的交互关系等方面进行继承性分析，得出对这些继承需求需要继承哪些测试项和测试用例、需要和哪些新增需求进行交互测试、需要对哪些变化进行测试，并根据分析的结果提取出原始测试需求。

测试经验库中保存了通过测试执行、缺陷分析、用户应用反馈、相关系统同步等途径提取出来的原始测试需求。这些原始测试需求可以作为测试分析设计的直接输入；

从同行竞争分析报告之类的原始测试需求来源中可以直接提取一些功能规格、性能指标、操作规范等作为所测试系统的原始测试需求。

通过上述环节获取的原始测试需求可记录在RTM（需求跟踪矩阵）或其他需求管理工具中，便于后期的维护及管理。

4.1.2 测试项分析

获取原始测试需求后，测试工程师即可进行测试项分析及确定。测试项分析可以参考的工程方法有：质量模型分析、功能交互分析、用户场景分析等，每个工程方法都需独立的输出初始测试项，也就是说初始测试项是从不同测试角度进行分析输出的结果。

软件质量从功能性、可靠性、效率、易用性、可维护性、可移植性 6 个特性角度来衡量，其中每个质量特性又可分为若干子特性角度，质量模型分析是从软件质量因子角度来分析的。从不同的测试目的出发、以不同的角度来分析和测试产品，不同类型的测试会发现不同类型的缺陷。在测试分析设计活动中考虑质量模型分析，能够使测试分析设计人员尽可能从多个方面和角度进行测试分析，能非常有效地提升测试完备性。

软件功能不是独立的，功能之间存在交互、顺序执行等影响因素，这就是功能交互分析的角度。将被测功能和软件其他相关功能进行交互分析，根据影响点可以得出初始测试项。被测功能，代指原始测试项或一组有逻辑关系的原始测试项集合，软件其他相关功能包括所有需要进行交互分析的新增和继承功能特性。通过分析功能间的相互影响，能非常有效地提升测试完备性。

从用户角度出发（注意这里的用户是泛指）关注每个用户如何使用和影响被测功能特性，更能关注用户的真实需求意愿。

确定后的测试项与原始测试需求一样，需利用需求管理工具进行管理。

4.1.3 测试子项分析

测试子项分析活动是针对测试项的进一步分析、细化，形成为测试子项的活动过程。测试子项分析主要是对测试项进行细化处理。对测试项的处理存在以下两种原则。

（1）对粒度小的测试项不处理，直接进行特性测试设计；

（2）对粒度大的测试项进一步细化，形成测试子项，然后对测试子项进行特性测试设计。

将测试项分析细化为测试子项所采用的工程方法有逐级细分法、等价类法和状态迁移法。

目前只考虑逐级细分法。等价类法和状态迁移法既可以在特性测试需求分析阶段运用，也可以在特性测试设计阶段运用，这两个方法暂时只考虑运用到特性测试设计阶段，等有实际应用需求时再考虑整合到特性测试需求分析阶段。

以 OA 系统测试为例，测试组长从配置管理员处提取该系统的相关文档。比如 OA 系统需求规格说明书、OA 系统概要设计文档、OA 系统详细设计文档等。当然，也可能什么文档都没有，仅有开发同事提供的 Function List（功能列表）、CheckList（检查列表），那么测试工程师就需根据这些文档去熟悉系统，画出系统的功能结构图、业务流程图等，从而清晰地了解系统的功能架构，为更好地熟悉、测试被测系统提供帮助。需要说明的是，不要总幻想公司在实际项目生产过程中流程多么规范，文档多么齐备，要知道，高质量的软件是受 Scope（范围）、Time（时间）、Cost（成本）及 Risk（风险）四个因素影响的。

这里将 OA 系统的帮助文档做为该系统的 Function List（该帮助文档位于 OA 文件 help 目录下，名称为“frame.html”），那么根据此帮助文档可以绘制出该系统的基本功能结构图，如图 4-1 所示。

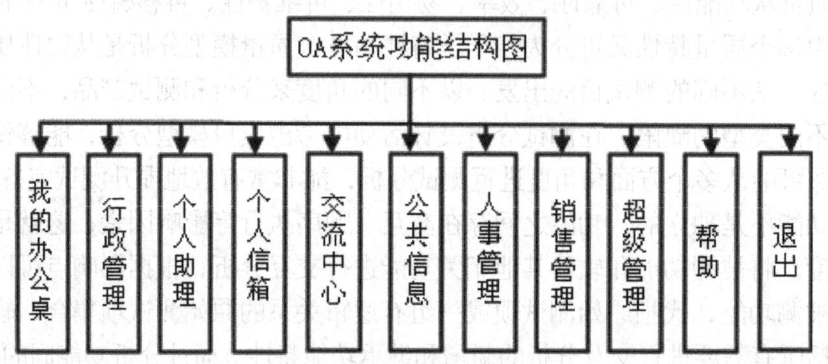

图 4-1 OA 系统功能结构图

以图书管理添加图书需求分析为例，可得到如下需求：添加图书功能需求，SRS-EnterBook-001 添加图书，该需求实现图书数据录入到 OA 系统中。

输入表 4-1 中参数。

表 4-1 添加图书行功能输入参数

参数 1	图书编号
参数类型	字符串
参数描述	图书编号，图书的唯一标识

续表

参数约束	长度限制为最长为100字符 不能为空 图书编号不能重复
备注	无
参数2	书名
参数类型	字符串
参数约束	长度限制为最长100字符 不能为空
备注	无
参数3	图书类别
参数类型	字符串
参数约束	不能填写 下拉框显示所有已录入的分类 必须选择分类
备注	无
参数4	图书归属
参数类型	字符串
参数约束	不能填写 下拉框显示所有公司部门
备注	无
参数5	作者
参数类型	字符串
参数约束	最长输入内容为100字符
备注	无
参数6	价格
参数类型	字符串
参数约束	只能输入正整数或正的小数 小数点后最多只能输入两位 选填
备注	无
参数7	出版社
参数类型	字符串
参数约束	最长输入内容100字符
备注	无
参数8	出版日期
参数类型	字符串
参数约束	选择输入 格式为YYYY-MM-DD 输入日期在当前日期之前

续表

备注	无
参数 9	内容介绍
参数类型	字符串
参数约束	最大输入 200 字符
备注	无

添加图书的处理过程如下。

（1）首先程序对用户的图书编号进行校验。

如果用户没有输入提示“请输入图书编号”。

如果图书编号重复提示“图书编号已存在”。

此输入域最大只能输入 100 字符。

（2）对图书名称的合法性进行校验。

如果图书名称为空，则提示“请输入图书名称”。

此输入域最大只能输入 100 字符。

（3）对图书分类的选择进行校验。

如果没有选择图书分类则提示“请选择图书类别”

此输入域最多能输入 100 字符。

（4）对图书归属进行校验。

（5）对“作者”输入域进行校验，输入域只能输入 100 字符。

（6）对“价格”输入域进行校验。

如果没有填写，则提示“请输入正确的价格”。

如果输入的不是数字和小数点正确格式的货币数，则提示“请输入正确的价格”。

（7）校验“出版社”输入域，输入域只能输入 100 字符。

（8）校验“出版日期”。

如果输入的格式不符合要求，提示“请输入正确的出版日期格式”。

如果输入的时间在当前之后，提示“输入的日期不能在当前之后”。

（9）校验内容介绍，输入域最大只能接受 200 字符的输入。

输出：提示“添加成功”。

通过“图书查询”功能，可以查看到添加的图书。内容与录入的数据一致。

实际上根据该帮助文档还可以划分更深的目录，这里为了便于大家理解就不分了。功能结构图有了，这样从上图可以明确得知系统的整体功能结构状况，极大地方便了测试需求的提取。如果项目开发比较正规，那么在项目的用户需求规格说明书都会给出系统的整个功能结构图。测试工程师可以根据这个功能结构图来组织测试。如果没有，就需要自己画图了。根据的经验，测试工程师最好在提取需求、设计用例之前画出系统的功能结构图及自己所分任务模块的功能结构图、业务流程图。图形一目了然，比起无章法的随意划分要好多了。

下面以图书添加功能来进行测试需求分析、测试项和测试子项的提取，如表 4-2、表 4-3 所示。

表 4-2 测试需求分析

需求项	需求编号	输入	输入约束	输出
添加图书	OA_AddBook_01	1. 图书编号，文本框	1. 唯一 2. 长度 1 ~ 100 字符 3. 必填	1. 提示“添加成功” 2. 通过“图书查询”功能可以查询到添加的图书，显示数据与添加一致
		2. 书名，文本框	1. 长度在 1 ~ 100 字符 2. 必填	
		3. 图书类别，下拉框	1. 只能选择 2. 必填	
		4. 图书归属，下拉框	1. 只能选择 2. 必填	
		5. 作者，文本框	1. 1 ~ 100 字符	
		6. 价格，文本框	1. 整数 2. 最多两位小数	
		7. 出版社，文本框	1. 1 ~ 100 字符	
		8. 出版日期，日期控件	1. 选择输入 2. 日期在当前之前	
		9. 内容介绍，多行文本框	1. 1 ~ 200 字符	

表 4-3 测试项和测试子项

需求编号	测试项编号	测试项描述	测试子项编号	测试子项描述
OA_AddBook_01	OA_AddBook_TI_01	图书编号	OA_AddBook_TI_01_01	图书编号唯一
			OA_AddBook_TI_01_02	长度在 1 ~ 100 字符范围内
			OA_AddBook_TI_01_03	长度在 100 字符以外
			OA_AddBook_TI_01_04	必填
			OA_AddBook_TI_01_05	为空
OA_AddBook_02	OA_AddBook_TI_02	书名	OA_AddBook_TI_02_01	长度在 1 ~ 100 字符以内
			OA_AddBook_TI_02_02	内容为空
			OA_AddBook_TI_02_03	内容在 100 字符以外
			OA_AddBook_TI_02_04	书名重复（允许重复，验证是否做了错误的唯一性约束）
OA_AddBook_03	OA_AddBook_TI_03	图书类别	OA_AddBook_TI_03_01	不能填写
			OA_AddBook_TI_03_02	显示所有已添加的图书类别
			OA_AddBook_TI_03_03	下拉框选择图书类别

续表

需求编号	测试项编号	测试项描述	测试子项编号	测试子项描述
OA_AddBook_04	OA_AddBook_TI_04	图书归属	OA_AddBook_TI_04_01	不能填写
			OA_AddBook_TI_04_02	显示所有已添加的图书类别
			OA_AddBook_TI_04_03	下拉框选择图书类别
OA_AddBook_05	OA_AddBook_TI_05	作者	OA_AddBook_TI_05_01	长度在 1 ~ 100 字符范围内
			OA_AddBook_TI_05_02	超过 100 字符
			OA_AddBook_TI_05_03	允许为空
OA_AddBook_06	OA_AddBook_TI_06	价格	OA_AddBook_TI_06_01	整数
			OA_AddBook_TI_06_02	小数点两位
			OA_AddBook_TI_06_03	允许为空
			OA_AddBook_TI_06_04	填写其他违反规则数据
OA_AddBook_07	OA_AddBook_TI_07	出版社	OA_AddBook_TI_07_01	1 ~ 100 字符以内
			OA_AddBook_TI_07_02	可以为空
			OA_AddBook_TI_07_03	100 字符以外
OA_AddBook_08	OA_AddBook_TI_08	出版日期	OA_AddBook_TI_08_01	日期控件选择日期
			OA_AddBook_TI_08_02	格式为 YYYY-MM-DD
			OA_AddBook_TI_08_03	日期必须在当前之前
OA_AddBook_09	OA_AddBook_TI_09	内容介绍	OA_AddBook_TI_09_01	1 ~ 200 字符之间
			OA_AddBook_TI_09_02	允许为空
			OA_AddBook_TI_09_03	超过 200 字符

以上就是图书添加功能经过测试分析提取的测试项和测试子项。在软件企业实际测试过程中，一般测试需求是需要跟踪和管理的，会使用一些专业的测试管理工具，比如 TestDirector，下面就介绍一下 TestDirector 进行测试需求的管理。

TestDirector 是全球最大的软件测试工具提供商 Mercury Interactive 公司生产的企业级测试管理工具，Mercury 后被 HP 公司收购。TestDirector 是业界第一个基于 Web 的测试管理系统，它可以在公司内部或外部进行全球范围内测试的管理。通过在一个整体的应用系统中集成了测试管理的各个部分，包括需求管理、测试计划、测试执行以及错误跟踪等功能，TestDirector 极大地加速了测试过程。

利用 TestDirector 管理项目时，测试组长或经理需在其后台创建对应的项目。

TestDirector 创建项目的一般流程如图 4-2 所示。

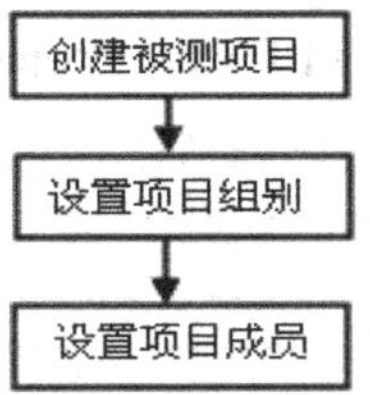

图 4-2 TestDirector 项目创建流程

4.2 创建被测项目

测试组长接到测试任务后，可先行与 TestDirector 管理员取得联系，申请在 TestDirector 中创建相应的项目，比如此处的 OA 系统项目。TestDirector 管理员审批通过后，可进行 OA 系统项目的创建。

STEP 1 打开 TestDirector 后台管理界面，如 http://192.168.2.104/tdbin/SiteAdmin.htm，如图 4-3 所示。

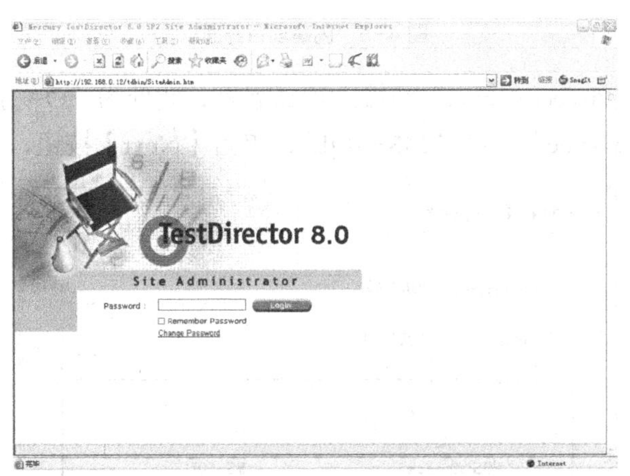

图 4-3 TestDirector 后台登录界面

STEP 2 输入 admin 的密码（默认没有密码），单击【Login】按钮，登录到后台，如图 4-4 所示。

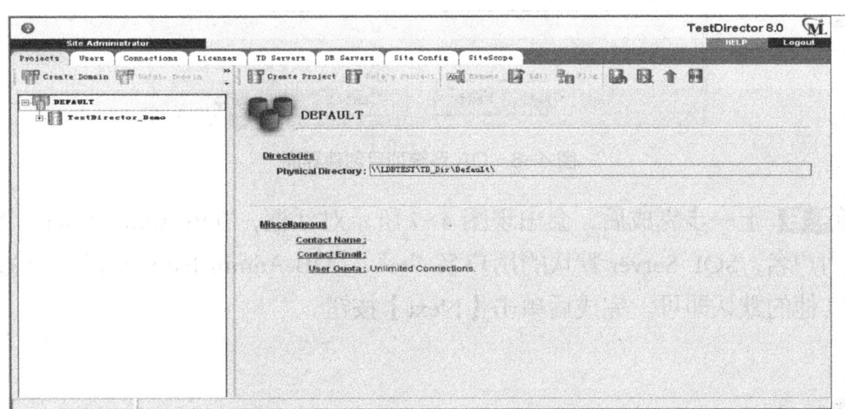

图 4-4 TestDirector 后台管理界面

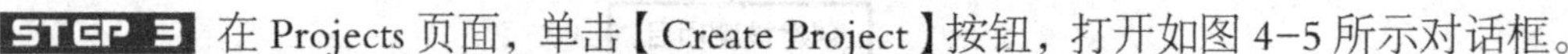

STEP 3 在 Projects 页面，单击【Create Project】按钮，打开如图 4-5 所示对话框。

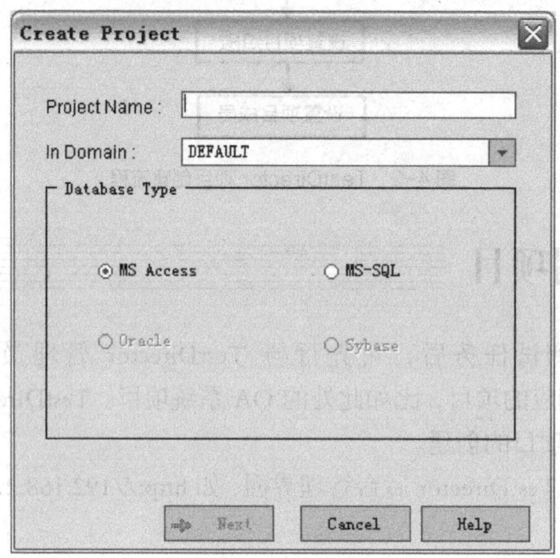

图 4-5　创建项目界面

STEP 4 在“Project Name:”中输入项目名称，此处为“OA 系统”，“In Domain:”默认即可，“Database Type”选择“MS-SQL”，单击【Next】按钮，如图 4-6 所示。

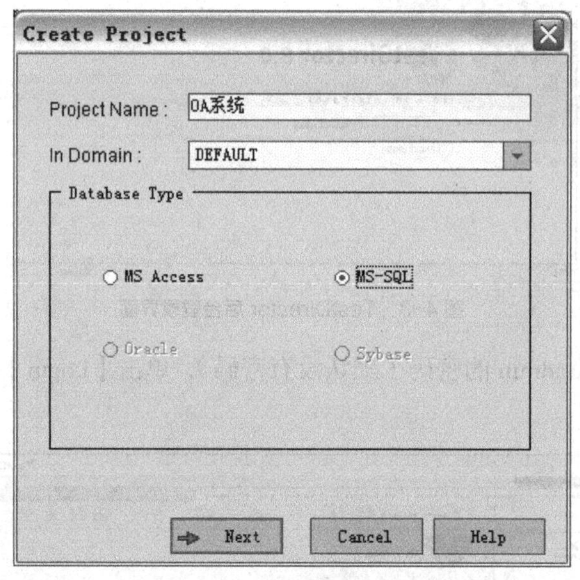

图 4-6　OA 系统项目创建界面

STEP 5 上一步完成后，会出现图 4-7 所示对话框，“DB Admin User:”输入访问数据库的用户名，SQL Server 默认的用户名“sa”，“DB Admin Password:”中输入数据库的密码，其他的默认即可。完成后单击【Next】按钮。

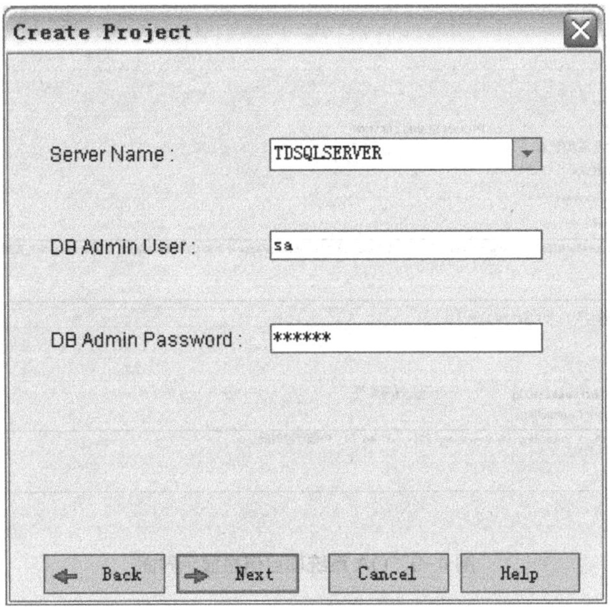

图 4-7　OA 系统数据库设置界面

STEP 6 图 4-8 所示对话框显示了 OA 系统项目创建的一些基本信息，确认没有问题后，单击【Create】按钮开始创建。注意，请确认“Activate Project”前的勾选框被勾上。

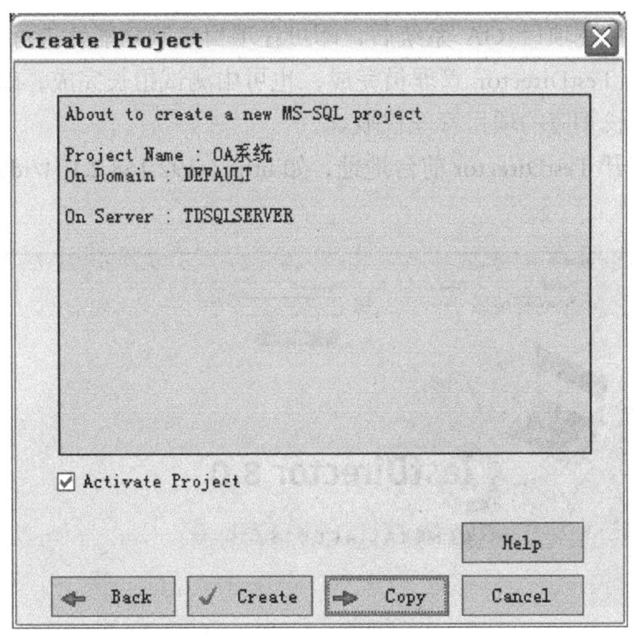

图 4-8　OA 系统项目信息确认界面

STEP 7 创建成功后，即可在项目列表中看到 OA 系统项目信息，如图 4-9 所示。

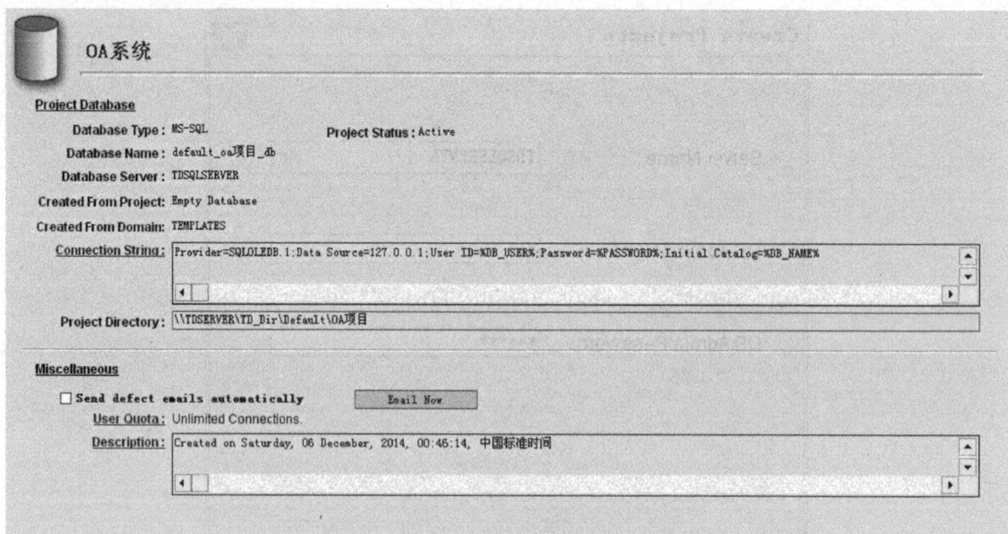

图 4-9　OA 系统项目信息显示界面

创建成功后的 OA 系统项目默认是激活的，只要为该项目设置项目组别、成员即可开展日常的测试工作了。

4.3　设置项目组别

在后台创建好被测项目 OA 系统后，即可在项目定制功能处进行项目工作组别的设置了。这一步可由 TestDirector 管理员完成，也可由测试组长完成，前提是 TestDirector 管理员授予测试组长相应的项目管理权限。

STEP 1 打开 TestDirector 前台地址，如 http://192.168.2.104/tdbin/start_a.htm，如图 4-10 所示。

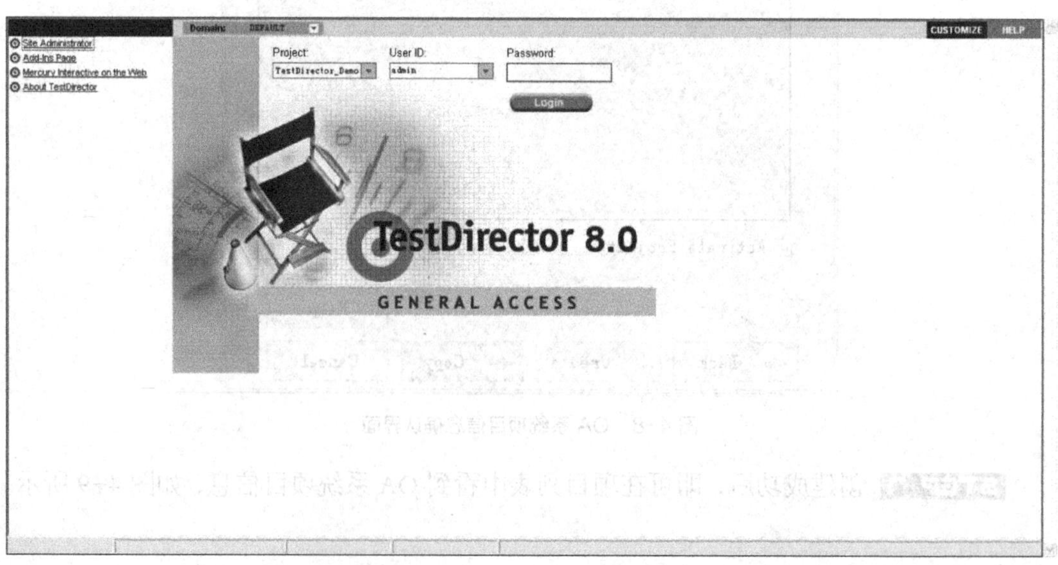

图 4-10　TestDirector 前台登录界面

STEP 2 单击页面右上角的【CUSTOMIZE】链接，进入项目配置功能登录界面，如图 4-11 所示，“Project”选择需配置的项目，比如此处的“OA 系统”“User ID”输入具有权限的用户，“admin”“Password”处输入密码，确认无误后单击【OK】按钮，进入项目配置功能界面。

Login

Domain : DEFAULT

Project : OA系统

User ID : admin

Password :

OK Cancel

图 4-11 项目配置功能登录界面

STEP 3 进入项目配置功能界面后，单击图 4-12 所示对话框的“Set Up Groups”。“Set Up Groups”的功能是设置项目的组别。

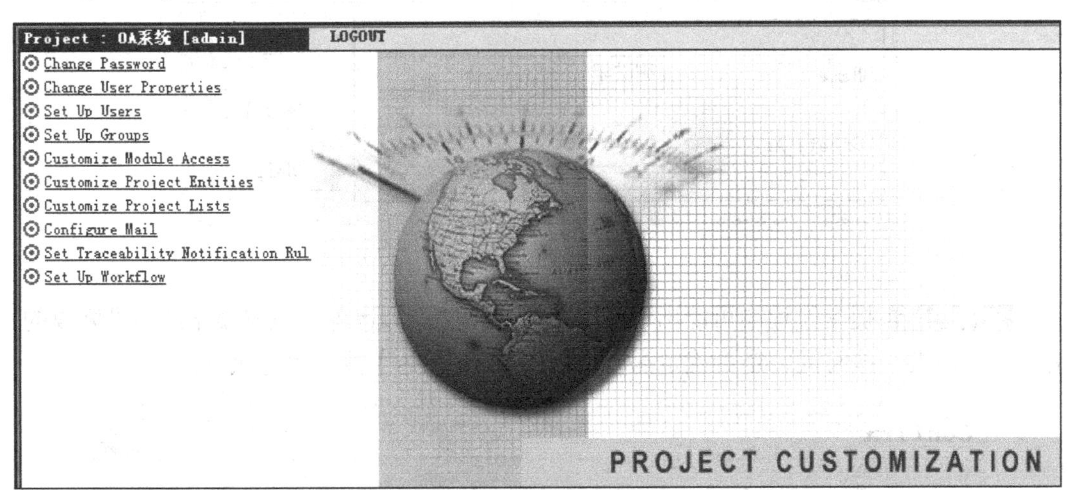

图 4-12 项目配置功能界面

STEP 4 进入“Set Up Groups”界面后，默认的界面如图 4-13 所示。

STEP 5 单击【New】按钮，出现图 4-14，在“Name”中输入组的名称“测试组”，“Create As”中选择新建组的父类，比如“开发组”对应的父类是“Developer”。确认无误后，单击【OK】按钮，提交创建数据。

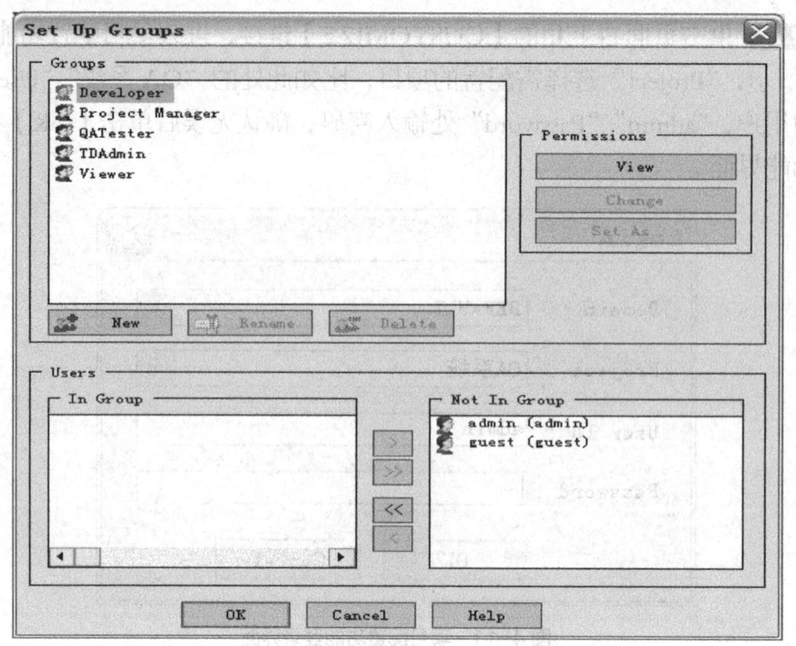

图 4-13 Set Up Groups 功能界面

图 4-14 创建组界面

STEP 6 提交过程中可能出现图 4-15 的信息提示，意思说当前操作是不可恢复的，并且可能需要一些时间，是否确定需要执行，单击【Yes】按钮确定执行。

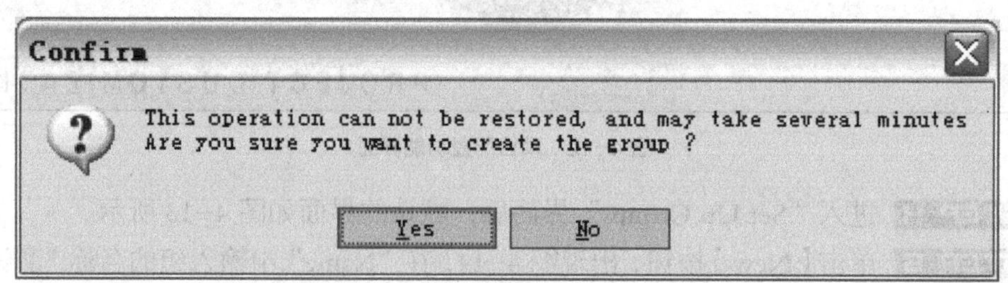

图 4-15 创建组确认提示信息

STEP 7 同样的方法，创建了“测试组”“管理组”“开发组”等几个常用的组别。完成的界面效果如图 4-16 所示。

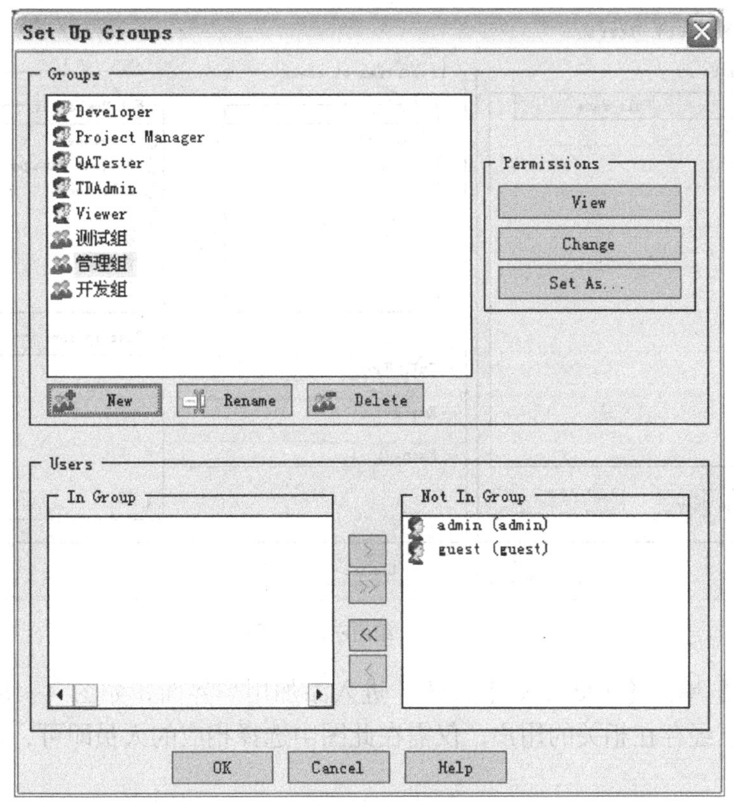

图 4-16 项目组信息列表

（1）测试组：测试工程师所在组的分类，其对应的权限继承 TestDirector 中的“QATester”。

（2）管理组：项目组管理人员所在组的分类，其对应的权限继承 TestDirector 中的“Project Manager”。

（3）开发组：开发工程师所在组的分类，其对应的权限继承 TestDirector 中的“Developer”。

项目组别设置过程中需要注意的是，有可能各个公司的情况不一样，测试部门的管理流程也不一样，对于各个组别权限的设置，可根据实际需要进行调整，但有一点必须注意，任何人员都不应该删除缺陷（Bug）。在整个软件缺陷管理流程中，删除缺陷（Bug）是被严令禁止的。

4.4 设置项目成员

组别设置好后，就可以设置相应组的成员了。一般情况下，测试组长将需要添加的用户告诉 TestDirector 管理员，由 TestDirector 管理员执行组员添加的操作，当然也可以由测试组长完成。

STEP 1 单击图 4-12 所示对话框中的“Set Up Users”，进入图 4-17 所示的对话框。

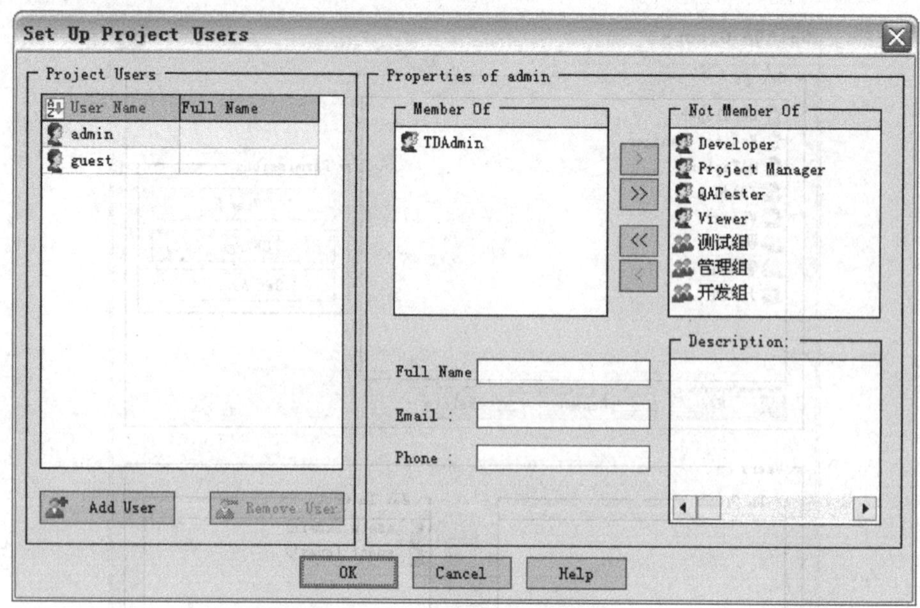

图 4-17　组用户设置界面

STEP 2 单击【Add User】按钮，进入添加用户界面，如图 4-18 所示。如果 TestDirector 已经存在相关的用户，仅需在此图中选择相应的人员即可，如果没有则需新建。

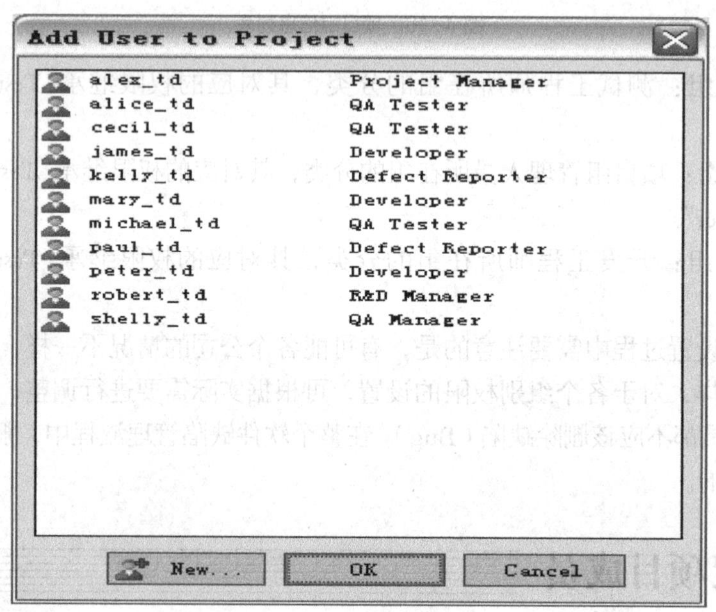

图 4-18　添加用户到项目

STEP 3 假设要添加名为“zhangsan”的账号，而 TestDirector 中又不存在，则单击图 4-18 中的【New】按钮，出现图 4-19 所示对话框。“User Name”中输入用户名“zhangsan”，“Full Name”中输入该用户的真实姓名“张三”。其他的可以不填。确认无误后，单击【OK】按钮，提交本次操作。

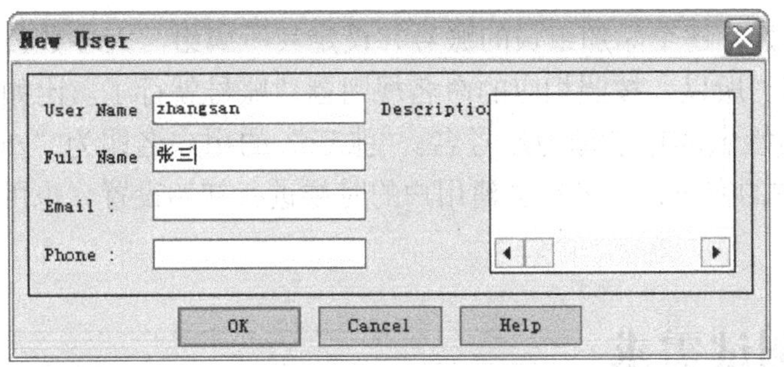

图 4-19　添加用户界面

STEP 4 添加成功后的用户将在“Project Users”中显示出来，如图 4-20 所示。

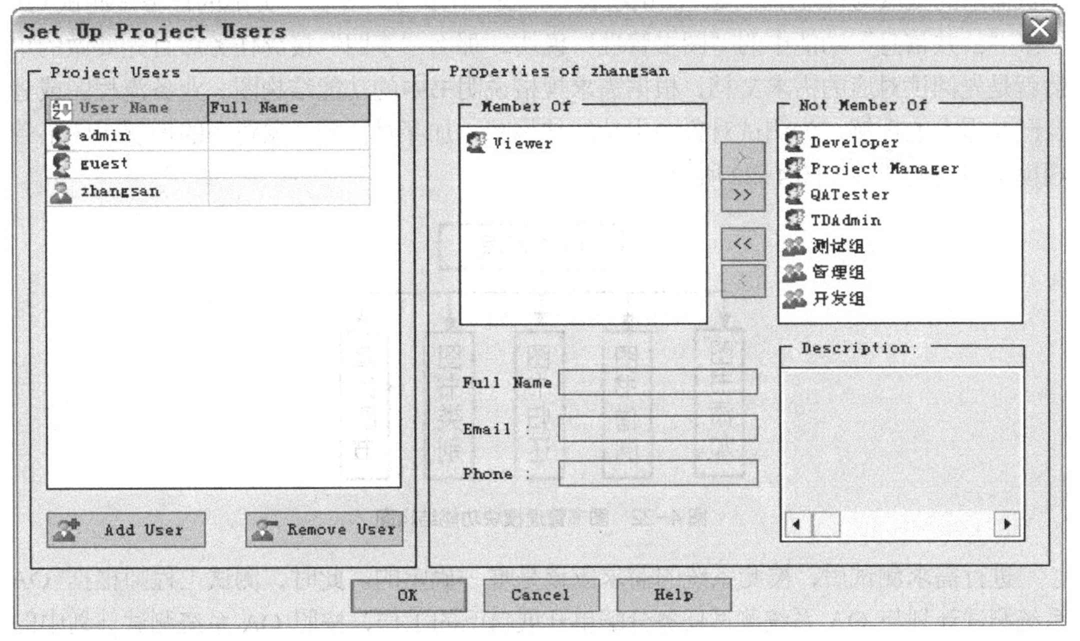

图 4-20　项目用户列表

STEP 5 用户创建后，就需要对用户的归属进行设置了。列出了“zhangsan”用户所在的组信息。默认的他仅属于“Viewer”组，由于“zhangsan”是测试组的成员，所以需要为其添加一个组，在“Not Member Of”中选择相应的组“测试组”，单击向左的箭头，即可将要设置的组添加到“Member Of”中。设置成功后的效果如图 4-21 所示。

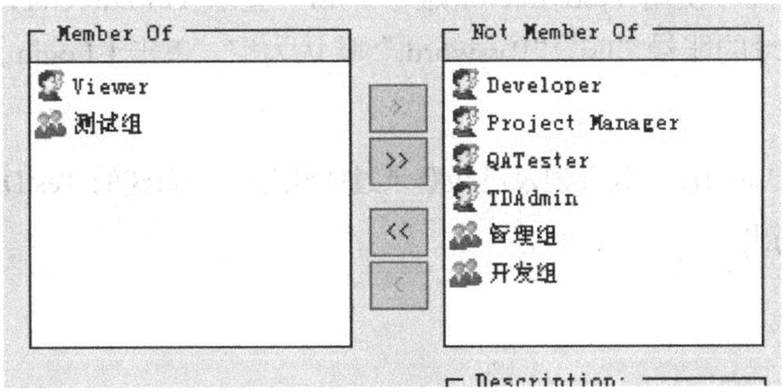

图 4-21　用户属性设置界面

按照上述步骤，逐个添加组员的账号并设定其所属组。大多数公司都有规定好了账号的命名规则。所以，按照相应的命名规则创建账号就行了。比如，这里添加账号的方式是以组员姓名的首字母为账号名。“张三”的用户名即为“zhang san”,。至于TestDirector 用户的密码，可以在创建用户的时候进行初始设置，也可以默认为空，由组员自行修改。

4.5 创建测试需求

项目创建成功后，测试组员可以使用自己的账号登录 TestDirector 中相应的系统进行测试需求的提取与管理了。架设测试组长“张三”给组员“李四”分配的任务是测试 OA 系统“公共信息”功能中的“图书管理”模块，那么“李四”接到任务后首先要做的事情就是先阅读对应的需求文档，根据需求规格说明书中的功能结构图、业务流程图或者自己对需求的理解，为测试对象画出功能结构图，加深对被测对象业务的理解。图书管理模块的功能结构如图 4-22 所示。

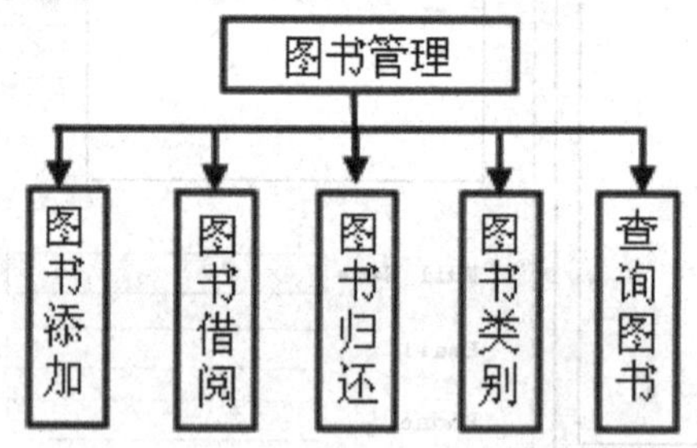

图 4-22 图书管理模块功能结构图

进行需求测试后，被测系统的需求应该是唯一确定的。此时，测试工程师根据 OA 系统测试计划与 OA 系统测试任务分配单开展自己的工作，按照 OA 系统测试计划中的进度安排，需求测试完成后将开展测试需求提取工作，测试工程师需利用 TestDirector 进行测试需求的提取，开展这一工作的前提是测试组长或者 TestDirector 管理员已经创建好了对应的项目，比如这里的 OA 系统，然后测试工程师使用自己的 TestDirector 账号登录到 TestDirector 中对应的项目即可开展工作，测试工程师需求提取阶段的工作内容如下所述。

测试组员“李四”使用 TestDirector 账号“lisi”登录 TestDirector，如图 4-23 所示。“User ID:”输入登录的账号“lisi”“Password:”默认为空，单击【Login】按钮，进入系统。

“User ID:”处会记录已经登录过的账号，而新建的 TestDirector 账号不会在此处列出。

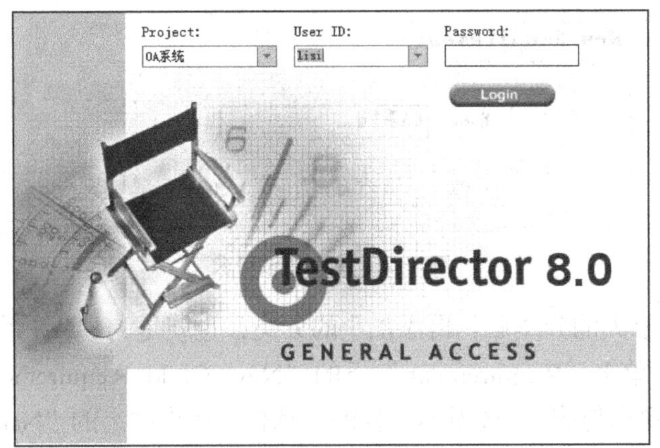

图 4-23　TestDirector 用户登录页

登录成功后，TestDirector 首次打开的初始页面为“REQUIREMENTS（测试需求）”，如图 4-24 所示。“REQUIREMENTS（测试需求）”主要功能是对测试过程中使用的测试需求进行管理，主要包括新建需求、修改需求、删除需求、转换需求、统计分析等功能。

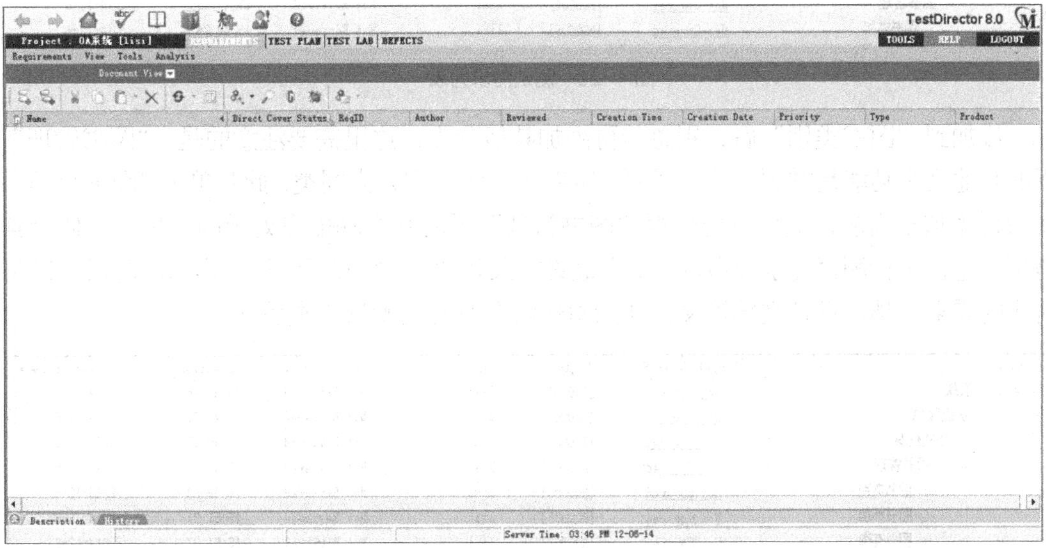

图 4-24　REQUIREMENTS 界面

在提取需求之前，先来设计一下测试需求在 REQUIREMENTS 中的目录结构，从图 4-22 可知，现在需进行的是图书管理模块的功能测试。经过分析，图书管理模块下含有五个子功能点，而这五个子功能点已是不可再分的测试点了，故这里的图书管理模块测试需求的目录结构应该是“OA 系统”/“功能测试”/“公共信息”/“图书管理”/“子系统名称”。

单击“Requirements”下的“New Requirement”按钮，或者工具栏中的按钮，弹出如图 4-25 所示的对话框，“Name”中输入需求的名称，如这里的“OA 系统”，输入完成后单击【OK】按钮，创建名为“OA 系统”的测试需求。

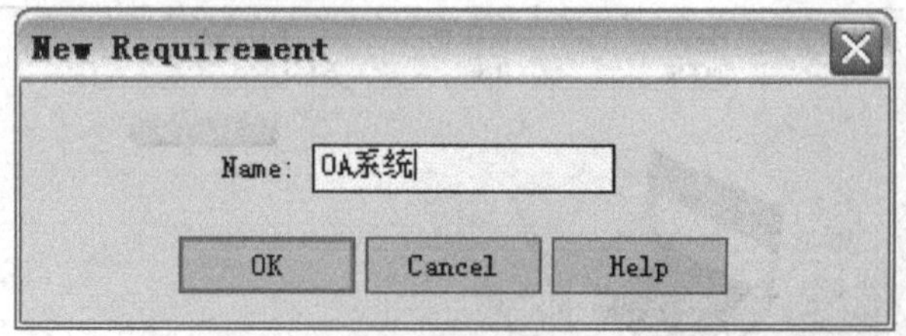

图 4-25　创建测试需求

添加完测试需求大的分类后，再添加小的分类，也就是为“OA 系统”添加子需求。选中“OA 系统”，单击“Requirements”下的“New Child Requirement”按钮，或者工具栏中的按钮，弹出与图 4-25 所示一样的对话框，在界面上的“Name”中输入子需求的名称，如“功能测试”，同样的方法添加“公共信息”“图书管理”“图书类别”，最终界面效果如图 4-26 所示。

Name	Direct Cover Status	ReqID	Author	Reviewed	Creation Time	Creation Date
⊟ OA系统	? Not Covered	[RQ0001]	lisi	Not Reviewed	15:48:48	2014-12-6
⊟ 功能测试	? Not Covered	[RQ0002]	lisi	Not Reviewed	15:48:58	2014-12-6
⊟ 公共信息	? Not Covered	[RQ0003]	lisi	Not Reviewed	15:49:05	2014-12-6
⊟ 图书管理	? Not Covered	[RQ0004]	lisi	Not Reviewed	15:49:12	2014-12-6
图书类别	? Not Covered	[RQ0005]	lisi	Not Reviewed	15:49:24	2014-12-6

图 4-26　测试需求列表一

添加到“图书类别”后，别急着再添加其他分类，这里需要注意的是，“图书管理”下的其他几个功能是并列同等的关系，所以应该将他们分为同类，此时单击“图书管理”，然后再添加子需求，这样就能使得“图书管理”下的几个功能点处于同一位置。假设其他用户也在进行测试需求提取功能，则最终效果如图 4- 27 所示。添加需求的时候可以将对应的需求文档、设计文档等文件作为附件附在对应的测试需求后面。

Name	Direct Cover Status	ReqID	Author	Reviewed	Creation Time	Creation Date
⊟ OA系统	? Not Covered	[RQ0001]	lisi	Not Reviewed	15:48:48	2014-12-6
⊟ 功能测试	? Not Covered	[RQ0002]	lisi	Not Reviewed	15:48:58	2014-12-6
⊟ 公共信息	? Not Covered	[RQ0003]	lisi	Not Reviewed	15:49:05	2014-12-6
⊟ 图书管理	? Not Covered	[RQ0004]	lisi	Not Reviewed	15:49:12	2014-12-6
图书类别	? Not Covered	[RQ0005]	lisi	Not Reviewed	15:49:24	2014-12-6
图书添加	? Not Covered	[RQ0006]	lisi	Not Reviewed	15:51:21	2014-12-6
图书查询	? Not Covered	[RQ0007]	lisi	Not Reviewed	15:51:37	2014-12-6
图书借阅	? Not Covered	[RQ0008]	lisi	Not Reviewed	15:51:43	2014-12-6
图书归还	? Not Covered	[RQ0009]	lisi	Not Reviewed	15:51:50	2014-12-6
⊟ 办公用品	? Not Covered	[RQ0010]	lisi	Not Reviewed	15:52:13	2014-12-6
类别管理	? Not Covered	[RQ0011]	lisi	Not Reviewed	15:52:28	2014-12-6
全部用品	? Not Covered	[RQ0012]	lisi	Not Reviewed	15:52:40	2014-12-6
领用查询	? Not Covered	[RQ0013]	lisi	Not Reviewed	15:52:51	2014-12-6
领用登记	? Not Covered	[RQ0014]	lisi	Not Reviewed	15:53:06	2014-12-6
入库登记	? Not Covered	[RQ0015]	lisi	Not Reviewed	15:53:12	2014-12-6

图 4-27　测试需求列表二

上述过程讲述了如何提取测试需求以及在 TestDirector 中如何设置它们的目录结构，这些事情都是在有明确需求的情况下做的。然而现实状况中很可能没有明确完善的用户需求文档，那么在这种没有任何需求文档的时候，又该怎么开展需求提取工作呢？

通常情况下，开展需求提取工作的方法有以下两种。

（1）如果有正式的需求规格说明书，则可根据需求规格说明书中的需求定义进行提取，每一个客户需求即为一个测试需求，同时可根据需求的性质进行分类，如功能、性能、安全性等。

（2）如果没有正式的需求规格说明书，则可按测试要求或者开发同事提供的功能列表（Function List）或者检查列表（Check List）进行提取，每一项测试要求即为一个测试需求，同时可根据需求的类别进行分类，如功能模块、性能要求等。

测试需求尽量分析清晰，最好能细化到每一个功能点。

根据测试任务的分配，完成了测试需求提取工作后，小组内要展开评审。这样的会议一般由测试组长组织，将本次测试需求提取的内容列出，小组成员互相阅读，从而检查组员在需求提取过程中的遗漏点与错误点。发现问题后立刻记录下来，然后修改、评审，直至通过。

至此，利用 TestDirector 提取测试需求即可完成，完成后测试组长可组织测试人员进行测试需求评审，评审通过后可进行后续的测试用例设计活动。

4.6 测试用例设计

经过测试需求分析阶段评审通过后的测试项及测试子项，即是测试用例设计的输入，在软件测试活动中，需求规格说明书是软件测试活动的基石，所有测试活动以其为基准。测试需求来源于需求规格，是系统测试阶段、验收测试阶段的依据，测试用例及预测试用例以测试需求中的测试项及测试子项为准。评审通过测试项及测试子项后，可正式展开测试用例设计活动。

系统测试用例设计阶段，常用的测试用例设计方法有等价类、边界值、判定表、因果图、正交实验、状态迁移、场景分析等。

4.6.1 测试用例定义

测试用例，顾名思义，测试时使用的例子，为某个特定目标而开发的输入、执行条件、操作步骤及预期结果的集合。不同的测试活动中，测试用例的格式不尽相同，本书重点讨论的是系统测试层面的测试活动，故仅以系统测试用例进行说明。

进行测试活动时，为了判断被测对象是否满足用户期望，测试工程师会事先根据用户需求设计测试用例，即一个包含测试目的、测试输入、操作步骤、预期结果等关键信息的格式文档，以此作为开展测试执行活动的一个重要依据。测试过程中，依据测试用例中的操作步骤进行测试对象操作，并根据测试输入进行测试数据的录入，然后检查被测对象表现出的结果现象是否与预期结果一致，如果一致，测试通过，否则测试失败，不一致的现象认定为缺陷。

大多数企业测试团队使用的测试用例通常包含用例编号、测试项、测试标题、用例属性、重要级别、预置条件、测试输入、操作步骤、预期结果、实际结果等若干关键词。

1. 用例编号

软件工程中，所有的软件文档都包含编号这一关键词，例如需求规格说明书中的需求编号，概要设计说明书中的概要设计项编号等。测试用例编号用来唯一识别测试用例，要求具有易识别性，易维护性，用户根据该编号，很容易识别该用例的目的及作用。在系统测试用例中，编号一般格式为：

```
A-B-C-D
```

A:产品或项目名称，如 CMS（内容管理系统）、CRM（客户关系管理系统）。

B:一般用来说明用例的属性，如 ST（系统测试）、IT（集成测试）、UT（单元测试）。

C:测试需求的标识，说明该用例针对的需求点，可包括测试项及测试子项等，如文档管理、客户管理、客户投诉信息管理等，通常可根据实际情况调整为 C-C1 的格式，如客户管理-新增客户，其中客户管理为测试项 C，新增客户为测试子项 C1。

D:通常用数字表示，一般用 3 位顺序性数字编号表示，如 001、002、003 等。

用例编号示例如下：

```
CRM-ST-客户管理-新增客户-001
```

2. 测试项

测试项即是测试用例对应的功能模块，包含测试项及子项，该用例所属的功能模块，如上例中的客户管理-新增客户。往往一个测试项可能包含若干个测试子项或测试用例，因此测试项可更进一步细化定义到测试子项级别，更便于识别测试用例所属模块及维护用例。

3. 测试标题

测试标题用来概括描述测试用例的关注点，原则上标题不可重复，每条测试用例对应一个测试目的。如输入包含特殊符号如单引号或双引号的客户名称，提交新增信息。（验证单引号 SQL 注入是否屏蔽）

4. 用例属性

用例属性作为描述该用例的功能用途，如功能用例、性能用例、可靠性用例、安全性用例、兼容性用例等。用例属性在不同测试策略选择时尤为重要，当确定了用例属性后，可根据不同的测试需求及风险控制策略，优先选择相应的用例属性，如仅做安全测试时，可选择安全性用例，如做兼容性测试时，则可选择兼容性用例。

5. 重要级别

重要级别体现了测试用例的重要性，可根据测试用例的重要级别决定用例执行的先后次序。重要级别一般有高、中、低三个级别，级别可继承于需求优先级。在一个测试项中，重要级别为高的测试用例数量往往控制在 1 左右，通常从功能风险、功能使用频率、功能关键性等几个因素来考虑用例重要级别设置，高级别的用例越多，预测试项目就越多，越不利于测试执行。

6．预置条件

预置条件是执行该用例的先决条件，如果此条件不满足，则无法执行该用例。预置条件在实际确定过程中，往往选择与当前用例有直接因果关系的条件。当某个功能A或流程的输出直接影响下一个功能或流程的工作时，则可称A是下一功能或流程的预置条件。

预置条件选择的正确与否，可能会影响测试覆盖率、通过率的计算，从而影响停测标准的执行。

7．测试输入

测试执行时，往往需要一些外部数据、文件、记录驱动，比如新增客户信息时，需输入客户姓名、联系电话、通信地址等，这些构造的测试数据，即称为测试输入。

8．操作步骤

根据需求规格说明书中的功能需求，设计用例执行步骤。操作步骤阐述执行人员执行测试用例时，应遵循的输入操作动作。编写操作步骤时，需明确给出每一个步骤的详细描述。

9．预期结果

预期结果来源于需求规格说明书，说明用户显性期望或隐性需求。预期结果作为测试用例最重要的一个部分，需明确定义。需求规格说明书通常会详细表述用户的功能、性能、外部接口需求。外部接口需求主要包括界面需求、外部应用程序接口程序。测试工程师编写测试用例预期结果时，可从以下两个方面编写。

（1）预期界面表现：执行相关操作后，被测对象会根据测试输入做出响应，并将结果展现在软件界面上，用例预期结果中可包括此部分的描述，如输入错误的用户名及密码，单击登录按钮后，系统在屏幕中间位置，会弹出对话框形式错误标识提示“用户名或密码输入错误，请重试!”，便于测试执行人员明确判断系统UI实现正确与否。

（2）预期功能表现：通常从数据记录、流程响应等几个方面关注预期功能表现，如输入正确数据格式的用户信息，单击新增后，数据库插入相关记录，并在用户列表正确显示该用户概要信息；用户提交请假申请流程后，审批者的流程工作任务中正确出现该条请假申请审批信息。

被测对象针对输入所做出的响应，一定要描述清晰。通常情况下，一条用例仅描述一个预期结果或主题明确的相关结果，不要一条用例，描述若干事情，期望若干结果。

10．实际结果

用例设计时此项为空白，测试用例执行后，如果被测对象实际功能、性能或其他质量特性表现与预期结果相同，被测对象正确实现了用户期望的结果，则测试通过，此处留白，否则需将实际结果填写，提交一个缺陷。

测试用例（见表4-4）除了上述一些关键的字段外，还可能根据公司测试管理的实际需求，增添其他字段，如测试人、测试结果、测试时间等。

表 4-4　测试用例示例

用例编号	OA-ST-图书管理-新增类别-001
测试项	新增图书类别功能测试
测试标题	验证在图书类别中输入包含特殊符号如单引号时的系统响应动作
用例属性	功能测试
重要级别	低
预置条件	登录用户具有图书类别管理权限
测试输入	类别名称：软件测试
操作步骤	1. 输入类别名称 2. 单击添加按钮
预期结果	系统弹出对话框提示“图书类别添加成功!”，确定后，图书类别列表自动刷新，并正确列出新增类别名称
实际结果	

4.6.2　用例设计方法

目前主流的用例设计方法有等价类、边界值、判定表、因果图、正交实验、状态迁移、场景分析等。本书仅介绍等价类、边界值等常用的用例设计方法。

1．等价类

实际软件测试活动中，保证被测对象测试充分性最好的方法即是使用穷举法完全覆盖、完全组合。但显而易见的是这种思路不可取，软件项目实施受时间、成本、范围、风险等多个因素限制。故而，使用一种高度归纳概括的用例设计方法将会大量减少穷举法带来的大量用例，在保证测试效果的同时提高测试效率。等价类划分正是这样的一种非常常用的黑盒用例设计方法，该方法依据用户需求规格说明书，细分用户期望，并利用等价类归纳法进行用例设计。

等价，指某类事物具有相同的属性或特性，在此集合中个体之间因外部输入引起的响应基本无差异。对于软件测试而言，等价类即是某个测试对象的输入域集合，在此集合中，单个个体对于揭露被测对象缺陷的效用是等价的，即输入域中的某个个体如能揭露被测对象的某种缺陷，那么该集合中的其他个体都能揭露该缺陷，反之亦然。

基于上面表述的推理，可根据被测对象用户需求的实际情况，做出合理的推断归纳，将输入域划分为若干等价类，并在每个等价类集合中选择一个个体作为测试输入，从而利用少量的测试输入取得较好的测试效果，在测试效率与效果间达到平衡。

等价类一般可分为有效等价类和无效等价类。

有效等价类：针对被测对象需求规格说明而言，有意义、有效的测试输入集合；

无效等价类：针对被测对象需求规格说明而言，无意义、无效的测试输入集合。

软件系统在应用过程中，能接收正确的输入或操作，也能针对错误或无效输入操作做出正确响应，设计测试用例时需同时考虑有效等价类和无效等价类。

根据被测对象的需求规格说明书，通常可从以下几个层面考虑等价类划分。

① 若需求规格说明书中规定了取值范围或值个数时，可以设立一个有效等价类和两

个无效等价类。有效取值范围内的输入域集合称为有效等价类，有效取值范围外的输入域集合称为无效等价类。例如，客户姓名字符长度在 6～18 位，则客户姓名长度在 6～18 位时有效，而两个无效等价类分别是 1～6 和>18 位的姓名长度。

② 若需求规格说明书中规定了输入值的集合或者规定了必须遵循某个规则时，可确立一个有效等价类和一个无效等价类。例如，客户姓名必须是汉字组成，则汉字构成是有效等价类，非汉字构成则是无效等价类。

③ 若输入条件是一个布尔值（即真假值），可确定一个有效等价类和一个无效等价类。例如，如果登录用户是钻石会员账号，则在购物车结算时，可自动打 8 折优惠，否则不打折，那么钻石会员账号即是有效等价类，非会员属于无效等价类。

④ 若需求规格说明书中规定输入数据是一组值，并且程序要对每一个输入值分别处理的情况下，可确立若干个有效等价类和一个无效等价类。例如，电子商务系统中的会员管理，如京东商城，有普通会员、金牌会员、铜牌会员、钻石会员等，不同会员积分规则、优惠策略不一样，故设计用例时可划为若干等价类分别考虑。

⑤ 若需求规格说明书中规定了输入数据必须遵守某些规则时，可确立一个符合规则的有效等价类和若干个从不同角度违反规则的无效等价类。

在确知已划分的等价类中各个体在程序中处理方式不同时,则应将该等价类再进一步划分为更小的等价类。如上述例子中的非汉字构成无效等价类，可继续分为特殊符号、字母或数字等无效等价类。针对被测对象的输入域等价类而言，所有有效等价类及无效等价类的并集即是整个输入域，而有效等价类及无效等价类的交集为空集。

根据需求规格说明书确定被测对象的输入域等价类后，可将有效等价类及无效等价类根据一定的格式填入表 4–5 中。

表 4-5 等价类划分表

测试项	需求规格	有效等价类	编号	无效等价类	编号

等价类划分获取有效等价类及无效等价类后，即可着手用例设计。测试用例设计一般采用以下步骤。

① 为每一个有效等价类或无效等价类设定唯一编号，有效等价类统一编号，无效等价类统一编号。

② 设计一个新的测试用例，使其尽可能覆盖所有尚未覆盖的有效等价类，直至所有有效等价类覆盖完全，互斥条件的有效等价类需单独覆盖。

③ 设计一个新的测试用例，使其仅覆盖一个无效等价类，直至所有无效等价类完全覆盖。

在设计有效用例过程中，需注意有效等价类之间的互斥性，千万不可在未充分理解需求时将所有有效等价类设计为一个用例，否则将会出现业务规则错误，导致测试覆盖降低、漏测。

等价类设计法可用于功能测试、性能测试、兼容性测试、安全性测试等方面。一般带有输入性需求的被测对象都可以采用等价类设计法，但等价类设计法是以效率换取效果的，如果考虑的越细致则设计的用例可能就越多，同时，输入与输入之间的约束考虑较少，可能产生一些逻辑错误，不同的思考角度可能会导致不同的用例设计角度及产生的用例数量。在实际使用过程中，需根据测试的投入确定测试风险及优先级，从而保证该方法的使用效果。

案例剖析

图 4-28 是 126 邮箱注册功能页面，从图中可以看出，主页面包括 3 个关键信息：用户名、密码、确认密码，该页面使用了 AJAX 技术，在截图时，笔者仅仅抓到了用户名的需求，密码及确认密码需求未能捕获，但不影响等价类方法的示范。

从图 4-28 中可以看出用户名需求为：6～18 个字符构成，包括字母、数字、下画线，用户名组成以字母开头，字母和数字结尾（此处有 Bug，读者自行查找），不区分大小写。密码及确认密码有星号标志，则说明是必填项，规则要求假设是密码不能为空，确认密码需与密码一致。在实际测试过程中，测试需求应来源于经过评审的需求规格说明书，这里仅作示范。

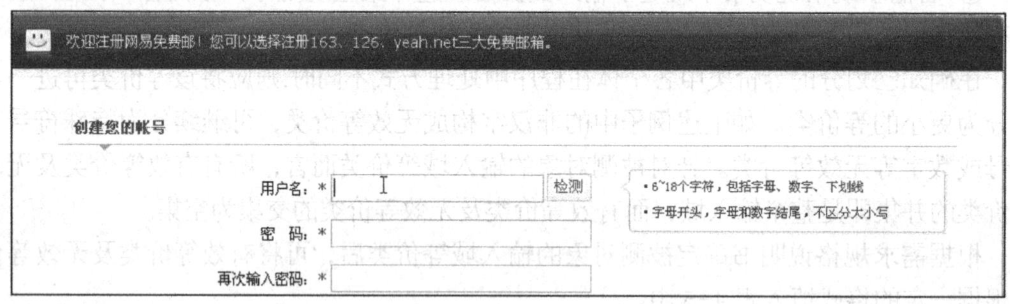

图 4-28　等价类设计法示例

根据上述需求进行等价类划分，可从被测字段、长度要求、组成要求、格式要求等几个因素考虑有效等价类及无效等价类的划分，经过细化后的等价类用例设计表如表 4-6 所示。

表 4-6　等价类用例设计表

测试项	测试点	需求规格	有效等价类	编号	无效等价类	编号
用户名	长度需求	6～18 位	[6,18]	A01	空	B01
					[1,6)	B02
					>18	B03
	组成需求	字母、数字、下画线	字母	A02	特殊符号	B04
			字母+数字+下画线	A03	汉字	B05
	格式需求	字母开头	字母开头	A04	数字开头	B06
					下画线开头	B07
		字母或数字结尾	字母结尾	A05	下画线结尾	B08
			数字结尾	A06		

续表

测试项	测试点	需求规格	有效等价类	编号	无效等价类	编号
密码	非空要求	不能为空	非空	A07	空	B09
确认密码	一致性要求	与密码一致	一致	A08	不一致	B10

采用等价类设计的三条原则，可抽取有效测试用例如下。

① A01A02A04A05A07A08

② A01A03A04A05A07A08

③ A01A03A04A06A07A08

无效测试用例如下。

① B01

② B02

③ B03

④ B04

⑤ B05

……

根据等价类用例设计表提取用例时需注意条件间的互斥关系，如以字母结尾和数字结尾不可能同时出现，则不可能出现 A05A06 的组合，故 126 邮箱注册功能页面需求描述是错误的。考虑每个条件时，仅考虑自身条件，不可若干条件一起考虑，否则会很凌乱。如上例中的组成需求和格式需求，单独考虑各自的有效及无效等价类即可。

细化后的有效用例如表 4-7 所示。

表 4-7 细化后的有效用例

用例编号	EMAIL-ST-用户注册-001
测试项	用户注册邮箱功能测试
测试标题	验证正确的用户注册信息注册实现情况
用例属性	功能测试
重要级别	高
预置条件	无
测试输入	用户名:zhangsan,密码:zhangsan，确认密码:zhangsan
操作步骤	在注册页面输入测试数据 单击[提交注册]按钮
预期结果	系统页面显示 zhangsan 注册成功，3 秒后成功跳转入 zhangsan 个人信息配置页面
实际结果	

等价类设计法运用熟练后，等价类提取表不一定每次都需要详细列出，可根据实际需要编写，从而提高用例设计速度。

以 OA 系统图书管理中添加图书功能为例，设计的测试用例如下。

添加图书功能项的等价类划分如下。

表 4-8　图书编号等价类划分

输入	输入约束	有效等价类	输入	编号	无效等价类	输入	编号
图书编号	不能为空，最长 100	1<=长度<=100	10	A01	长度=0	0	B01
					长度>100	200	B02
	不能重复	编号唯一	A0001	A02	编号重复	A0001	B03

表 4-9　图书名称等价类划分

输入	输入约束	有效等价类	输入	编号	无效等价类	输入	编号
图书名称	不能为空，最长 100	1<=长度<=100	20	C01	长度=0	0	D01
					长度>100	200	D02

表 4-10　图书分类的等价类划分

输入	输入约束	有效等价类	输入	编号	无效等价类	输入	编号
图书类别	必须选择图书分类	选择	软件测试	E01	不选择	不选择	F01

表 4-11　图书归属等价类划分

输入	输入约束	有效等价类	输入	编号	无效等价类	输入	编号
图书归属	必须选择图书归属	选择	研发部	G01	不选择	不选择	H01

表 4-12　作者等价类划分

输入	输入约束	有效等价类	输入	编号	无效等价类	输入	编号
作者	最长为 100 字符	长度<=100	20	I01	长度>100	105	J01
	选填	空	空	I02			

表 4-13　价格等价类划分

输入	输入约束	有效等价类	输入	编号	无效等价类	输入	编号
价格	正整数	0<价格，整数	10	K01	价格=0	0	L01
					价格<0	−10	L02
					非数字	a100	L03
	小数保留两位	小数点最多保留后两位	10.21	K02	小数点保留后 3 位	10.222	L04
	必填	必填	11	K03	不填	空	L05

表 4-14　出版社等价类划分

输入	输入约束	有效等价类	输入	编号	无效等价类	输入	编号
出版社	最长为 100 字符	长度<=100	20	M01	长度>100	105	N01
	选填	空	空	M02			

表 4-15　出版日期等价类划分

输入	输入约束	有效等价类	输入	编号	无效等价类	输入	编号
出版日期	格式为“YYYY-MM-DD”	格式为“YYYY-MM-DD”	2013-10-1	P01	格式为“YYYY-MM-DD HH24：MM：SS	2012-10-1 12:00:00	Q01
					格式为“YYYY-MM”	2012-10	Q02
	日期在当前之前	日期在当前之前	2013-10-1	P02	日期在当前之后	2014-10-1	Q03
	手工输入	手工输入	2013-10-1	P03	日期在当前之后	2014-10-1	Q04
	选填	选填	空	P04			

表 4-16　内容介绍等价类划分

输入	输入约束	有效等价类	输入	编号	无效等价类	输入	编号
内容介绍	最长为 200 字符	长度<=200	20	R01	长度>200	206	S01
	选填	空	空	R02			

2．边界值

使用等价类设计法设计用例时，测试工程师会碰到输入域临界现象，如图 4-28 邮箱注册功能示例中的用户名长度，6～18 位长度。在长期的软件生产实践经验中得知，被测对象出现缺陷往往是在其接受临界数据时产生。

边界值属于等价类方法特定的输入域，包含在有效等价类或无效等价类中，根据等价类推断理论，边界值方法产生的测试效果与等价类方法相同，只是边界值方法选择测试数据时更有针对性，通常选择输入域的边界值。如用户名长度限制在 6～18 位，测试工程师构造有效用户名长度时可选择 6 和 18，对于长度大于 18 位的无效等价类，可构造长度为 19 的用户名，如果该用户名无法完成注册，那么长度大于 19 以后的测试数据也将不符合条件。

当需求规格说明书中规定了输入域的取值个数、范围或者明确了一个有序集合时，即可使用边界值方法。

（1）边界值方法构造测试数据时，需考虑 3 个点的选择。

① 上点：输入域边界上的点，如果输入域是闭区间，则上点在域范围内；反之，输入域是开区间，上点则在域范围外。

如输入域是 6～18，上点为 6 和 18，如果是输入域是闭区间[6,18],则上点 6 和 18 包含在有效输入域内，如果是(6,18)，则 6 和 18 不是有效输入。

② 离点：离上点最近的一个点，如果输入域是封闭的，离点在域范围外，如果输入

域是开区间的，离点在域范围内。离点的选择确定与上点的数据类型及精度有关。

如输入域是 6~18，上点为 6 和 18，如果是[6,18],离点在外，两个离点为 5 和 19，如果是（6,18），则离点是 7 和 17。

如果上点的数据类型是实数，如[6.00,18.00]，离点则是 5.99 和 18.01。

③ 内点：域范围内的任意一个点。如[6,18],内点为 10 或 11，只要是输入域区间内除上点外的任意一点即可。

（2）确定了上点、离点、内点后，根据上述的边界值理论，结合等价类设计法，边界值设计法思路如下。

① 如果需求规格说明书中规定了取值范围，或是规定了值的个数，以该范围边界内及边界附近的值作为测试用例。

② 如果需求规格说明书中规定了值的个数，用最大个数，最小个数，比最小个数少一，比最大个数多一的数作为测试数据。

③ 如果需求规格说明书中提到的输入或输出是一个有序集合，应该注意选取有序集合的第一个和最后一个元素作为测试用例。

④ 如果程序中使用了一个内部数据结构，则应当选择这个内部数据结构边界上的值作为测试用例。

边界值设计法是对等价类设计法的必要补充，在实际使用过程中，基本上是等价类的后续步骤，因此设计用例的方法类似。

参考等价类设计法中等价类划分方法，确定了有效等价类及无效等价类后，分析每个输入域的上点、离点、内点，填入表格，具体示例如表 4-17 所示。

表 4-17　分析每个输入域的上点、离点、内点

测试项	等价类名	上点	编号	离点	编号	内点	编号

（3）边界值划分表与等价类设计法类似，边界值设计法基本步骤如下。

① 为每一个等价类的上点、离点、内点设定唯一编号，上点、内点统一编号，离点统一编号。

② 设计一个新的测试用例，使其尽可能覆盖所有尚未覆盖的有效等价类，直至所有有效等价类覆盖完全，互斥条件的有效等价类需单独覆盖。

③ 设计一个新的测试用例，使其仅覆盖一个无效等价类，直至所有无效等价类覆盖完全。

边界值方法在实际使用过程中需明确上点、离点及内点。通常而言，边界值设计法在等价类的基础上增加了大概 2 条用例，即多了 2 个上点的用例。熟练掌握边界值设计法后可在等价类基础上直接编写用例。

案例剖析

如图 4-28 所示 126 邮箱注册的示例，使用等价类及边界值设计法设计如表 4-18 所示。

表 4-18　使用等价类及边界值设计法

测试项	测试点	需求规格	有效等价类	测试数据	编号	无效等价类	测试数据	编号
用户名	长度需求	6～18 位	[6,18]	6	A01	空		B01
				18	A02	[1,6)	5	B02
				10	A03	>18	19	B03
	组成需求	字母、数字、下画线	字母		A04	特殊符号		B04
			字母+数字+下画线		A05	汉字		B05
	格式需求	字母开头	字母开头		A06	数字开头		B06
						下画线开头		B07
		字母或数字结尾	字母结尾		A07	下画线结尾		B08
			数字结尾		A08			
密码	非空要求	不能为空	非空		A09	空		B09
确认密码	一致性要求	与密码一致	一致		A10	不一致		B10

表 4-18 中，针对用户名长度限制的 6～18 位，选择了两个上点为 6 和 18，在之前的等价类设计法中，在构造用例时仅考虑了内点选择。在无效等价类[1,6)及>18 中，选择更具针对性的测试数据离点 5 及离点 19。其他的用例设计提取与等价类方法类似，在此不做赘述。

（4）以图书添加功能为例，设计边界值用例如下。

表 4-19　图书编号边界值取值

输入	输入约束	有效等价类	输入	编号	无效等价类	输入	编号
图书编号	不能为空，最长 100	1<=长度<=100	1	A01	长度=0	0	B01
			100	A02	长度>100	101	B02
			50	A03			
	不能重复	编号唯一	A0001	A04	编号重复	A0001	B03

表 4-20　图书名称边界值取值

输入	输入约束	有效等价类	输入	编号	无效等价类	输入	编号
图书名称	不能为空，最长 100	1<=长度<=100	1	C01	长度=0	0	D01
			100	C02	长度>100	101	D02
			50	C03			

表 4-21　图书分类的边界值取值

输入	输入约束	有效等价类	输入	编号	无效等价类	输入	编号
图书类别	必须选择图书分类	选择	下拉列表第一项"软件测试"	E01	不选择	不选择	F01
			下拉列表最后一项"自动化测试"	E02			

表 4-22　图书归属边界值取值

输入	输入约束	有效等价类	输入	编号	无效等价类	输入	编号
图书归属	必须选择图书归属	选择	研发部	G01	不选择	不选择	H01

表 4-23　作者边界值取值

输入	输入约束	有效等价类	输入	编号	无效等价类	输入	编号
作者	最长为 100 字符	长度<=100	100	I01	长度>100	101	J01
	选填	空	空	I02			

表 4-24　价格边界值取值

输入	输入约束	有效等价类	输入	编号	无效等价类	输入	编号
价格	正整数	0<价格，整数	1	K01	价格=0	0	L01
					价格<0	−1	L02
					非数字	a100	L03
	小数保留两位	小数点最多保留后两位	10.21	K02	小数点保留后 3 位	10.222	L04
			10.9	K03			
	必填	必填	12	K04	不填	空	L05

表 4-25　出版社边界值取值

输入	输入约束	有效等价类	输入	编号	无效等价类	输入	编号
出版社	最长为 100 字符	长度<=100	100	M01	长度>100	101	N01
	选填	空	空	M02			

表 4-26 出版日期边界值取值

输入	输入约束	有效等价类	输入	编号	无效等价类	输入	编号
出版日期	格式为“YYYY-MM-DD”	格式为“YYYY-MM-DD”	2013-10-1	P01	格式为“YYYY-MM-DD HH24：MM：SS	2012-10-1 12:00:00	Q01
					格式为“YYYY-MM”	2012-10	Q02
	日期在当前之前	日期在当前之前	当前时间前一天	P02	日期在当前之后	当天日期	Q03
	手工输入	手工输入	2013-10-1	P03			
	选填	选填	空	P04			

表 4-27 内容介绍边界值取值

输入	输入约束	有效等价类	输入	编号	无效等价类	输入	编号
内容介绍	最长为 200 字符	长度<=200	200	R01	长度>200	201	S01
	选填	空	空	R02			

使用等价类边界值方法设计完成以后，目前得到的结果只是一种设计思路，目前还不具备指导测试工程师执行的条件。如果能够指导测试工程师进行测试的执行，需要把上面的设计思路转换成标准的测试用例。

用例转换的原则如下。

① 设计一个测试用例，使其尽可能多的被覆盖所有尚未被覆盖的有效等价类。重复这一步骤，使得有效等价类均被测试用例所覆盖。

② 设计一个测试用例，使其只覆盖一个无效等价类。重复这一步骤使得所有无效等价类均被覆盖。

根据以上原则进行测试用例对等价类的覆盖，最终要保证所有的有效等价类和无效等价类都被测试用例做了覆盖，这样就代表着所有用户有可能输入的内容都得到了验证，否则就代表着漏测。

标准的测试用例（见表 4-28 和表 4-29）由若干属性组成，主要的属性有：用例编号、覆盖等价类、测试标题、重要级别、预置条件、测试输入、执行步骤、预期输出。

表 4-28 OA 正向用例样例

用例编号	OA_ST_BookManage_EnterBook_001
覆盖等价类	A01、C01、E01、G01、I01、K02、M02、P02、R02
测试项目	添加图书
测试标题	添加图书名称 1 字符、编号 1 字符
重要级别	高
预置条件	1.图书类别已录入系统 2.公司部门信息已录入

续表

输入	书名："飘" 编号："1" 图书类别："软件测试" 图书归属："研发中心" 作者："乔治" 价格："10.22" 出版社：空 出版日期：当前时间前一天 内容介绍：空
操作步骤	登录系统，打开添加图书页面
	按照测试数据进行各输入域的输入
	单击"确定"按钮，提交请求
预期输出	提示"添加成功"
	在图书的查询页面可以查询到添加的图书，且信息与录入一致
	在数据库中"book"表中查看添加的信息，表格中添加的信息与数据库设计一致

表 4-29 OA 反向用例样例 1

测试用例编号	OA_ST_BookManage_EnterBook_002
覆盖等价类	
测试项目	添加图书
测试标题	添加图书，图书编号重复
重要级别	高
预置条件	1. 图书类别已录入系统 2. 公司部门信息已录入 3. 已录入图书编号："A0001"
输入	书名："飘" 编号："A0001" 图书类别："软件测试" 图书归属："研发中心" 作者："乔治" 价格："10.22" 出版社：空 出版日期：当前时间前一天 内容介绍：空
操作步骤	登录系统，打开添加图书页面
	按照测试数据进行各输入域的输入
	单击"确定"按钮，提交请求
预期输出	提示"添加的图书编号已存在"
	在图书的查询页面查不到刚才录入的信息
	在数据库"book"表中查看添加的信息，表格中不存在用例录入的信息

3．判定表

在等价类设计法中，详细考虑了需求输入域，但是对于输入域及输入域存在关联时无法覆盖，因此需要一种能考虑输入域相互关系的用例设计方法来考虑业务描述性的测试需求。

下面通过一个例子来阐述等价类设计法在特定需求下设计用例的不足。

移动通信中，有这样需求，若用户欠费或停机，则不允许主被叫。

用户欠费或停机作为一个布尔类型等价类，欠费或停机作为有效等价类，未欠费或未停机作为无效等价类考虑，使用等价类设计法设计用例如表 4-30 所示。

表 4-30　等价类方法失效示例

测试项	有效等价类	编号	无效等价类	编号
欠费	欠费	A01	未欠费	B01
停机	停机	A02	未停机	B02

提取测试用例如下。

有效用例：

```
A01A02：用户欠费且停机，不允许主被叫。
```

无效用例：

```
B01:用户未欠费但停机，不允许主被叫。
B02:用户欠费但未停机，不允许主被叫。
```

上述 3 条测试用例无法测试 B01B02 用户未欠费、未停机的情况，因为按照等价类设计法思想，B01B02 两个无效等价类不能组合。

为了解决上面的问题，达到测试用例设计的覆盖率，测试工程师可采用判定表设计法进行设计。

判定表是分析和表达若干输入条件下，被测对象根据输入做出不同响应的工具。在遇到复杂业务逻辑关系和多种条件组合情况时，利用判定表可将需求或逻辑关系表达的既具体又明确。

判定表通常包含表 4-31 所示的部分。

表 4-31　判定表结构

条件桩	条件项 1
	条件项 2
动作桩	动作项

条件桩：需求规格定义被测对象的所有输入。

条件项：针对条件桩所可能输入的真假值。

动作桩：针对条件被测对象可能采取的所有操作。

动作项：针对动作桩，被测对象响应动作时，被测对象可能的结果取值。

规则：动作项和条件项组合在一起，即在条件项的各种取值时，被测对象应该采取的动作，在判定表中贯穿条件项和动作项的每一列构成一条测试规则，可以针对每个合法输入组合的规则设计用例进行测试。如条件 1+条件 2+动作项构成一条规则。

判定表用例设计方法基本设计步骤如下。

（1）定义条件桩与动作桩。条件桩是测试需求中的输入条件，根据被测对象的测试需求，确定测试输入。输入通常包含测试数据、外部文件、内部数据状态等，如果输入仅涉及 2 种取值，即真假取值，可用 0 和 1 表示，则可直接填入判定表，否则需根据实际情况细化，每个取值作为条件桩单独抽取出来。

动作桩即为测试需求中的输出响应。根据被测对象的测试需求，确定测试输出。输出通常包含提示信息、数据响应、文件结果、页面展示变化等。确定无误后可填入判定表动作桩部分。

（2）设计优化判定表。根据提取出的条件桩及动作桩，填写判定表，并根据条件间的逻辑关系优化判定表。

（3）填写动作项。根据每条规则，依据测试需求，填写每个动作桩的取值，即填写动作项。

（4）简化判定表。判定表设计好后，可能存在相似的规则，即某条件桩任意取值对动作桩无影响的情况。此时，可根据实际情况进行合并。

找到判定表中输出完全相同的列，查看其输入是否相似，在若干输入项中，如果有且仅有一项的输入取任何值对输出均无任何影响，则可合并，如表 4-32 所示。需要注意的是，合并判定表是以牺牲测试充分性、混乱业务逻辑为代价的。在一般情况下，如果规则数<=8 条，则不建议合并。

表 4-32　判定表合并

条件桩	Y	Y	→	Y
	N	N		N
	Y	N		--
动作桩	X	X		X

当条件桩输入值之间存在互斥关系时，也需根据实际情况排除。

（5）抽取用例。简化后的判定表，简化后即可抽取判定表中的每一条规则作为测试用例。需注意的是，判定表得到的是测试规则，而不是最终的用例。规则不能验证功能点的正确性，仅可验证业务规则的正确性。

判定表设计法在实际使用过程中，充分考虑了输入间的组合情况，每条规则覆盖了多个输入条件，考虑了输入项之间的约束关系，降低了漏测风险。同时，利用判定表可推断出需求规格本身的逻辑性，反向验证需求的正确性。但判定表的缺点也是显而易见的，当输入项过多时，规则数以 2 的 n 次方剧增，判定表将会非常庞大，采用判定表合并方法合并又会造成逻辑缺失、业务混乱错误，故在使用判定表方法前，需细致分析被测对象的需求，尽可能分解为多个需求项，然后再应用判定表设计法。

案例剖析

案例一：用户欠费或停机，则不允许主被叫。

判定表设计如表 4-33 所示。

表 4-33 判定表用例示例一

		1	2	3	4
条件桩	欠费	1	1	0	0
	停机	1	0	1	0
动作桩	主被叫	0	0	0	1

欠费：1 表示真，欠费，0 表示假，未欠费。

停机：1 表示真，停机，0 表示假，未停机。

主被叫：1 表示真，允许主被叫，0 表示假，不允许主被叫。

规则：

① 用户欠费及停机，不允许主被叫。

② 用户欠费但未停机，不允许主被叫。

③ 用户未欠费但停机，不允许主被叫。

④ 用户未欠费且未停机，允许主被叫。

上述示例中，规则①和③在用户停机时，无论其是否欠费，都不允许主被叫，根据合并规则可合并，但考虑系统在内部处理逻辑判断可能走了不同分支，故不建议合并。

4．因果图

在利用判定表设计法设计用例的过程中，往往会遇到输入与输入之间存在约束的情况。简单业务逻辑关系可利用判定表解决，但较为复杂的约束关系可能就不适合了。在这种情况下采用因果图会是一种不错的选择。

因果图又称鱼骨图，是由日本管理大师石川馨先生所发展出来的，故又名石川图。在软件测试用例设计过程中，用于描述被测对象输入与输入、输入与输出之间的约束关系。因果图的绘制过程，可以理解为用例设计者针对因果关系业务的建模过程。根据需求规格，绘制因果图，然后得到判定表进行用例设计，通常理解因果图为判定表的前置过程，当被测对象因果关系较为简单时，可直接使用判定表设计用例，不然可使用因果图与判定表结合的方法设计用例。

针对需求，将 Cause（原因）及 Effect（影响）对应关系共分为 2 组 4 类：输入与输出、输入与输入。

输入及输出间的关系主要有恒等、非、与、或 4 种。

（1）恒等：若输入条件发生，则一定会产生对应的输出，若输入条件不发生，则一定不会产生对应的输出。恒等关系示意图如图 4-29 所示。

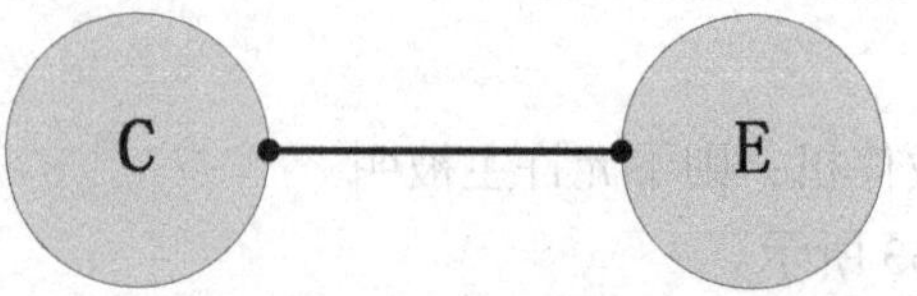

图 4-29　恒等关系示意图

（2）非：与恒等关系恰好相反，其示意图如图 4-30 所示。

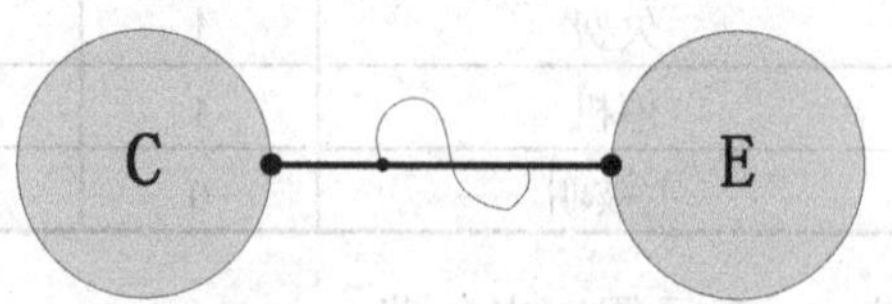

图 4-30　非关系示意图

（3）与：在多个输入条件中，只有所有输入项发生时，才会产生对应输出。与关系示意图如图 4-31 所示。

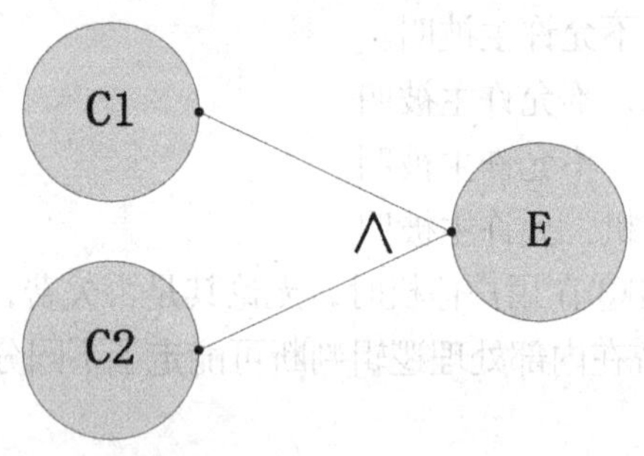

图 4-31　与关系示意图

（4）或：在多个输入条件中，只要有一个发生，则会产生对应输出，可以多个条件同时成立。或关系示意图如图 4-32 所示。

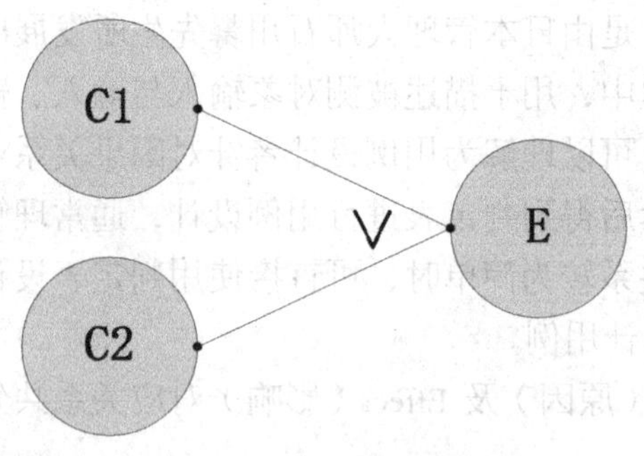

图 4-32　或关系示意图

输入与输入之间同样存在异、或、唯一、要求 4 种关系。

（1）异：所有输入条件中至多一个输入条件发生，可以一个条件都不成立异关系示意图如图 4-33 所示。

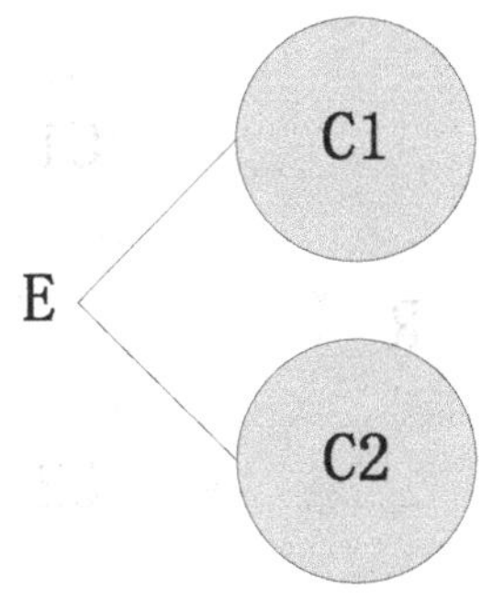

图 4-33 异关系示意图

（2）或：所有输入条件中至少一个输入条件发生，当然也可以多个条件共存。或关系示意图如图 4-34 所示。

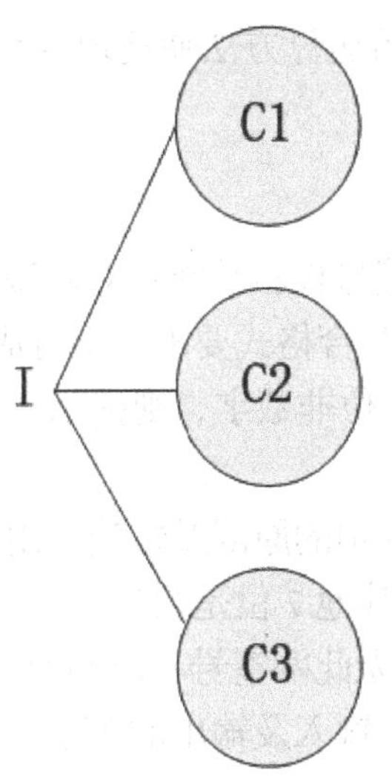

图 4-34 或关系示意图

（3）唯一：所有输入中有且只有一个输入条件发生。唯一关系示意图如图 4-35 所示。

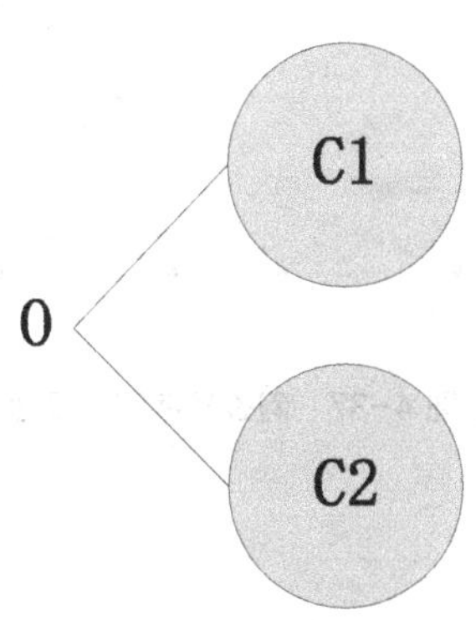

图 4-35 唯一关系示意图

（4）要求：所有输入中只要有一个输入条件发生，则其他输入也会发生。要求关系示意图如图 4-36 所示。

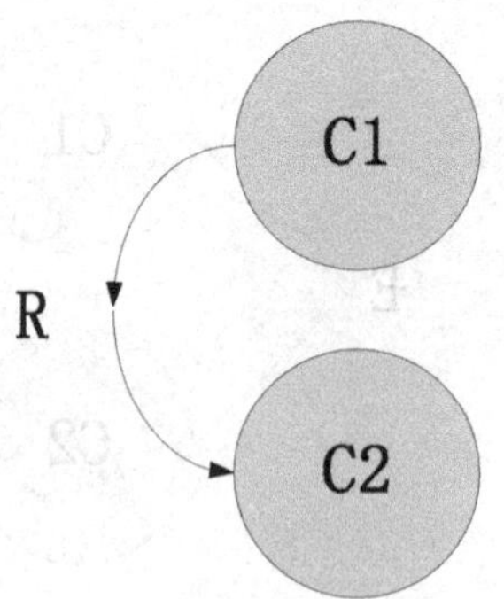

图 4-36　要求关系示意图

了解因果图输入与输入，输入与输出关系后，测试工程师该如何利用因果图进行用例设计？使用因果图设计法设计用例的重点是理解输入与输入、输入与输出的逻辑关系，确定其对应的关系后，可利用逻辑运算方法便捷地得到测试规则。下面结合案例介绍因果图的使用方法。

案例剖析

预售房预售资金监管账户网签号校验功能：对网签号格式进行验证，必须符合 Y+7 位数字格式，如 Y2014678。如果符合格式要求，则可成功验证；若第一列不是 Y，则提示“网签号格式错误”；如果后 7 位非数字，则提示“无此网签号”，利用因果图进行用例设计。

针对上述需求，首先确定需求中的原因及影响，由需求得知如下结果。

输入（原因）：第一列是 Y，其他 7 位是数字。

输出（影响）：网签号非法，无此网签号、成功验证。

根据因果图中的输入及输入、输入及输出的关系，画出因果图，如图 4-37 所示。

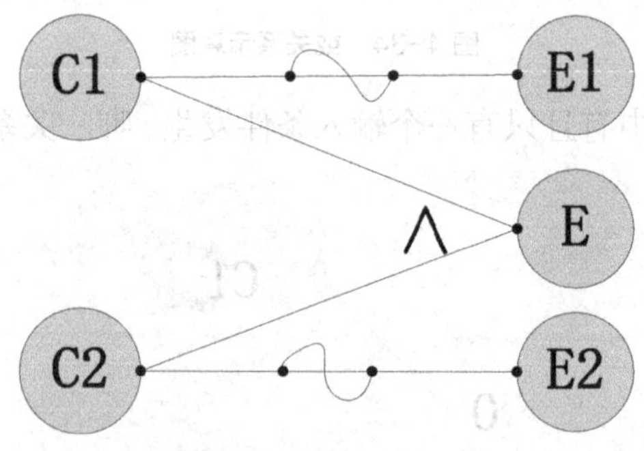

图 4-37　网签号案例因果图

C1：第一列是 Y。

C2：其他 7 位是数字。

E1：网签号格式错误。

E：成功验证。

E2：无此网签号。

根据因果图得到判定表如表 4-34 所示。

表 4-34 网签号测试判定表

		1	2	3	4
原因（输入）	第一列是 Y	0	0	1	1
	7 位数字	0	1	0	1
影响（输出）	成功验证	FALSE	FALSE	FALSE	TRUE
	网签号格式错误	TRUE	TRUE	FALSE	FALSE
	无此网签号	TRUE	FALSE	TRUE	FALSE

通过因果图可知：

成功验证 E=and(C1,C2);
网签号格式错误 E1=not(C1)
无此网签号 E2=not(C2)

通过因果图利用 and、or、not 等逻辑运算符即可方便快捷地获得判定表中条件桩与动作桩的关系，从而得到用例规则，再结合等价类及边界值用例设计方法细化测试用例。

因果图在实际使用过程中，能够帮助测试用例设计者快速地了解需求，理解业务逻辑，然后快速地设计出判定表，从而得到所需的测试用例。在因果关系复杂的系统中，可采用该方法，该方法的优缺点类似于判定表设计法，在使用过程中需注意规则的规模。

5．正交实验

正交实验用例设计法，是由数理统计学科中正交实验方法进化出的一种测试多条件多输入的用例设计方法。正交实验方法，根据迦罗瓦理论导出的“正交表”，合理安排试验的一种科学试验设计方法，是研究多因子（因素）多水平（状态）的一种试验设计方法。它是根据试验数据的正交性从全面试验数据中挑选出部分有代表性的点进行试验，这些点具备了“齐整可比，均匀分散”的特点，正交试验设计是一种基于正交表的、高效率、快速、经济的试验设计方法。部分书籍将因子称为因素，称为水平状态，本书以因子和水平为准。

通常把所有参与试验、影响试验结果的条件称为因子，影响试验因子的取值或输入叫作因子的水平。

正交实验方法与传统的测试用例设计方法相比，利用数学理论大大减少了测试组合的数量，在判定表、因果图用例设计方法中，基本都是通过 m^n 进行排列组合。使用正交实验方法，需考虑参与因子“整齐可比、均匀分散”的特性，保证每个实验因子及其取值都能参与实验，减少了人为测试习惯导致覆盖率低及冗余测试用例的风险。

整齐可比：在同一张正交表中，每个因子的每个水平出现的次数完全相同。在实验中，每个因素的每个水平与其他因子的每个水平参与实验的几率完全相同，这就保证在各个水平中最大限度地排除了其他因素水平的干扰。因此，正交表能最有效地进行比较和作出展望，容易找到好的试验条件。

均匀分散：在同一张正交表中，任意两列（两个因子）的水平搭配（横向形成的数字对）是完全相同的，这就保证了实验条件均衡地分散在因素水平的组合之中，因而具有很强的代表性，容易得到好的实验条件。

对于软件测试而言，因子即是被测对象所需的测试输入，水平即每个输入的取值。图 4-38 所示的功能界面包含功能客户姓名、联系电话、通信地址 3 个查询字段，每个查询条件有输入数据和不输入两种情况，可称之为 3 因子 2 水平。

客户姓名 [ ] 联系电话 [ ] 通信地址 [ ] 查询

图 4-38 查询功能示例图

下面通过具体案例介绍正交实验方法在实际测试用例设计活动中的应用。

上述案例中共有 3 个查询字段，如果从经验测试角度来看，可测试两种情况，即 3 个查询字段都不输入和都输入的情况，如果从全排列角度考虑，可设计 2^3 即 8 条用例进行覆盖，但如果测试条件增加，用例数将会无比庞大，测试效率无法保证，如果根据经验实施测试，则可能因为测试工程师的喜好，造成测试遗漏。如果采用正交实验方法，则可降低此类风险。使用正交实验方法如下。

（1）分析需求获取因子及水平。根据被测对象的需求描述，获取输入条件及每个条件可能的取值，如果取值较多，可使用等价类及边界值方法先优化。例如，图 4-38 中可以确定的因子数为 3，每个因子从输入和不输入两种情况考虑，则水平为 2。

（2）根据因子及水平数选择正交表。由步骤（1）分析得知，被测对象可能所需的正交表为 3 因子 2 水平，从数理统计书籍及正交实验网站查找得知有恰好符合 3 因子 2 水平的正交表，如表 4-35 所示。如果预估正交表与实际正交表不相符，则选择因子及水平大于预估正交表，且实验次数最少的正交表。

表 4-35 3 因子 2 水平正交表

Experiment Number	Column		
	1	2	3
1	1	1	1
2	1	2	2
3	2	1	2
4	2	2	1

（3）替换因子水平，获取实验次数。将输入项及取值替换正交表，获取实验次数，替换后的表格如表 4-36 所示。

表 4-36 正交表替换表示例

实验次数	输入条件		
	客户姓名	联系电话	通信地址
1	输入	输入	输入
2	输入	不输入	不输入
3	不输入	输入	不输入
4	不输入	不输入	输入

（4）根据经验补充实验次数。正交实验毕竟是通过数学方法推导出来的实验次数，保证了每个参与实验因子的水平取值均匀分布在实验数据中，并不能全部代表业务的实际情况，所以一般仍需要根据测试经验补充一些用例，针对上述案例，发现 3 因子 2 水平正交表并不包含每个因子取 2 值的实验，故需补充该用例，调整后的表格如表 4–37 所示。

表 4-37 正交表优化表

实验次数	输入条件		
	客户姓名	联系电话	通信地址
1	输入	输入	输入
2	输入	不输入	不输入
3	不输入	输入	不输入
4	不输入	不输入	输入
5	不输入	不输入	不输入

这样，如果使用全排列测试方法得到的用例将是共 8 条用例，如果使用正交实验方法，8 条用例减少至 5 条，同样能保证测试效果，但测试用例数量大大减少。

（5）细化输出测试用例。根据优化后的正交表，每行一次实验数据构成一条测试规则，在此基础上利用等价类及边界值方法细化测试用例。

在使用正交实验设计法设计用例时，通常可能会遇到以下几种情况。

（1）测试输入参数个数及取值与正交实验表的因子数刚好符合。分析被测对象的需求后，提取的测试输入参数及取值恰好等于正交表的因子及水平数时，可直接套用该表，然后根据经验补充用例即可。

（2）测试输入参数个数与正交实验表的因子数不符合。如果测试输入参数个数大于或小于正交实验表的因子数时，选择正交表中因子数大于输入参数的正交表，多余的因子可抛弃不用。

（3）测试数据参数取值个数与正交实验的水平数不符合。如果测试输入参数的取值个数大于或小于正交实验表的水平数时，选择正交表中因子及水平数均大于输入参数且总实验次数最少的正交表，多余的因子可抛弃不用，多余的水平可均分参与实验。

因为正交实验方法能借助于正交实验表快速得到测试组合，通常用在组合查询、兼容性测试、功能配置等方面。因此在软件测试用例设计中有着广泛的应用，但该方法也有一定的弊端，因其是从数学公式引申而来，可能在实际使用过程中，无法考虑输入参数相互组合的实际意义，因此在实际使用时需结合业务实际情况做出判断，删除无效的数据组合，补充有效的数据组合。

案例剖析

现有一个 Web 网站，该网站存在不同的服务器和操作系统配置，并且支持用户使用不同的浏览器及插件访问该网站视频，请设计测试用例进行该网站的兼容性测试。

（1）Web 浏览器：Netscape 6.2、IE 6.0、Opera 4.0。

（2）插件：无、RealPlayer、MediaPlayer。

（3）应用服务器：IIS、Apache、Netscape Enterprise。

（4）操作系统：Windows 2000、Windows NT、Linux。

分析上述需求，需求共有 4 个测试参数，即 Web 浏览器、插件、应用服务器、操作系统 4 个因子，且每个因子的取值都是 3，故可能采用的正交表为 4 因子 3 水平。

通过对比正交实验表，发现恰好有 4 因子 3 水平的正交表，如表 4-38 所示。

表 4-38　4 因子 3 水平正交表

Experiment Number	Column			
	1	2	3	4
1	1	1	1	1
2	1	2	2	2
3	1	3	3	3
4	2	1	2	3
5	2	2	3	1
6	2	3	1	2
7	3	1	3	2
8	3	2	1	3
9	3	3	2	1

根据分析得到的测试输入及取值，替换上述 4 因子 3 水平表，如表 4-39 所示。

表 4-39　正交表用例案例

Experiment Number	Column			
	Web 浏览器	插件	应用服务器	操作系统
1	Netscape	无	IIS	Windows 2000
2	Netscape	RealPlayer	Apache	Windows NT
3	Netscape	MediaPlayer	Netscape Enterprise	Linux
4	IE	无	Apache	Linux
5	IE	RealPlayer	Netscape Enterprise	Windows 2000

续表

Experiment Number	Column			
	Web 浏览器	插件	应用服务器	操作系统
6	IE	MediaPlayer	IIS	Windows NT
7	Opera	无	Netscape Enterprise	Windows NT
8	Opera	RealPlayer	IIS	Linux
9	Opera	MediaPlayer	Apache	Windows 2000

根据经验补充 4 个因子中都取 2 和 3 的实验数据，更新后的正交表如表 4–40 所示。

表 4-40 正交表用例案例一优化表

Experiment Number	Column			
	Web 浏览器	插件	应用服务器	操作系统
1	Netscape	无	IIS	Windows 2000
2	Netscape	RealPlayer	Apache	Windows NT
3	Netscape	MediaPlayer	Netscape Enterprise	Linux
4	IE	无	Apache	Linux
5	IE	RealPlayer	Netscape Enterprise	Windows 2000
6	IE	MediaPlayer	IIS	Windows NT
7	Opera	无	Netscape Enterprise	Windows NT
8	Opera	RealPlayer	IIS	Linux
9	Opera	MediaPlayer	Apache	Windows 2000
10	IE	RealPlayer	Apache	Windows NT
11	Opera	MediaPlayer	Netscape Enterprise	Linux

至此，利用正交实验大概设计了 11 条用例解决了上述兼容性测试不同环境下的组合情况，如果根据经验再补充些用例，也比 3^4=81 条用例少很多。

OA 中的“图书添加”功能存在多个输入域，分为必填项和选填项。必填和选填的校验通过等价类和边界值设计的用例就覆盖到了，但是有一种情况没有验证到，就是必填项和哪些选填项一起组合来添加图书呢？所有必填项可以和一个选填项组合添加图书，也可以和选填项中任意两个组合填写，实际可以有很多种组合的情况，那么就需要有裁剪和取舍，这可以使用前面介绍的正交表法进行筛选。

把所有的必填项看成一项，其中必填包括：图书编号、书名、图书类别、图书归属、价格。

选填项包括：作者、出版社、出版日期、内容介绍。选填项可以填或者不填。

共 5 因子 2 水平，没有正合适的正交表，那么可以正交因子数，选择 7 因子 2 水平的正交表，正交表如表 4–41 所示。其中：

因子1：所有必填项

因子2：作者

因子3：出版社

因子4：出版日期

因子5：内容介绍

表 4-41　正交表

Experiment Number	Column						
	1	2	3	4	5	6	7
1	1	1	1	1	1	1	1
2	1	1	1	2	2	2	2
3	1	2	2	1	1	2	2
4	1	2	2	2	2	1	1
5	2	1	2	1	2	1	2
6	2	1	2	2	1	2	1
7	2	2	1	1	2	2	1
8	2	2	1	2	1	1	2

把因子和因子水平带入正交表，如表 4-42 所示。其中因子 1 可以视为所有必填项，其中只有前四种组合因子 1 取值为 1，即填写，后边的组合因子 1 为 2 即不填的不需要考虑。组合关系如下。

表 4-42　组合关系

因子	1	2	3	4	5
1	填	填	填	填	填
2	填	填	填	空	空
3	填	空	空	填	填
4	填	空	空	空	空

通过正交表组合以后，补充一种组合：只填写必填项，选填项都不填的组合。补充完后正交表组合如表 4-43 所示。

表 4-43　正交表组合

因子	1	2	3	4	5
1	填	填	填	填	填
2	填	填	填	空	空
3	填	空	空	填	填
4	填	空	空	空	空
5	填	空	空	空	空

以上正交表组合在 OA 系统的图书添加模块中的测试用例为：图书编号、书名、图书类别、图书归属、价格必填项都填写、作者填写、出版社填写、出版日期不填写、内容介绍不填写，这种情况下的图书添加。

以上介绍了常用的用例设计方法，在实际的用例设计工作过程中，可能使用其中一种就可以完成用例的设计工作，也可能需要使用到多种用例设计方法组合来完成用例的设计。多种用例设计方法组合设计时通常会以其中一种方法为主，其他用例设计方法为辅的策略来共同完成用例设计。上面例子的“图书添加”功能可以以等价类、边界值为主，正交表法为辅的方式来完成用例的设计工作。

4.6.3 OA 用例设计

设计用例前，可以利用 REQUIREMENTS 提供的需求转换功能，将提取的测试需求转换为“TEST PLAN（测试计划）”以便进行用例的设计。此处的“TEST PLAN（测试计划）”其本质就是通常意义上的测试功能点。转换后，测试工程师就可以对这些功能点进行测试用例的设计了。

同样，测试人员登录 TestDirector 对应项目的 REQUIREMENTS 模块下。在“Tools”菜单下“Convert to Tests”中包含图 4-39 所示的两个功能点。

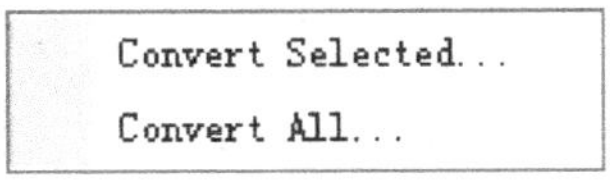

Convert Selected...
Convert All...

图 4-39 测试转换功能

Convert Selected：转换当前所选的，表示将当前选中的需求转换为测试计划。

Convert All...：转换全部，将所有测试需求全部转换为测试计划。

可以根据实际情况选择任意一种转换方式。第一次转换时，可使用“Convert All...”功能，如果只是修改了个别测试需求时，则可选择“Convert Selected...”。这里需要进行全部需求的转换，具体步骤如下。

STEP 1 选择“Tools→ Convert to Tests→ Convert All...”，出现如图 4-40 所示窗口。

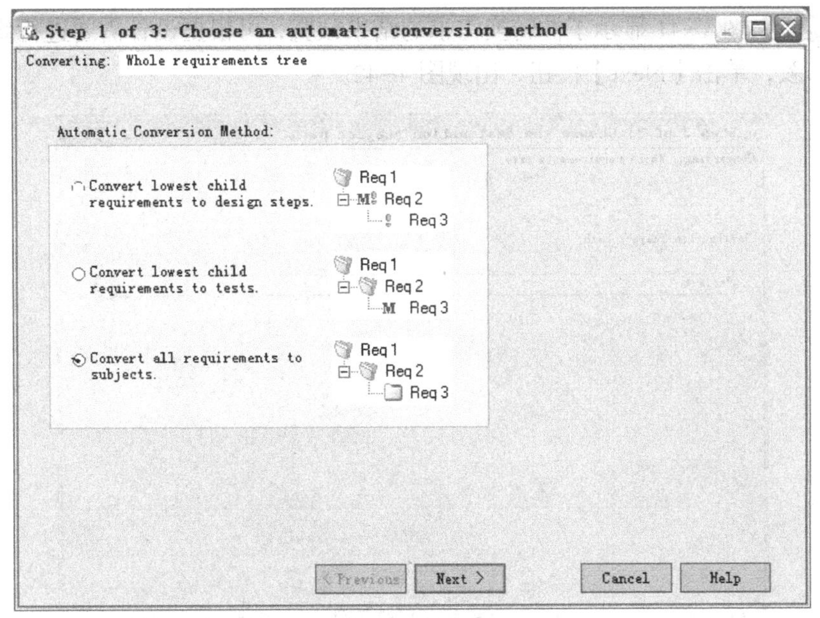

图 4-40 需求转换第一步

解释一下三种结构方法的含义。

（1）Convert lowest child requirements to design steps：转换最底层的子需求到测试功能点中的测试步骤，一般情况下不使用该功能。

（2）Convert lowest child requirements to tests：转换最底层的子需求到测试功能点，一般情况下使用该功能。

（3）Convert all requirements tosubjects：转换所有需求到目录，一般情况下不使用该功能。

STEP 2 选择“Convert lowest child requirements to tests”，将所划分的测试需求转换为测试功能点，单击【Next】按钮，进入图 4-41 所示窗口。

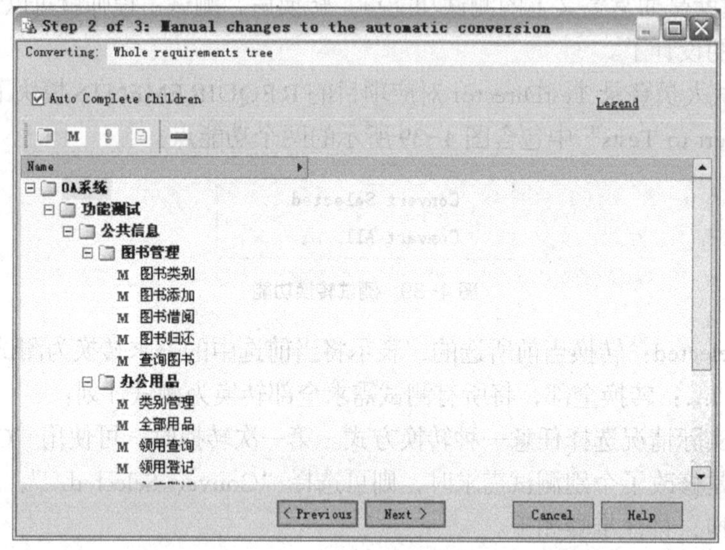

图 4-41　需求转换第二步

STEP 3 图 4-41 显示了被转换需求的结果预览，可根据设计需要进行修改，这里默认不做修改，单击【Next】按钮，出现图 4-42。

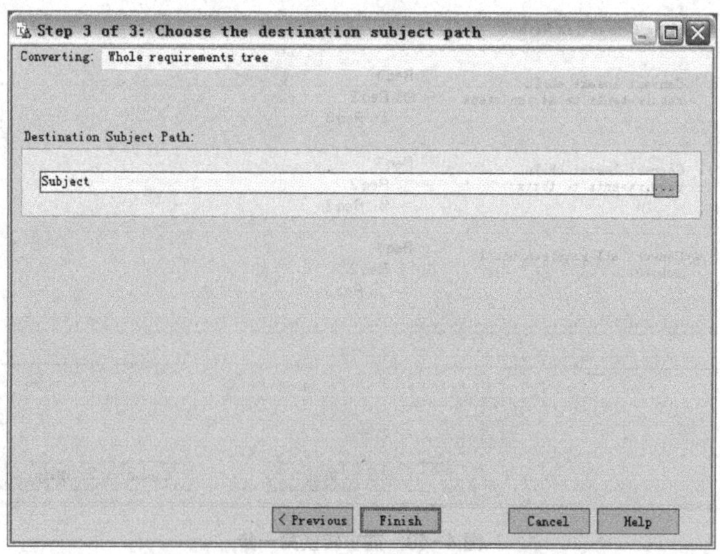

图 4-42　需求转换第三步

STEP 4 选择目录路径，默认不做修改，单击【Finish】按钮，执行转换，完成后出现图 4-43 所示窗口。

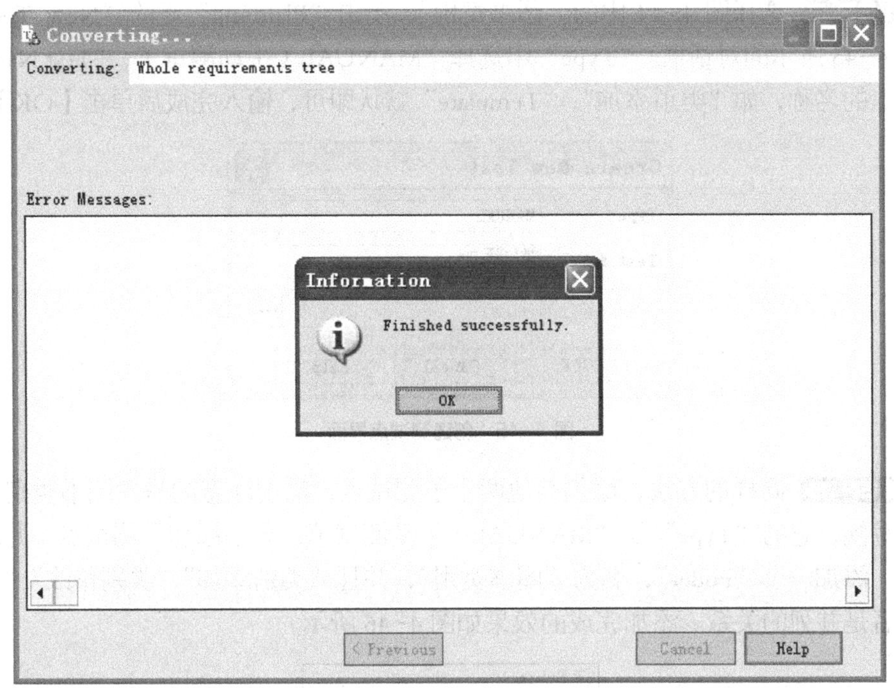

图 4-43 转换成功提示信息

STEP 5 单击【OK】按钮，完成转换。

STEP 6 验证转换结果，单击“TEST PLAN”页签，进入测试计划界面，单击 ，如果转换成功则会出现图 4-44，如未出现，则检查以上操作过程。

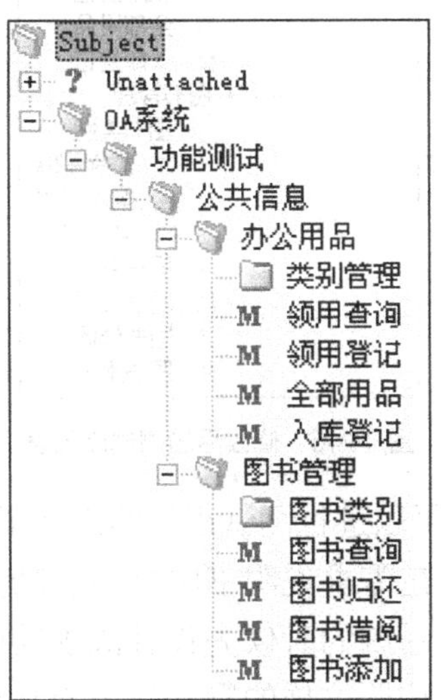

图 4-44 测试点列表

需求提取后，如果无特殊需要，一般不会再添加新的测试点，只需在现有的基础上进行测试用例的设计。单击图 4-44 中的测试，如“图书类别”，通过需求了解得知，“图书类别”只是一个概要描述，下面还有类别添加、类别修改、类别删除等功能，故这里仍需要添加 3 个子测试项。

STEP 7 选择图 4-44 中的“图书类别”，单击“Planning”下的“New Test...”，弹出图 4-45 所示的对话框。“Type”中选择“MANUAL（手动测试）”，“Test Name”输入测试点的名称，如“类别添加”，“Template”默认即可，输入完成后单击【OK】按钮。

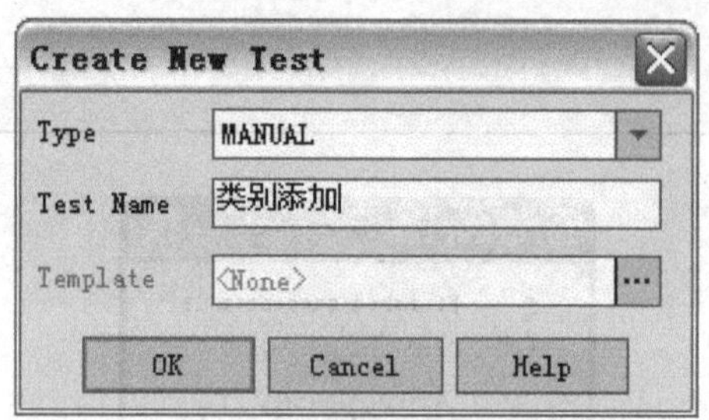

图 4-45　创建测试点界面

STEP 8 同样的方法，添加其他两个子测试点，需要注意的是“图书类别”转换过来的时候，它的“Type”是“MANUAL（手动测试）”，无法添加子测试点，此时需要删除掉，添加一个“Foder”，名为“图书类别”，并且“类别添加”“类别修改”“类别删除”三者是并列的关系。添加完成的效果如图 4-46 所示。

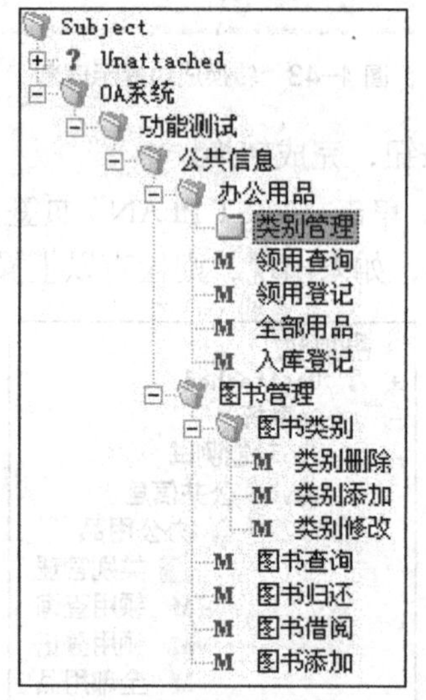

图 4-46　修改后的测试点列表

重新划分了测试点后，就可以进行测试用例的设计了。一般情况下，测试用例的设计是按照业务流程来设计的，在需求说明书中指明了功能模块的优先级，故测试用例设计也就有优先级。比如设计系统的时候先设计添加功能，再设计修改功能，最后设计删除功能，那么用例设计也按照这样的顺序，先设计添加功能的测试用例，再设计修改功能的测试用例，最后设计删除功能的测试用例。这里先设计图书类别添加功能的测试用例。

STEP 9 单击图 4-46 中的“类别添加”测试点，在界面右边输入该测试点执行用例的用例标识、前置条件等，如图 4-47 所示。

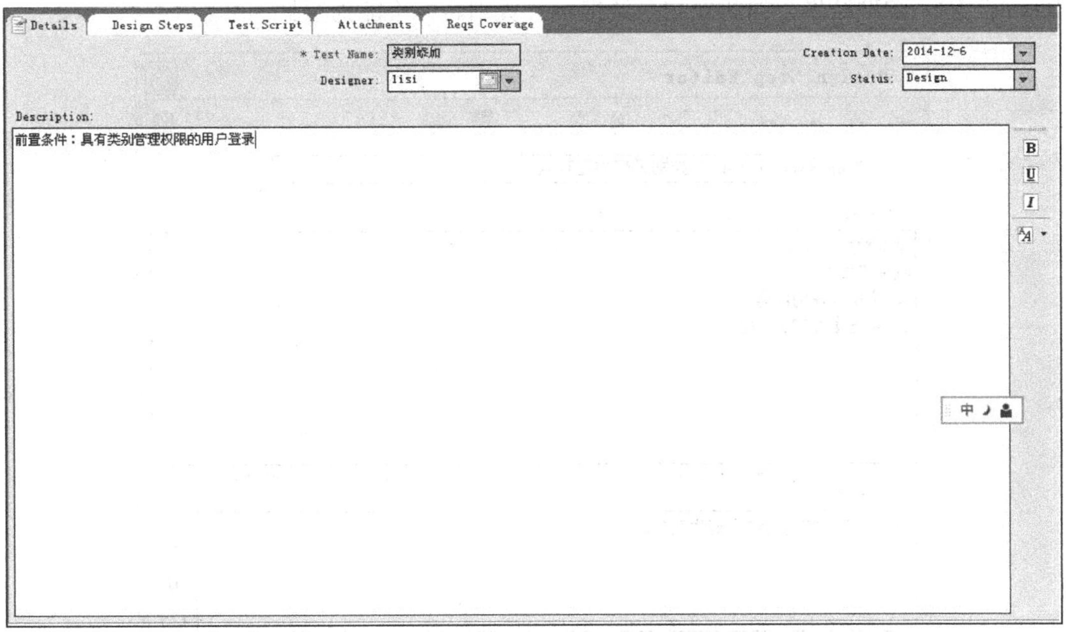

图 4-47 测试用例详细描述

STEP 10 单击“Design Steps”页签，出现图 4-48。

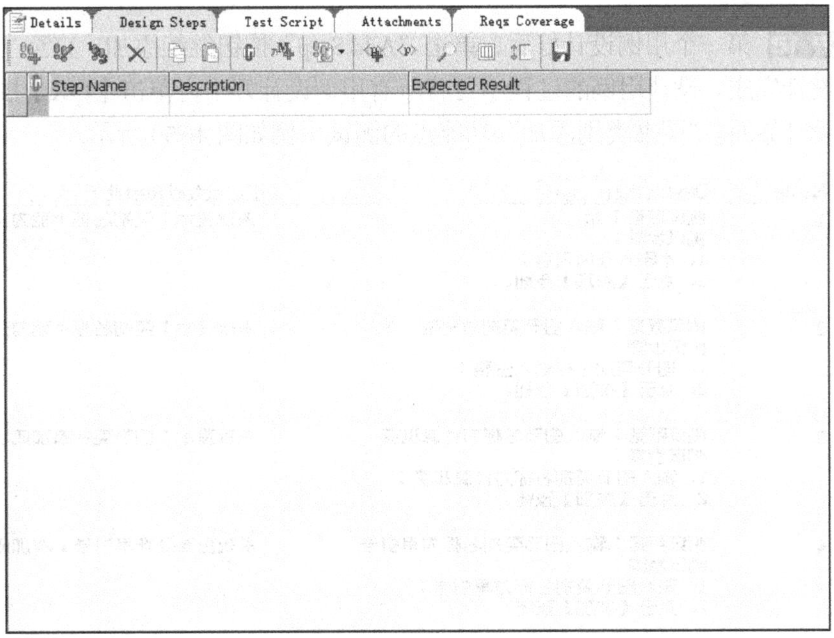

图 4-48 测试用例设计界面

STEP 11 单击“Add Step”按钮或者按快捷键“Ctrl+N”，打开测试步骤的设计界面，如图 4-49 所示。“Step Name”一般默认，也可以设置一个名称，用以标识当前步骤的含义，比如“Step 1 类别名称为空校验”。“Description”处输入测试数据、测试步骤等，如此处的测试数据：无；测试步骤：1、不输入任何内容；2、单击【添加】按钮。“Expected Result”输入预期结果，如此处的系统提示：类别名称不能为空！

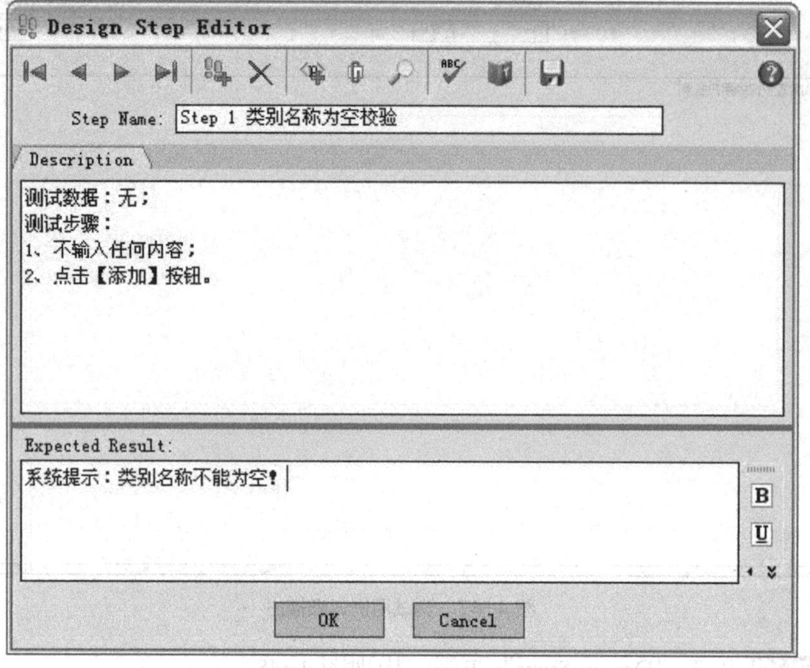

图 4-49　测试步骤设计界面

STEP 12 第一个用例设计好后，单击“Add Step”按钮继续添加，直至当前测试点所有用例设计完成。设计用例的过程中可将所有用例设计好了再单击【OK】按钮，关闭测试步骤设计界面。“图书类别添加”功能点的测试用例如图 4-50 所示。

Step Name	Description	Expected Result
Step 1	测试数据：无 测试步骤： 1、不输入任何内容； 2、点击【添加】按钮。	系统提示：类别名称不能为空！
Step 2	测试数据：输入图书类别为空格 测试步骤： 1、图书类别名称输入空格； 2、点击【添加】按钮。	系统提示：类别名称不能为空！
Step 3	测试数据：输入图书名称为计算机类 测试步骤： 1、输入图书类别名称为计算机类； 2、点击【添加】按钮。	系统提示：图书类别添加成功！，图
Step 4	测试数据：输入图书类别名称为单引号 测试步骤： 1、输入图书类别名称为单引号； 2、点击【添加】按钮	系统正常处理单引号，添加成功后，
Step 5	测试数据：图书类别名称超过150个字符 测试步骤： 1、输入超过150个字符的图书类别名称； 2、点击【添加】按钮	系统提示输入的图书类别名称过长。

图 4-50　图书类别添加用例列表

STEP 13 采用相同的方法，完成“类别修改”“类别删除”两个测试点的用例设计，如图 4-51 和图 4-52 所示。

Step Name	Description	
Step1	测试数据：修改名为计算机的图书类别，新类别测试步骤 1、单击计算机后的【编辑】; 2、输入新的类别名为空 3、单击【确定】按钮	系统提示：类别名称不能为空
Step2	测试数据：修改名为计算机的图书类别，新类别测试步骤 1、单击计算机后的【编辑】; 2、输入新的类别名为空 3、单击【确定】按钮	系统提示：类别名称不能为空
Step3	测试数据：修改名为计算机的图书类别，新类别测试步骤 1、单击计算机后的【编辑】; 2、输入新的类别名为空 3、单击【确定】按钮	系统提示：类别名称不能为空
Step4	测试数据：修改名为计算机的图书类别，新类别测试步骤 1、单击计算机后的【编辑】; 2、输入新的类别名为空 3、单击【确定】按钮	系统提示：类别名称不能为空
Step5	测试数据：修改名为计算机的图书类别，新类别测试步骤 1、单击计算机后的【编辑】; 2、输入新的类别名为空 3、单击【确定】按钮	系统提示：类别名称不能为空

图 4-51　图书类别修改用例列表

Step Name	Description	
Step1	测试数据：无 操作步骤： 1、单击软件测试类后的【删除】按钮； 2、系统提示确认要删除吗？，选择是	系统完成删除操作，开始出成功删除
Step2	测试数据：无 操作步骤： 1、单击软件测试类后的【删除】按钮； 2、系统提示确认要删除吗？，选择否	系统放弃删除操作，软件测试类仍在

图 4-52　图书类别删除用例列表

测试工程师会根据前面的测试需求划分及实际情况进行测试用例的设计，每个测试工程师按照自己的任务分配，将所有的用例设计完成后，测试组长就可以召开小组内的测试用例评审会。评审成员一般是本项目组的成员，如测试工程师、开发工程师等，当然也可以邀请其他项目组的成员。评审阶段主要进行测试用例的论证，以讨论分析的方式，审查各个测试工程师所设计的用例，从而发现用例设计过程中的错误与不足。发现了问题就及时地进行修改，以确保用例的正确性及覆盖度。如果在这个过程中，用户需求发生了变化，那么更需要及时地更新已变更需求的测试用例。在软件生产流程中，所有的文档应该是一致的。

上述过程是用 TestDirector 中的“TEST PLAN”功能模块进行测试用例的设计，如果没有采用 TestDirector 的话，就需要按照部门的设计方法进行了，最常用的就是用 Word 或者 Excel 记录测试用例，但这些方法不利于测试管理。

4.7 测试用例执行

测试用例设计完成经过评审后，即可纳入基线，等待测试版本的到达。当开发人员按照预定的测试版本发布时间提供测试版本后，测试组长进行测试环境的搭建。搭建完成后即可执行评审后的测试用例，实施系统测试活动。

4.7.1 测试集创建

测试过程中利用 TestDirector 进行管理时，可在 TestDirector 创建测试集，从而便于测试用例的执行。

首先打开 TestDirector，将需执行的用例设计为一个测试集。这里所谓的测试集，就是测试用例的集合，也就是本次测试所需执行的用例的集合，下面以创建“图书管理”模块测试集为例，介绍在 TestDirector 中的“TEST LAB”设计测试集。

首先打开 TestDirector，将需执行的用例设计为一个测试集。这里所谓的测试集，就是测试用例的集合，也就是本次测试所需执行的用例的集合，下面以 TestDirector 中的“TEST LAB”设计执行为例。

STEP 1 测试组员李四以“lisi”账号登录到 TestDirector，进入“TEST LAB”，如图 4-53 所示。

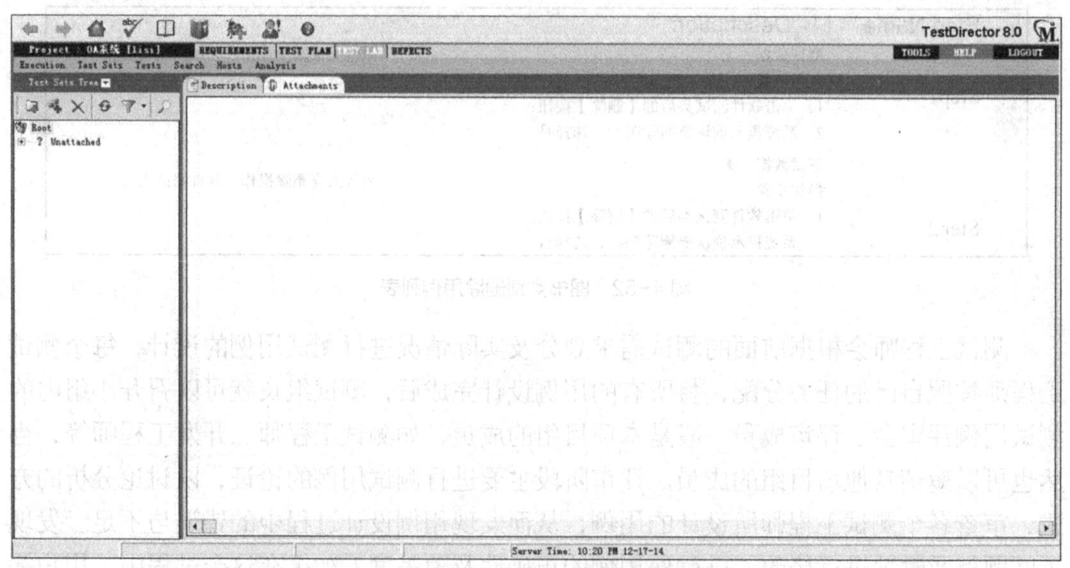

图 4-53 “TEST LAB（测试集）”界面

STEP 2 单击“Test SetsTree”下的“New Folder”或者单击工具栏中的，出现图 4-54。“Folder Name:”中输入测试集的文件夹名称，如此处的“OA 系统”。单击【OK】按钮，完成“OA 系统”测试集文件夹的创建。

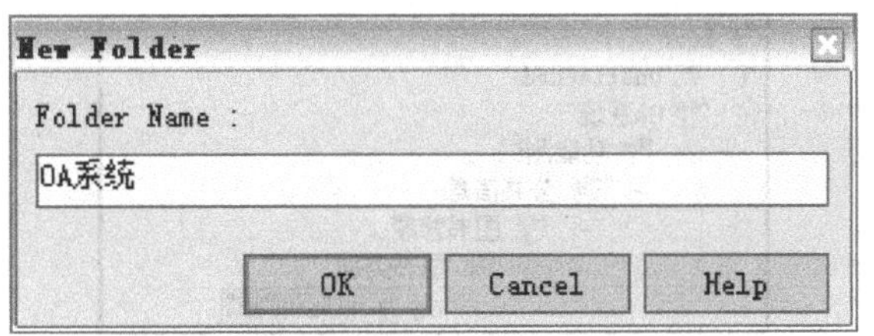

图 4-54　新建测试集文件夹

STEP 3 使用测试集设计的习惯是将每次测试的测试集都按照类别进行分类，以便于结果的统计。根据“TEST PLAN”中测试点的设计，使用上述的方法创建分类文件夹，最终的目录结构如图 4-55 所示。

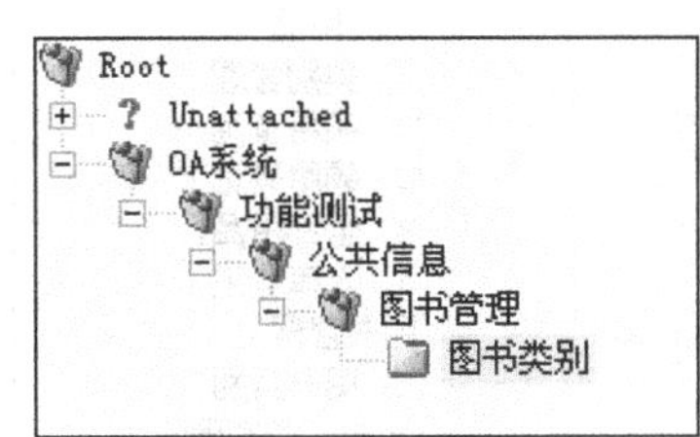

图 4-55　测试集目录结构

STEP 4 设计好目录后，就可新建当前的测试集了。选中图 4-55 中的“图书类别”，单击“Test Sets”下的“New Test Set”或者工具栏上的按钮，出现图 4-56 所示对话框。“Test Set Folder”默认读取父目录名称，“Test Set”处输入当前测试集的名称，如此处的“添加类别测试”。“Description”输入当前测试集的简要描述。输入完成后单击【OK】按钮。

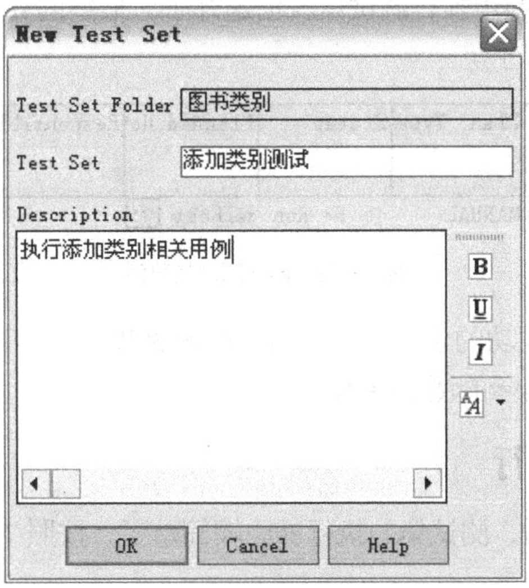

New Test Set
Test Set Folder　图书类别
Test Set　添加类别测试
Description
执行添加类别相关用例
OK　Cancel　Help

图 4-56　创建测试集

STEP 5 创建成功后的测试集目录结构如图 4-57 所示。

STEP 6 在图 4-58 中选择需执行的测试用例，单击【Add Tests to Test Set】按钮，也就是按钮，或者直接往中间“Execution Grid”区域拖。比如此处选中“类别添加”，直接拖进“Execution Grid”区域。

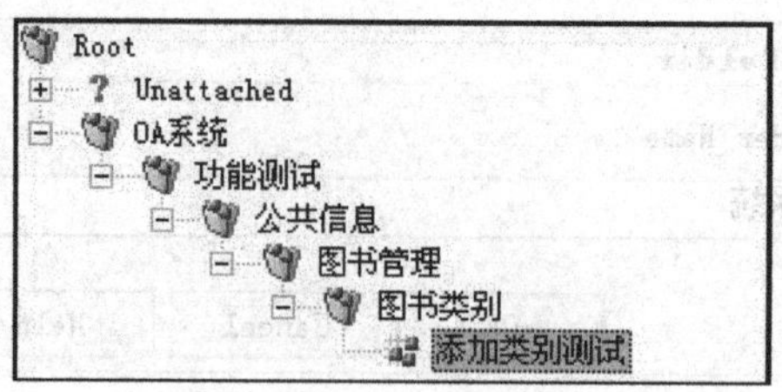

图 4-57　测试集设计界面

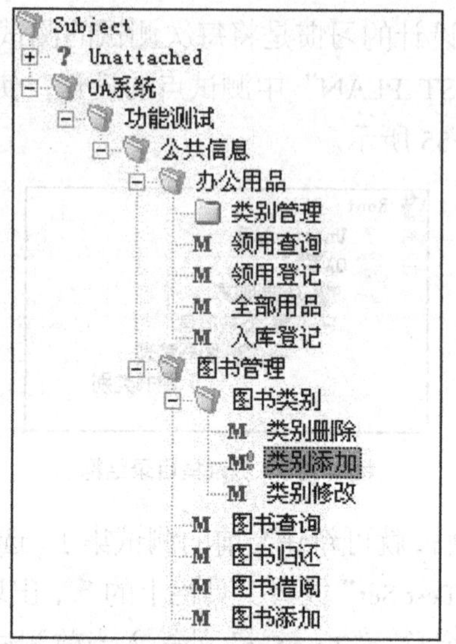

图 4-58　可使用的测试用例

STEP 7 通过上述的步骤，测试集就创建好了。最终的界面如图 4-59 所示。接下来就可以进行用例的执行了。

				Plan: Test	Plan: Type	Status	Planned Ho	Responsibl	Exec Date	Time
▶				[1]类别	MANUAL	▶ No Run	:alhost ...			

图 4-59　最终测试集界面

通过上面的步骤，成功的创建了本次所需的测试集。一切准备妥当后，测试工程师开始执行测试集，实施实际的测试活动。

4.7.2　测试集执行

当测试集创建成功后，测试集的执行就比较简单了，按照 TestDirector 界面上的提示操作即可。

STEP 1 单击菜单栏“Execution”下的“Run”按钮，或者单击“Execution Grid”中的【Run】按钮，出现图 4-60 所示对话框。“Run Name”默认的是当前的时间，一般不用修改。“Tester”是测试人，会自动读取当前 TestDirector 登录账号。如果当前测试集有多个测试点，那么可以使用“Run Test Set”功能。该功能在测试集中含有多个测试点时，第一个测试点测试结束后不退出，而是直接打开第二个测试点，直至所有测试点测试完成才停止。

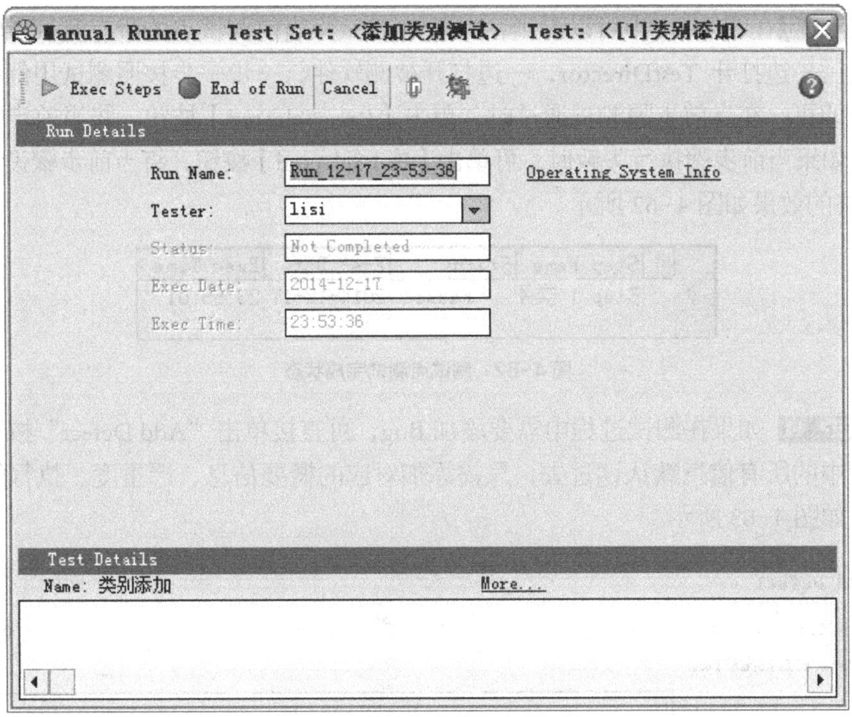

图 4-60 测试点执行设置

STEP 2 确认无误后，单击【Exec Steps】按钮，出现图 4-61 所示对话框，执行当前测试点。如果想退出，单击“End of Run”按钮即可。

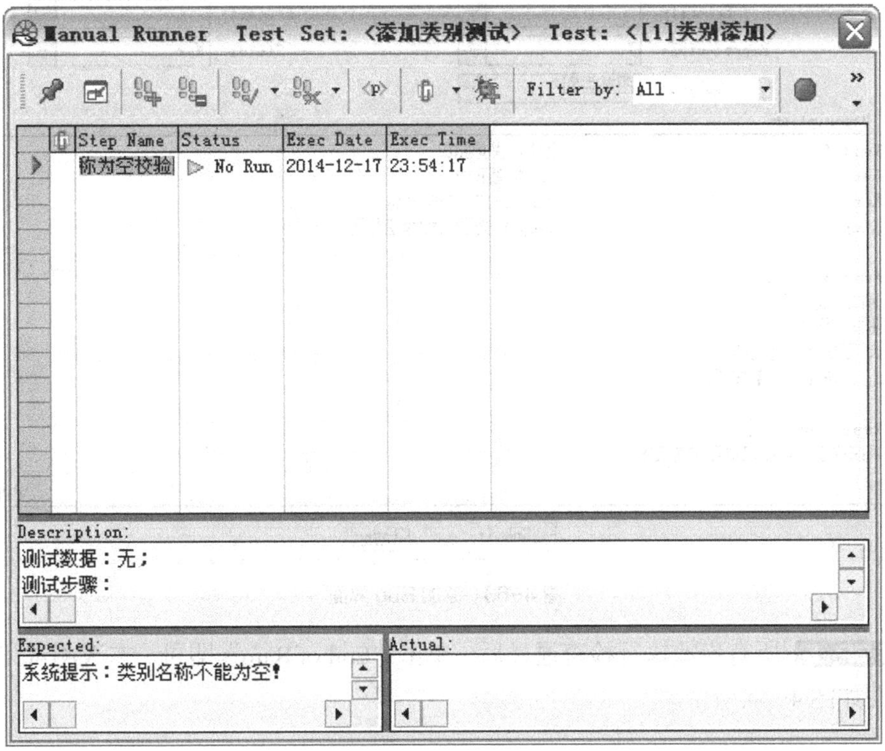

图 4-61 测试步骤列表

STEP 3 在图 4-61 中可以看到，TestDirector 将当前测试点的所有测试步骤都列出来了，只需一边打开 TestDirector，一边打开被测软件，一步一步按照测试用例中设计的步骤执行即可。在当前步骤测试通过时，单击【Pass Selected】按钮，将当前步骤设置为“通过”，如果当前步骤执行失败时，可单击【Fail Selected】按钮，将当前步骤设置为“失败”。最终的效果如图 4-62 所示。

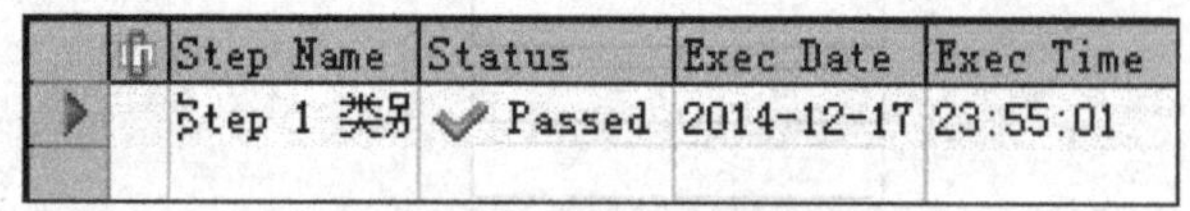

	Step Name	Status	Exec Date	Exec Time
▶	Step 1 类另	✔ Passed	2014-12-17	23:55:01

图 4-62　测试点测试完成状态

STEP 4 如果在测试过程中需要添加 Bug，可直接单击“Add Defect”按钮，会将当前步骤中的所有信息默认读过去，只需添加对应的概要信息、严重度、执行的实际结果即可，如图 4-63 所示。

Add Defect

Clear　Attach:

Defect Information:

* Summary:

Page 1

* Detected By: lisi　　* Detected on Date: 2014-12-17

* Severity:　　Assigned To:

Detected in Version:　　Modified:

Priority:　　Project:

Reproducible: Y　　Status: New

Subject: 图书类别

Description

Test Set:　添加类别测试
Test:　[1]类别添加
Run:　Run_12-17_23-53-36
Step:　Step 1 类别名称为空校验

Description:
测试数据：无；
测试步骤：
1、不输入任何内容；
2、点击【添加】按钮。

Expected:
系统提示：类别名称不能为空!

Submit　Close

图 4-63　添加 Bug 界面

STEP 5 所有步骤执行检查通过后，单击“End of Run”即可。本次测试完成后的结果界面如图 4-64 所示。

			Plan: Test	Plan: Type	Status	Planned Ho:	Responsibl	Exec Date	Time	Planned Ex	Planned Ex
			M[1]类别	MANUAL	Passed	:alhost ...		2014-12-17	23:56:28		

图 4-64 测试集执行结果界面

执行完本次测试需执行的所有测试用例后，即可完成本次测试。

如果没有利用 TestDirector 开展测试，则可以打开 Word、Excel 版的用例集，一边看，一边执行用例，测试用例文档一般都有执行结果这一栏，如果通过，就打个勾，或者写上“Pass”，如果失败，可打个叉，或者写上“Fail”。在测试结束后，由各个测试工程师对测试结果进行汇总，然后汇报给测试组长，由测试组长负责最后的测试结果统计，并将结果提交给项目经理与开发组长。这样做非常麻烦，而且结果的统计很繁杂，不如用一些自动化管理工具效率高。

4.8 缺陷跟踪处理

软件测试工作的重点就是 Bug，也就是缺陷。在一个测试团队中，是否有一个高效合理的缺陷管理流程是衡量这个团队工作效率的重要标准。图 4-65 中的缺陷管理流程是 TestDirector 中“DEFECT”的管理流程。

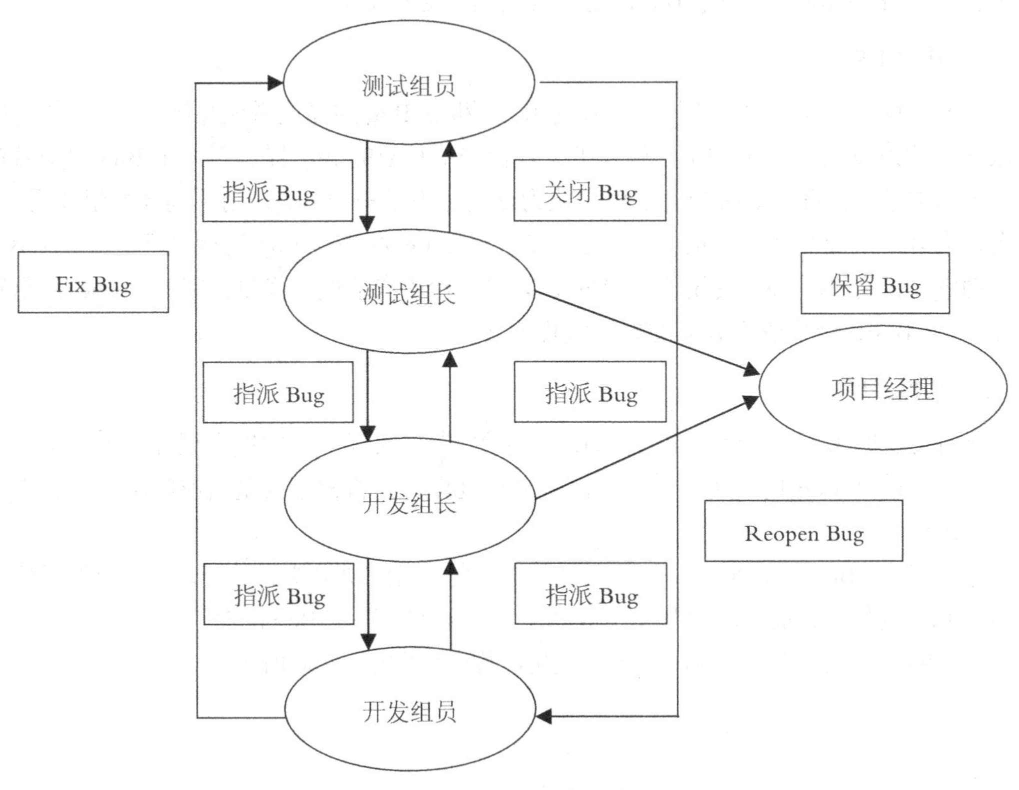

图 4-65 Bug 跟踪处理流程

Bug 管理流程多以参与流程的人员角色分工，这里主要从测试工程师、测试组长、开发组长、开发工程师、项目经理等角色考虑。

1. 测试工程师

测试工程师发现 Bug 后，在 TestDirector 中的“DEFECT”模块添加 Bug，此时 Bug 的状态为“New（新建）”，在添加 Bug 时需“assign to（指派给）”该 Bug 的下一步处理人，一般情况下为当前项目的测试组长。

2. 测试组长

测试组长查看对应项目中需要自己处理的 Bug，将 Bug 的状态改为“Open（打开）”并进行“Review（审查）”工作，检查测试组员新增的 Bug 是否符合规范。比如语言描述是否清晰、问题定位是否准确等，或者判断该问题是否确实是一个 Bug，还是因组员不熟悉需求、理解偏差而引起的误提。如有问题，则将该 Bug“Assign to（指派给）”Bug 提交者，让其修改后再提交给测试组长。如无问题，则将该 Bug 提交给开发组长。

3. 开发组长

开发组长处理指派给其的 Bug。根据 Bug 的所属功能模块标识，分派给相应的开发工程师。在这个过程中，开发组长认为某些 Bug 提交的有问题，则可返回给测试组长，并加上相应的“Comment（注释）”，由测试组长再次审查。测试组长则会与测试组员共同审看该 Bug。如确实是一个 Bug，则可再次指派给开发组长。

4. 开发工程师

开发工程师处理开发组长指派给其的 Bug。根据 Bug 的描述重现并修复 Bug，修复后将该 Bug 状态设置为“Fixed（已修复）”，并指派给相应的 Bug 提交者，由 Bug 提交者在后续版本中进行验证。如果开发工程师认为该问题不是一个 Bug，则可向开发组长反映，或者咨询 Bug 的提交者；测试工程师将开发工程师 Fix 回来的 Bug 进行验证，如果该 Bug 被成功修复，则“Close（关闭）”该 Bug，如果经检查未能成功修复，则“Reopen（重新打开）”该 Bug，继续按照 Bug 的处理流程流转。

5. 项目经理

当对提交的 Bug 有分歧、被“Reject（拒绝）”的时候，可由项目经理、测试组长、开发组长等进行 Bug 的评审，并商定问题如何处理，是否保留或是当前版本不改，需给出一个定论。

一般来讲，Bug 的处理是一个循环反复的过程。当出现争议的时候，必须由项目负责人参与 Bug 的处理，而不能由开发组或者测试组单方面决定 Bug 的终止。

在缺陷的处理流程中，Bug 的状态变化流程一般如图 4-66 所示。

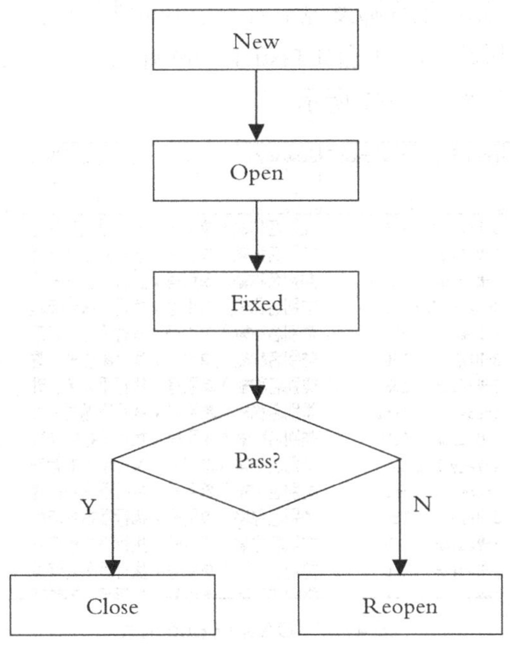

图 4-66 Bug 状态转换图

测试工程师发现 Bug 后，可在测试集运行过程中直接添加，亦可进入“DEFECT”页面单击【Add Defect】按钮提交 Bug。这里简要介绍一下 TestDirector 中的 Bug 模板组成部分。

Summary：概要、摘要。此处输入 Bug 的简要描述，用简短的语言概述 Bug 的内容。

Detected By：缺陷发现者。描述当前 Bug 是由谁发现的。

Detected on Date：发现日期。描述当前 Bug 是哪天被发现的。

Severity：严重度。描述当前 Bug 所能引起的后果的厉害程度。

功能模块：用户自定义字段。描述当前 Bug 属于哪个功能模块。

Assigned To：指派给。将当前 Bug 分配给谁。

Detected in Version：发现版本。描述当前 Bug 是在哪个测试版本中被发现的。

Modified：修改日期。描述当前 Bug 的修改日期。

Priority：优先级。描述当前 Bug 需被处理的紧急程度。

Project：项目。描述当前 Bug 属于哪个项目。

Reproducible：重现。描述当前 Bug 使用同样的操作能否再次出现。

Status：状态。描述当前 Bug 所处的状态。

Subject：主题。描述当前 Bug 是哪个分类下的。

Description：描述。详细写出当前 Bug 的由来，比如测试数据、测试步骤、预期结果、实际结果等。

各个公司可能有自己独特的 Bug 定义及组成内容，TestDirector 仅提供了一种较为通用的样式。一般情况下，这些字段已经能够帮助项目组更好地理解及处理 Bug。所以，只需按照原有的字段填写相关值即可。

经过测试集的执行，测试工程师发现了若干个 Bug，提交到 TestDirector 的“DEFECT”模块中。各个测试工程师都需以自己的 TestDirector 账号录入 Bug。当本次测试任务结束后，所有 Bug 的显示列表如图 4-67 所示。

Defect ID	Status	Priority	Assigned T	Summary	功能模块	Severity	Detected By	Reproducibl
136	Rejected	3-High	wtt	类别名称输入单引号，执行添	人事管理	3-High	lisi	Y
137	Open	2-Medium	xy	类别名称输入单引号，执行添	报销流程	2-Medium	ldb	Y
138	Closed	2-Medium	ldb	类别名称输入单引号，执行添	图书管理	3-High	lisi	Y
139	Reopen	4-Very Hig	chl	类别名称输入单引号，执行添	报销流程	4-Very Hig	chl	Y
140	Open	1-Low	chl	类别名称输入单引号，执行添	图书管理	1-Low	chl	Y
141	Closed	3-High	ldb	类别名称输入单引号，执行添	图书管理	3-High	ldb	Y
142	Fixed	2-Medium	ldb	类别名称输入单引号，执行添	人事管理	2-Medium	lisi	Y
143	Closed	1-Low	lisi	类别名称输入单引号，执行添	图书管理	1-Low	lisi	Y
144	Closed	2-Medium	ldb	类别名称输入单引号，执行添	报销流程	3-High	chl	Y
145	Closed	4-Very Hig	chl	类别名称输入单引号，执行添	图书管理	4-Very Hig	chl	Y
146	Open	1-Low	chl	类别名称输入单引号，执行添	报销流程	1-Low	chl	Y
147	Closed	3-High	ldb	类别名称输入单引号，执行添	报销流程	3-High	ldb	Y
148	Closed	2-Medium	ldb	类别名称输入单引号，执行添	报销流程	2-Medium	ww	Y
149	Reopen	2-Medium	lxh	类别名称输入单引号，执行添	车辆管理	3-High	ldb	Y

图 4-67　OA 系统 Bug 列表

当第一次版本迭代结束后，测试组长可能会统计测试工程师发现的 Bug 数量，以此来了解当前被测系统大体的质量状况，并及时告知项目经理与开发组长，让他们也对当前的测试结果有个初步的了解，从而掌握当前项目的总体质量。

软件测试工作是个不断重复的过程，软件的测试版本一个接一个，Bug 的数量不断增加，但到一定程度后，版本逐渐减少，Bug 数量增加幅度降低。经过测试工程师与开发工程师的共同努力，被测系统总体上是向着好的方向发展。在这个不断反复迭代的过程中，测试工程师按照部门既定的 Bug 管理流程进行工作。下面以 Bug 的处理实例介绍缺陷处理流程。

以图书管理模块为例，测试工程师李四执行“图书管理”功能模块处的用例时，发现在图书类别添加输入超过 150 个字符的类别名称时，Tomcat 的控制平台会报出 SQL 语句错误，而页面则会提示“数据库操作失败！”，尽管这么长的图书类别名称，开发工程师认为不可能出现，但在测试工程师的眼里，一切皆有可能。假设被测系统接受了这样的输入，但最终导致服务无法处理，这样的不可能就变成了可能，以致系统失效。

李四提交了一个名为“图书类别添加功能处，输入超过 150 个字符的类别名称，Tomcat 控制平台报出 SQL 异常”的 Bug，此时该 Bug 的“Status（状态）”为“New”，“Severity（严重度）”为“2-Medium”，具体 Bug 信息如图 4-68 所示。

确认无误后，单击【Submit】按钮提交该 Bug，并将其“Assigned to（指派给）”测试组长张三。

测试组长张三登录进 TestDirector 后，设定过滤条件，将所有指派给自己的 Bug 过滤出来，如图 4-69 所示。根据 Bug 的处理流程，张三先查看那些状态为“New”的 Bug，检查这些新添的 Bug 是否符合 Bug 的描述规范，比如语言描述是否简洁易懂、Bug 定位是否精准等。如果没有问题后，张三修改这些 Bug 的状态为“Open（打开）”，并将它们指派给开发组长王五。

图 4-68　添加 Bug 界面

Defect ID	Status	Priority	Assigned T	Summary
			zhangsan	
1	New		zhangsan	称，Tomcat控制平台报出SQL 异常
2	New		zhangsan	图书类别添加功能处，输入超过150
3	New		zhangsan	图书类别添加功能处，输入超过150
4	New		zhangsan	图书类别添加功能处，输入超过150
5	New		zhangsan	图书类别添加功能处，输入超过150

图 4-69　指派给测试组长张三的 Bug

开发组长王五登录 TestDiretor 后，同样先过滤属于自己的 Bug，如图 4-70 所示，然后一一打开这些 Bug 进行查看。一般情况下，开发组长只看这些 Bug 分别属于哪些模块，然后分配给对应的开发工程师，但如果开发组长不认为是一个 Bug，或者觉得不理解的时候，就加上“comment（备注）”指派给测试组长。

Defect ID	Status	Priority	Assigned T	Summary
			wangwu	
1	Open		wangwu	图书类别添
2	Open		wangwu	图书类别添

图 4-70　指派给开发组长王五的 Bug

开发工程师赵六进入 TestDiretor 后过滤指派给自己的 Bug，如图 4-71 所示。根据 Bug 的描述，开发工程师进行相关代码的修改，当修复完成后，需将对应的 Bug 的状态改为“Fixed”，表示这个 Bug 已经修改了，测试工程师可在下一个测试版本校验。如果开发工程师不认为是一个 Bug 的话，他可加上备注，指派给测试组长，说明他不修改的理由。

Defect ID	Status	Priority	Assigned T	Summary
			zhaoliu	
1	Open		zhaoliu	图书类别添
2	Open		zhaoliu	图书类别添

图 4-71　指派给开发工程师赵六的 Bug

当一个测试版本完成测试后，开发工程师修复 Bug，测试工程师可能就去做其他的项目了。待第二个测试版本完成后再进行上述动作，如此的反复迭代，直至在项目所要求的时间范围内完成被测系统的测试。一旦在测试过程中对 Bug 的定义有争议，就需要召开项目组 Bug 评审会议，对被“Reject（拒绝）”的 Bug 进行处理。按道理，项目测试结束后，该项目的 Bug 库中不应有“New”“Open”“Reopen”“Fixed”这四种状态的 Bug。

4.9　测试报告输出

测试工作完成后，就需要对当前测试工作做一个总结，对项目的 Bug 进行分析，给出合理的分析报告，反映被测软件的质量，以便于项目组决定项目是否上线或者发布。所以，如何分析缺陷在软件测试活动中显得尤为重要。在 TestDirector 中，利用报表图形分析功能进行缺陷状态的总结分析，最终输出测试报告。一般情况下，需要统计缺陷的修复率、缺陷分布情况以及当前遗留缺陷的分布情况等。

1．缺陷修复率统计

缺陷修复率直接体现了一个项目中缺陷的处理情况。这里所说的修复率是单位缺陷中已修复的比率。公式如下：

缺陷修复率=校验通过关闭的缺陷数/总的缺陷数

这里的“校验通过关闭的缺陷数”如何统计呢？在 TestDirector 的“DEFECT”中默认没有提供标识是否是校验的缺陷，所以需要自定义一个字段来标识。与前面创建 Bug 的所属功能模块字段一样，利用用户自定义字段维护方法，创建一个标识 Bug 属于校验通过关闭的状态“Verify Status”，以此字段来统计缺陷修复率。

添加成功后，单击菜单栏“Analysis”下“Graphs”的第一个选项“<Summary>-Group by 'Status'”，如图 4-72 所示。

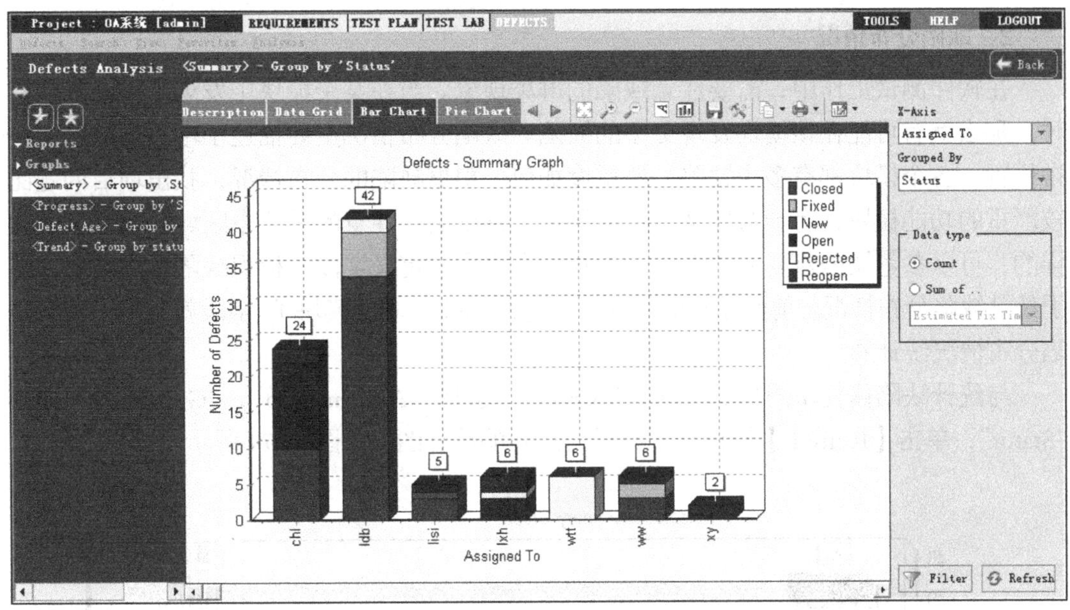

图 4-72　Bug 图形统计界面

页面右边“X-Axis”选择“Assigned To”，“Group By”选择“Status”，单击【Refresh】按钮，刷新后得到新的统计图，如图 4-73 所示。

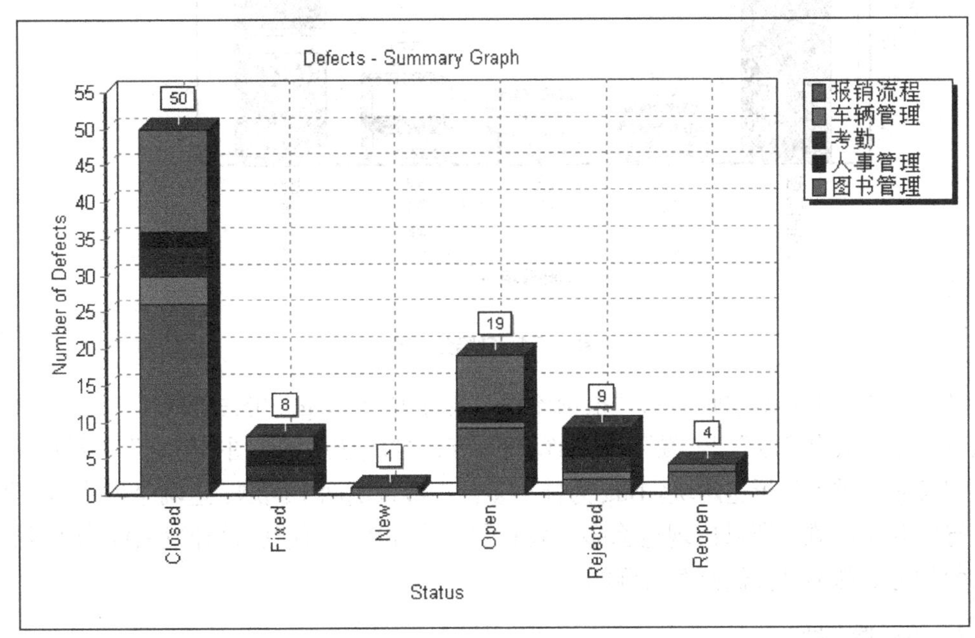

图 4-73　Bug 状态分布图

从图 4-73 中可以看出，“Closed”的 Bug 有 50 个，假设这里的 50 个 Bug 都是校验通过后关闭的 Bug，那么缺陷的修复率就是：

缺陷修复率=校验通过关闭的缺陷数（50 个）/总的缺陷数（91 个）≈55%

2．缺陷分布情况

在软件测试工作中，需要注意缺陷的群集现象。当在某个模块中发现了很多的缺陷时，那么就有可能在该模块发现更多的缺陷。缺陷分布情况主要描述了项目中缺陷的分布位置，各个模块都有多少缺陷，严重度如何。根据缺陷的分布情况，找出项目问题比较严重的功能模块，有针对性地再加强测试。这里需要注意的是分布区域如何划分。同样的，可以参考缺陷修复率的方法，添加一个用户自定义字段，标识缺陷所属模块，便于统计缺陷分布情况。前面添加的“Function_Module（功能模块）”字段就是为了便于缺陷分布情况统计的。

与统计缺陷修复率同样的方法，“X-Axis”选择“Assigend To”，“Group By”选择“Status”，单击【Refresh】按钮，刷新后得到新的统计图，如图 4-74 所示。

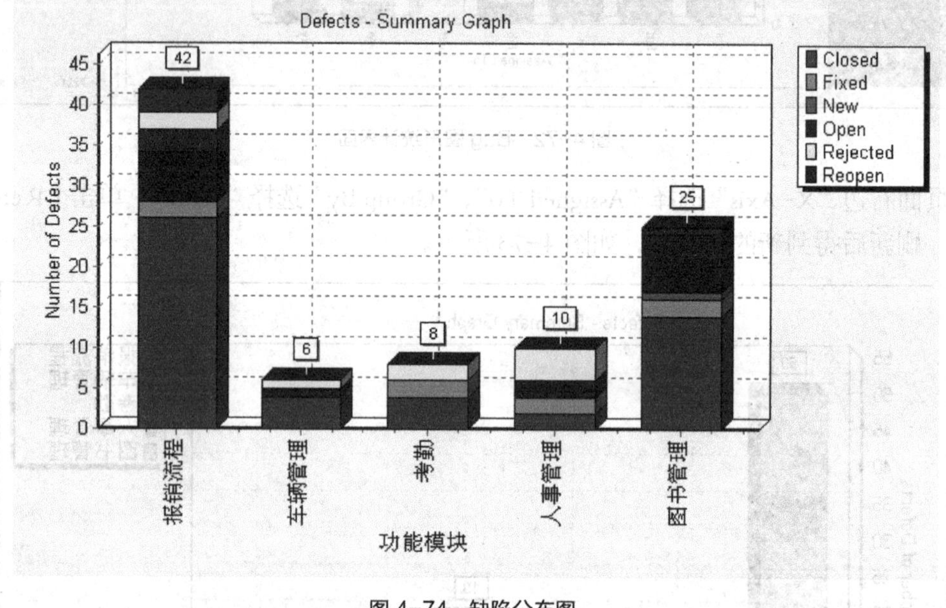

图 4-74　缺陷分布图

从图 4-74 中可以明确看到，“报销流程”共有 42 个 Bug，“图书管理”有 25 个 Bug，其次分别是“人事管理”“考勤”“车辆管理”等，“报销流程”“图书管理”的缺陷最多，测试组长应该重点分析这两块。Bug 为什么多？一般说明两个问题：这两个模块需求不明确，导致开发困难，所以出现这么多问题；另一个原因，可能就是开发者能力不足。当然，两种可能都不是我们愿意看到的。

3．当前遗留缺陷

类似于前面的缺陷分布情况，需要统计出当前系统中遗留了多少缺陷没有被解决，什么原因未被解决。是否存在遗漏的缺陷未修复，还是其他原因。该数值可在缺陷分布的基础上获得。

所谓的遗留，就是前面所说的状态为“New”“Open”“Reopen”“Fixed”的 Bug，在测试工作结束时是不应该存在的。如何统计这些 Bug 呢？

单击图 4-72 右下角的【Filter】按钮，出现图 4-75 所示对话框。

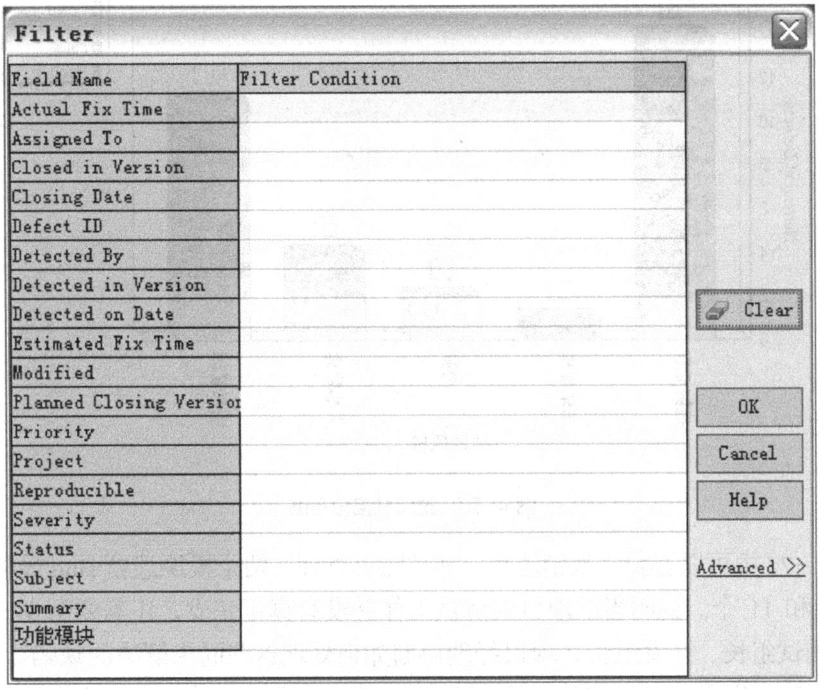

图 4-75 图形分析过滤器

单击“Status”，再单击[...]，出现图 4-76 所示对话框。

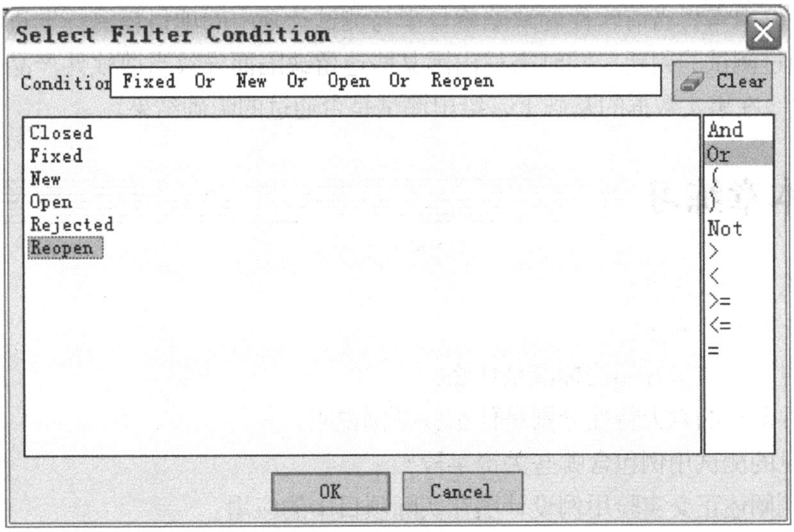

图 4-76 设置过滤条件

“Condition”处的过滤条件设置为“Fixed Or New Or Open Or Reopen”，单击【OK】按钮完成过滤条件的设置，返回图 4-72。“X-Axis”选择“功能模块”，“Group By”选择“Status”，单击【Refresh】按钮，刷新后得到新的统计图，如图 4-77 所示。

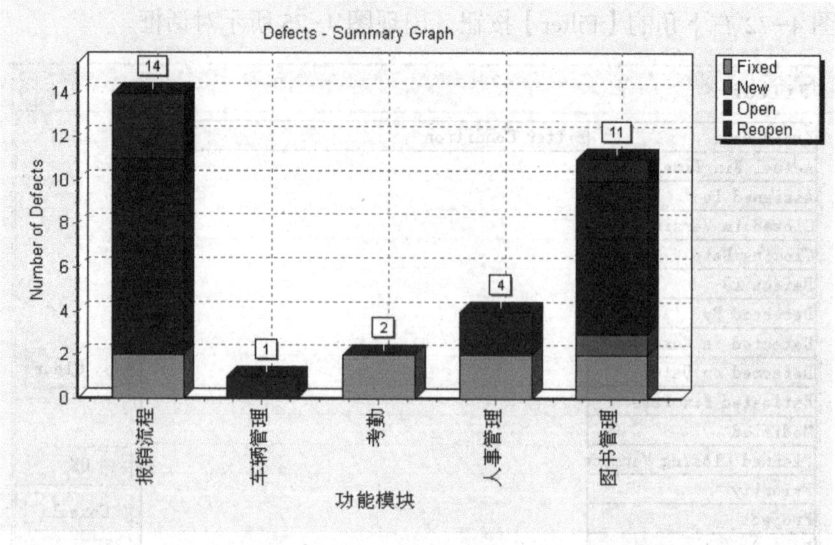

图 4-77 遗留缺陷分布图

从图 4-77 中可以看到“报销流程”和“图书管理”两个模块遗留 Bug 最多，分别达到了 14 个和 11 个。说明当前项目的测试工作并没有真正完成，还需要至少一个版本的测试，需测试组长、开发组长、项目经理协商如何处理这些尚未解决的缺陷。

上面所有的图形、文字描述最后都要归结到质量评价这里。质量评价是测试组对被测对象质量的一个综合的总结，通过这个总结，项目经理决定软件产品能否上线，所以，质量评价一定要在实际数据基础上做出公正严谨的评价，切忌弄虚作假。

质量评价中需将当前软件的缺陷修复率与测试计划中的项目停测标准进行比较，并做出是否通过测试的判断，同时需写出因某些遗留缺陷而导致当前软件产品发布后可能存在的问题。在事实数据的基础上，给出测试是否通过的明确结果。

4.10 本章练习

1. 什么是测试需求？
2. 什么是软件质量？
3. 衡量软件质量好坏的标准是什么？
4. 软件测试的六大特性分别是什么？举例说明。
5. 常见的测试用例包含哪些关键字段？
6. 举例阐述正交实验用例设计法在实际项目中的应用。
7. 使用场景设计法设计 QQ 安装用例。

第5章 自动化测试与 QTP

很多项目或产品在进行手工测试后，即可发布上线，但如果作为一个长期的项目，则可能需要进行自动化测试。

一般而言，自动化测试实施流程分为需求分析、框架设计、用例设计、脚本设计、脚本执行、结果分析等几个通用环节。下面以 HP 公司的 QuickTest Professional（简称 QTP）为例，介绍自动化测试实施过程，并通过 OA 系统图书管理功能完成综合实践。

学习目标

- 了解自动化测试计划概念
- 掌握自动化测试工具 QTP 的基本应用
- 掌握 QTP 工具对 OA 系统的综合实践应用

5.1 自动化测试简介

前面介绍了手工测试软件研发活动中的实施流程，本章重点介绍自动化测试技术在项目/产品测试中的应用。

自动化测试，顾名思义，是利用一些工具或编程语言，通过录制或编程的方法，模拟用户业务使用流程，设定特定的测试场景，自动寻找缺陷。目前业内较为流行的商用版自动化测试工具代表有 HP 公司的 Quick Test Professional 与 IBM 公司的 RFT，开源自动化测试工具则以 Selenium 为代表。

自动化测试优点是能够快速、重用，替代人的重复活动。回归测试阶段，可利用自动化测试工具进行，无须大量测试工程师手动重复执行测试用例，极大地提高了工作效率。有时需做一种压力测试，需要几万甚至几十万个用户同时访问某个站点，以保证网站服务器不会出现死机或崩溃现象。一般来说，要几万人同时打开一个网页不现实，但利用测试工具，比如 LoadRunner，可非常容易地做到。

当然，自动化测试的缺点也很明显，它们只能检查一些比较主要的问题，如崩溃、死机，但是却无法测试出新的错误。另外，在自动化测试中编写测试脚本工作量也很大，有时候该工作量甚至超过了手动测试的时间。

自动化测试中，测试工具的应用可以提高测试质量、测试效率。但在选择和使用测试工具的时候，也应该看到在测试过程中，并不是所有的测试工具都适合引入，同时，即使有了测试工具，会使用测试工具也不等于测试工具真正能在测试中发挥作用。因此，应该根据实际情况选择测试工具，选择使用何种测试工具，千万不可为了使用工具而刻意地去使用工具。在目前软件系统研发环境下，利用自动化测试完全替代手工测试是不可能的。

自动化测试不仅仅运用在系统测试层面，在单元测试、集成测试阶段同样可以使用自动化测试方法进行测试。本章节所述的主要是指系统层面的自动化测试。

自动化测试在企业中基本是由专业的团队来实施的，自动化测试团队的成员的技能要求要比普通的手工测试人员高，主要要求的技能如下。

（1）基本的软件测试理论、设计方法、测试方法，熟悉软件测试流程。

（2）熟悉一门语言的使用和常用的编程技巧。具体需要使用的语言要结合所使用的工具，例如：QTP 需要掌握 VBScript，Selenium 需要掌握 JAVA。

（3）掌握一个比较流行的自动化测试工具。虽然掌握一个自动化测试工具不是必须的，但是初学者建议还是从一个工具开始入手。通过工具的学习可以了解一些常见的自动化测试框架的思想，另外也可以通过此工具相对容易地进行自动化测试。

（4）熟悉被测系统的相关的知识点。如果对一个 Web 下系统进行自动化测试，那么需要熟悉 Web 系统用到的一些知识点，比如 HTML、Ajavx、Web 服务器、数据库。

（5）熟悉一些常见的自动化测试框架，比如数据驱动、关键字驱动。

自动化测试团队的规模视项目规模而有所区别，团队规模从几人到几十人不等。

5.2 QTP 简介

Quick Test Professional，简称 QTP，其前身是 WinRunner，后随着市场需求的变化而改为 QTP。由国际知名测试工具生产公司 Mercury 研发，HP 公司收购 Mercury 后，加大了在自动化测试工具研发方面的投入，使得 QTP 增加了很多新的功能特性，在我国市场占有率一度达到 70%以上。

QTP 是新一代自动化测试解决方案，采用了关键词驱动（Keyword-Driven）测试的理念，极大简化了自动化测试流程，采用录制-回放模式自动生成脚本，测试人员可非常便捷地实施自动化测试工作。

本书以 QTP Version10.00 版本进行讲解，产品特点如下。

（1）QTP 是一个侧重于功能回归的自动化测试工具；提供了很多插件，如：.NET、Java、SAP、Terminal Emulator 的等，分别用于各自类型的产品测试。默认提供 Web、ActiveX 和 VB 插件。

（2）QTP 支持的脚本语言是 VBScript，这对于测试人员来说，感觉要“舒服”得多。VBScript 毕竟是一种松散的、非严格的、普及面很广的语言。

（3）QTP 支持录制和回放的功能，开发脚本简单，容易入门和掌握脚本开发技巧，开发效率高。

（4）QTP 提供了对数据驱动和关键字驱动的支持，可以支持快速地开发出灵活、重用度高的自动化脚本。

5.2.1 QTP 安装

STEP 1 获取 QTP 安装包，双击安装包中的 Setup.exe，如图 5-1 所示。

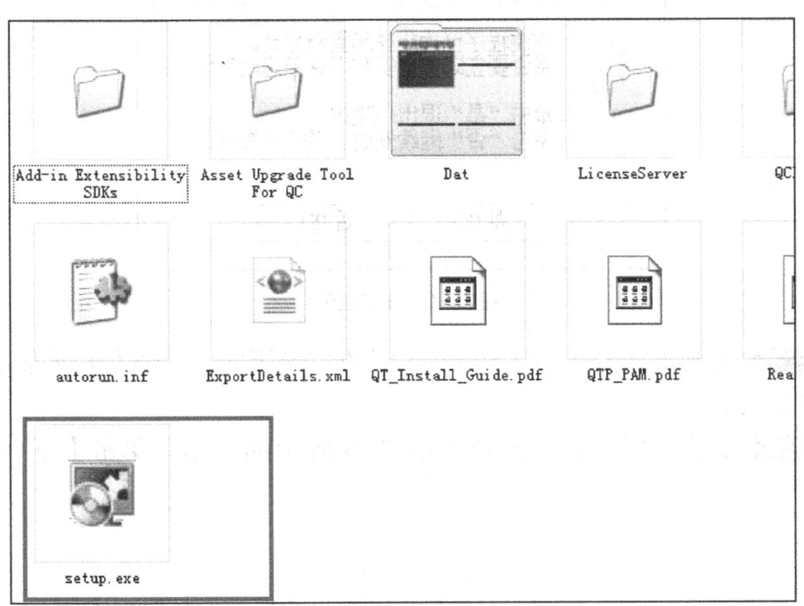

图 5-1 执行 Setup.exe

STEP 2 出现如图 5-2 所示界面后，选择第一项 QTP 程序安装。

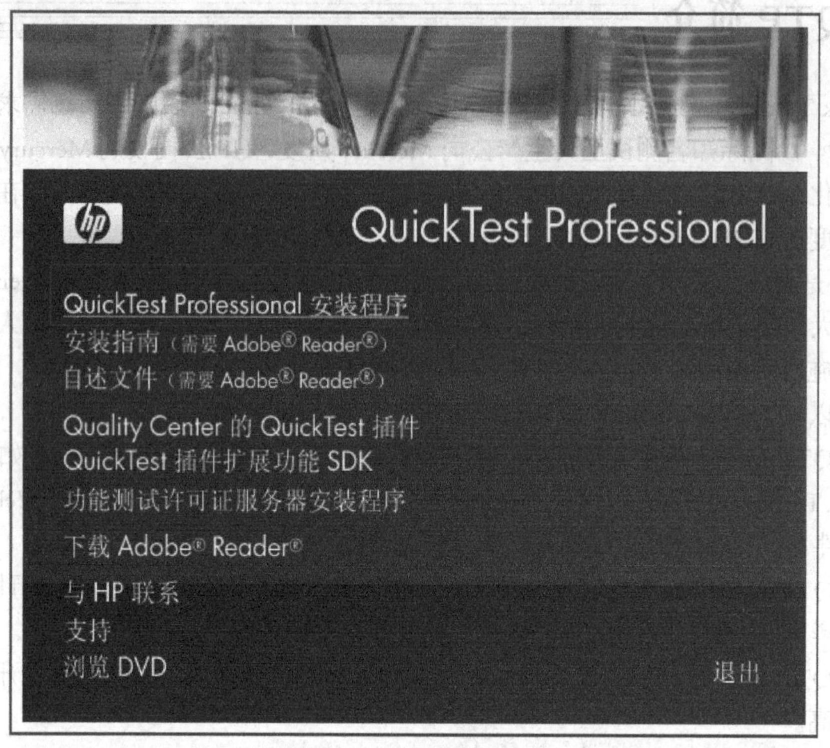

图 5-2 执行选择项一

STEP 3 最好按默认路径安装，安装路径不要有中文名，安装过程中最好都选默认项。安装过程中若有下面的提示，单击【否】按钮继续，如图 5-3 所示。

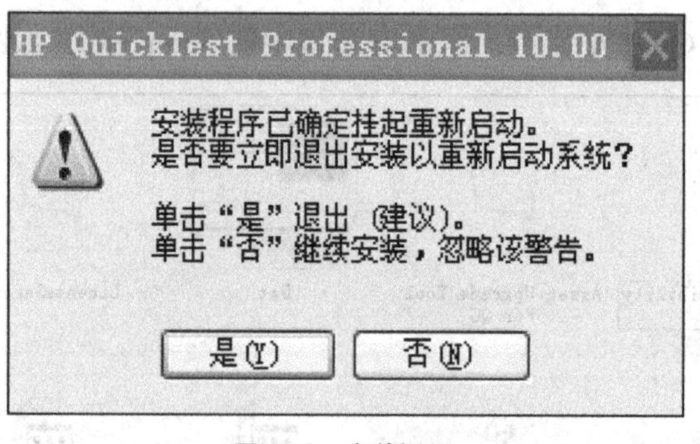

图 5-3 安装提示

STEP 4 出现如图 5-4 所示提示，程序在安装下面 2 个插件后才能继续，单击【OK】按钮安装。

STEP 5 安装完插件后，出现如图 5-5 所示的提示，单击【下一步】按钮继续。

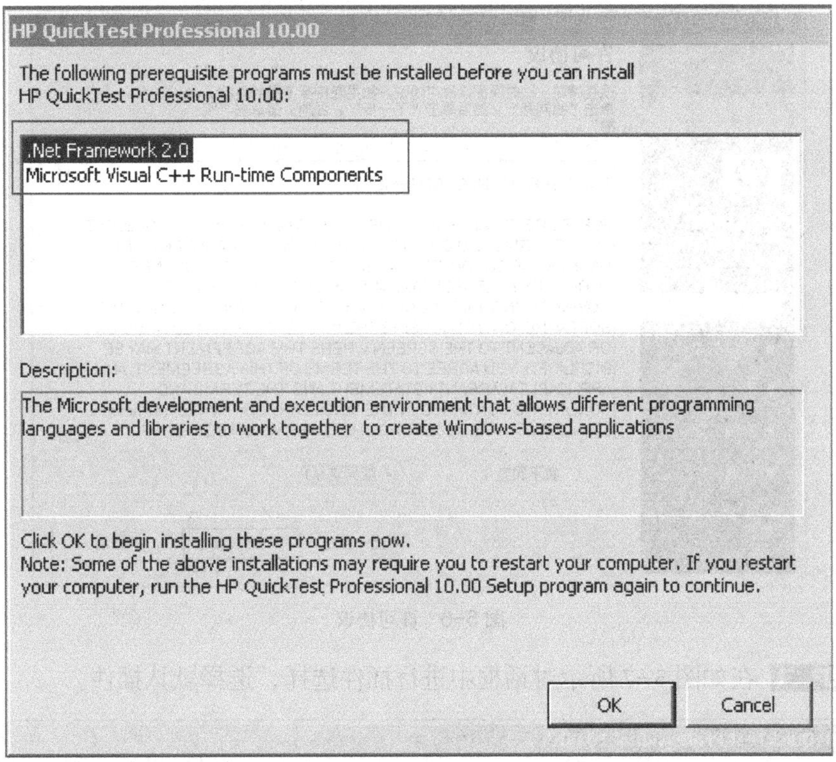

HP QuickTest Professional 10.00

The following prerequisite programs must be installed before you can install HP QuickTest Professional 10.00:

.Net Framework 2.0
Microsoft Visual C++ Run-time Components

Description:

The Microsoft development and execution environment that allows different programming languages and libraries to work together to create Windows-based applications

Click OK to begin installing these programs now.
Note: Some of the above installations may require you to restart your computer. If you restart your computer, run the HP QuickTest Professional 10.00 Setup program again to continue.

OK　Cancel

图 5-4　安装插件

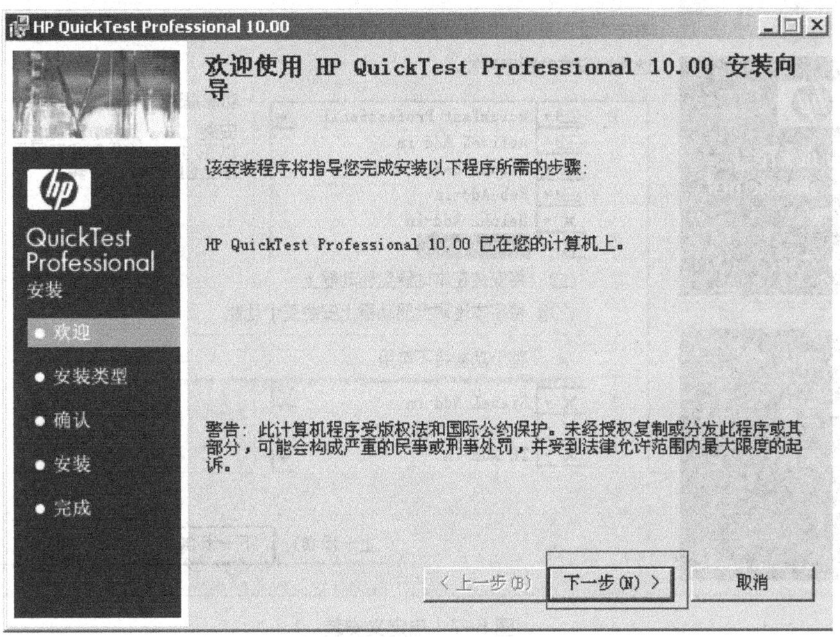

图 5-5　安装组件

STEP 6 在如图 5-6 所示窗口中选择“我同意”选项，单击【下一步】按钮继续。

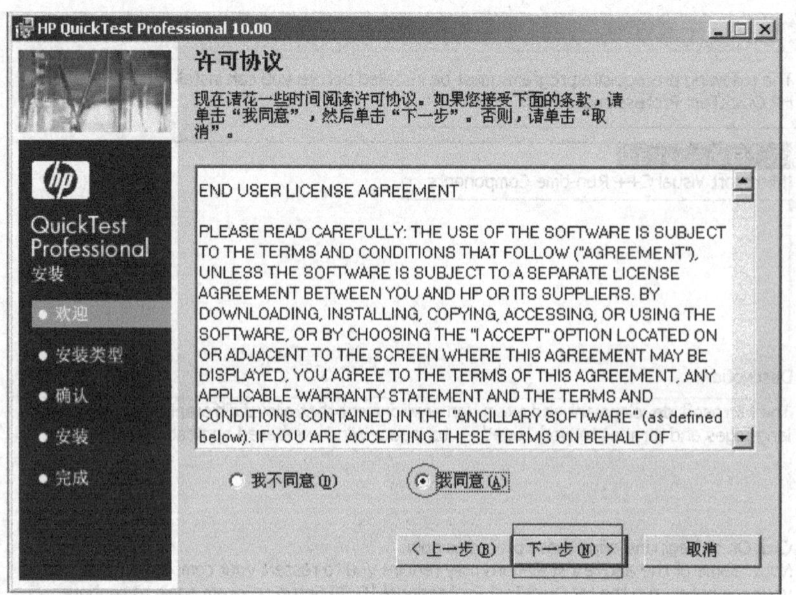

图 5-6　许可协议

STEP 7 在如图 5-7 所示对话框中进行插件选择，选择默认插件。

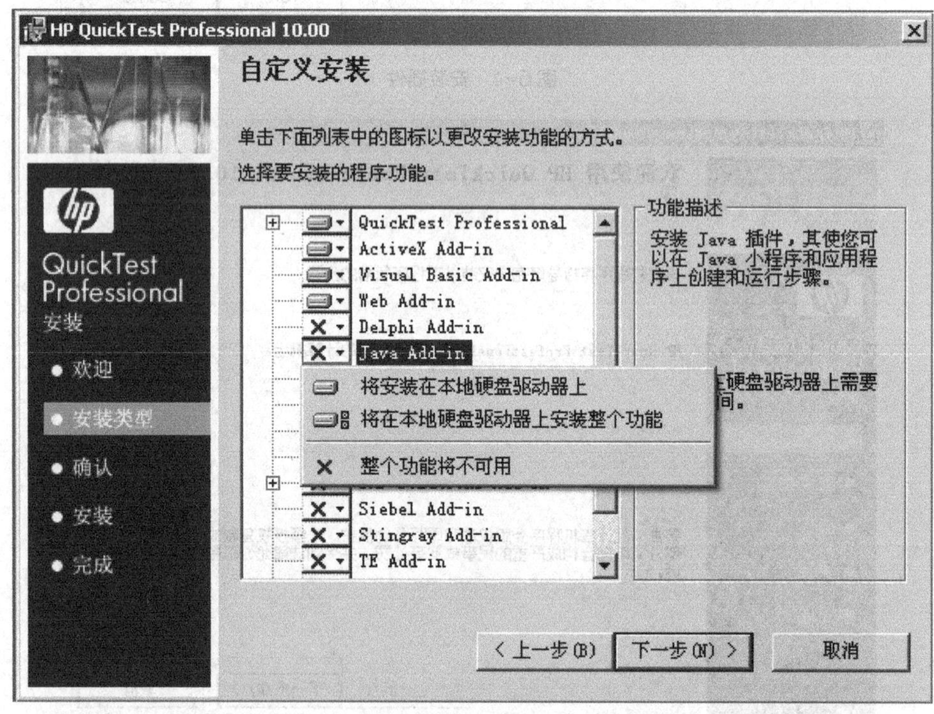

图 5-7　自定义安装

STEP 8 设置完成后，单击【下一步】按钮开始安装，如图 5-8 所示。

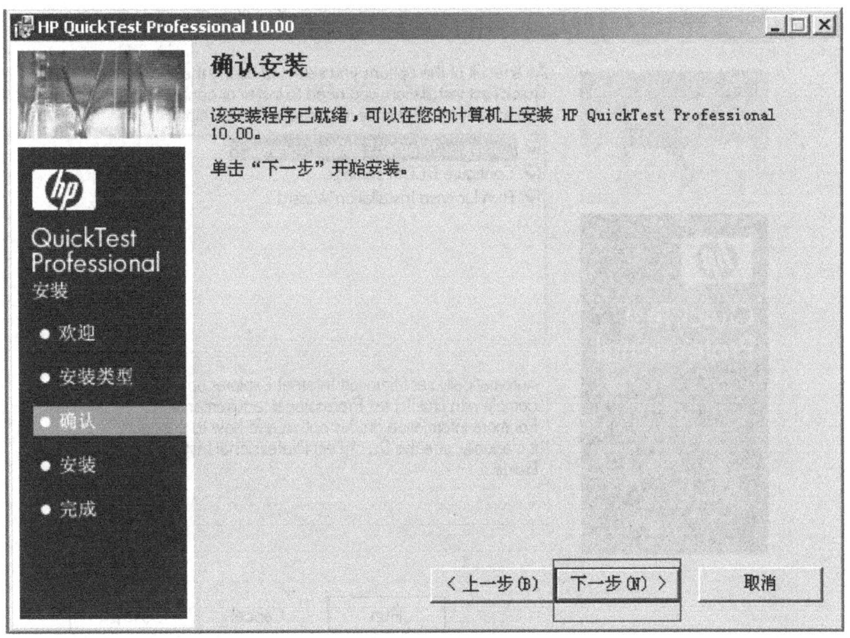

图 5-8 安装执行

STEP 9 直至安装完成，单击“完成”按钮，如图 5-9 所示。

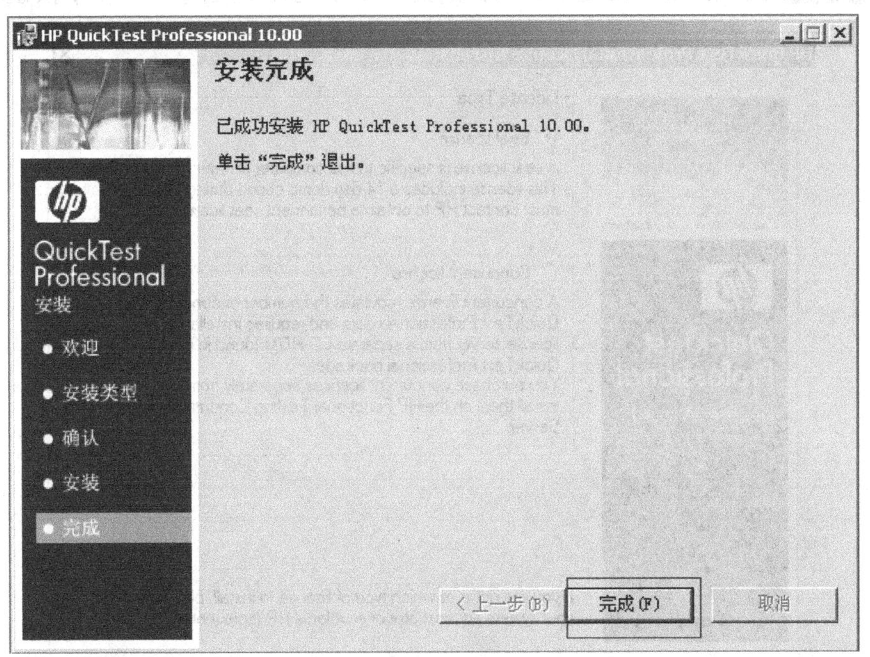

图 5-9 安装完成

STEP 10 出现如图 5-10 所示对话框，主要是设置页面，默认，单击【RUN】按钮。

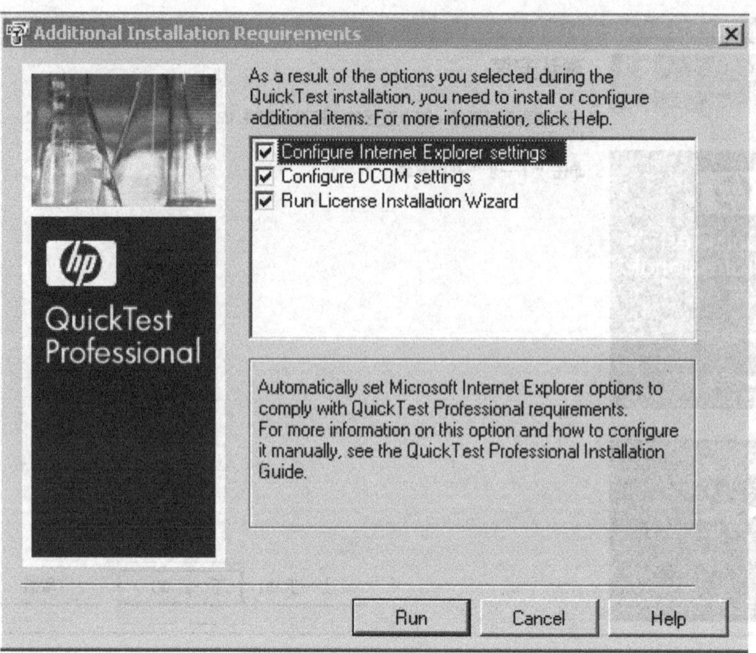

图 5-10 启动运行

STEP 11 出现证书安装提示界面，如图 5-11 所示，单击【下一步】按钮。

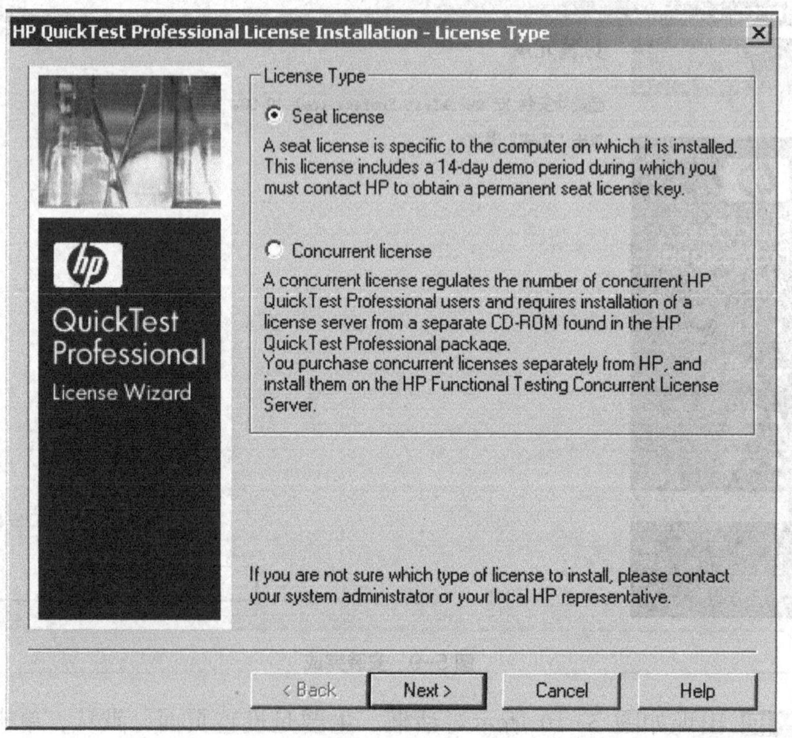

图 5-11 安装证书

STEP 12 图 5-12 所示，输入获取的序列号即可，安装完成。

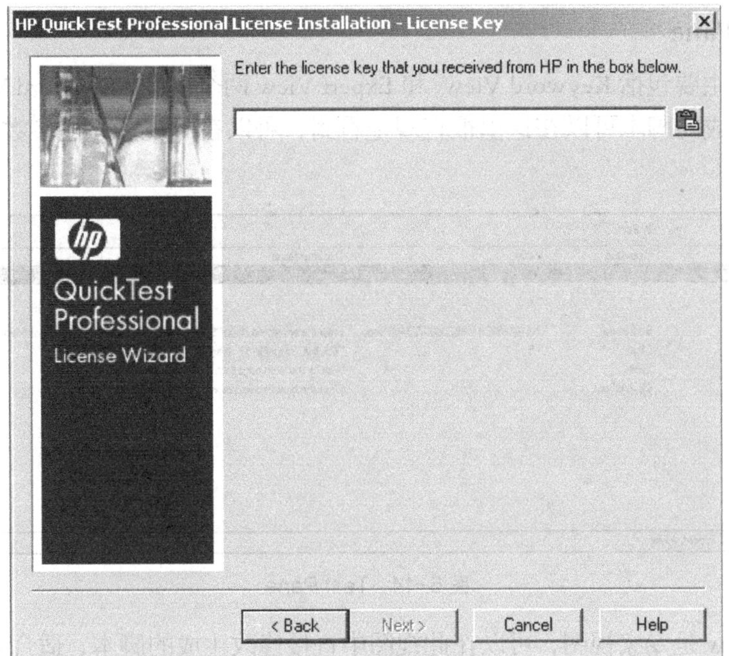

图 5-12 输入序列号

5.2.2 QTP 产品介绍

QTP 自动化测试工具主要包括以下几个关键功能模块。

1. Add-in Manager

QTP 以插件授权进行使用许可证管理，默认免费提供 ActiveX、Visual Basic、Web 三种插件类型。根据测试对象的编程语言，测试工程师选择对应的插件类型后，QTP 自动加载对应的对象管理组件，以便顺利开展自动化测试脚本设计工作，如图 5-13 所示。

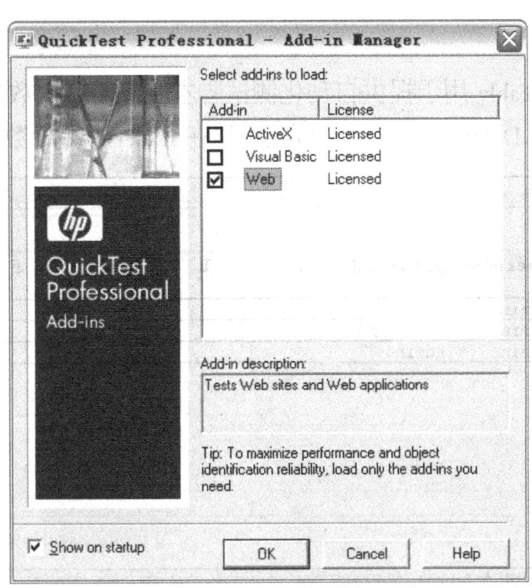

图 5-13 Add-in Manager

2. Test Pane

Test Pane 主要包括 Keyword View 和 Expert View 两个视图。Keyword View 是关键词视图，录制生成的脚本可以在这里很直观地看到，可以在此视图完成参数化的工作，如图 5-14 所示。

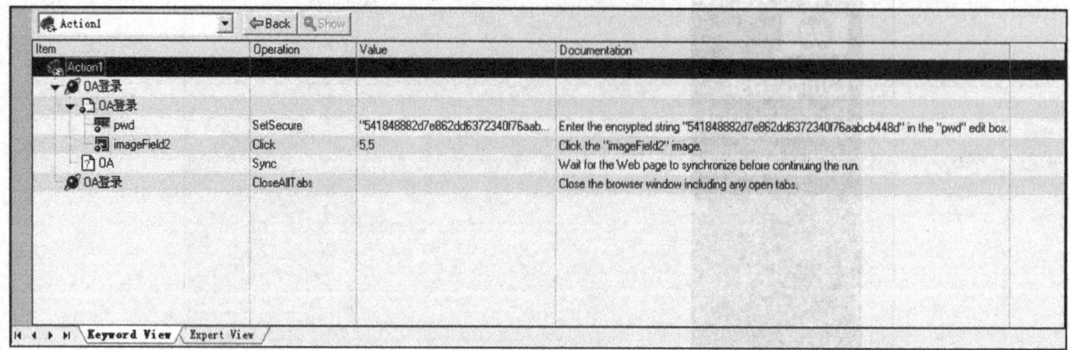

图 5-14　Test Pane

Expert View 是专家视图，可以在此视图中直接修改生成的脚本，适合对 VBS 脚本和 QTP 函数比较熟悉的测试人员使用，如图 5-15 所示。

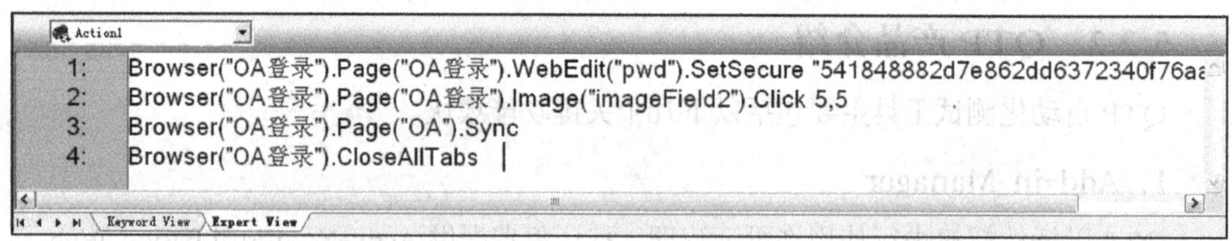

图 5-15　Expert View

通常情况下，测试工程师利用 Expert View 工作模块进行测试脚本的开发。

3. Data Table

类似 Excel，Data Table 用于提供自动化测试脚本所需的输入数据或者校验数据。指向测试脚本文件目录下的 Default.xls 文件。可以直接在 Excel 中编辑数据，如图 5-16 所示。

Data Table

F19

	username	password	C	D	E	F	G
1							
2	admin						
3	admin	1234					
4	admin	admin					
5							
6							
7							
8							
9							
10							
11							
12							

Global　Action1

图 5-16　Data Table

4. Active Screen

QTP 录制脚本时生成对应业务操作的镜像图片，便于定位每个操作过程，并可在此视图上完成检查点设置操作，如图 5-17 所示。

图 5-17 Active Screen

5. Test Results

Test Results 是测试结果展示功能，通过此功能能够清晰掌握每个业务过程的执行，明确判断每个业务步骤是否按照预期结果执行，并产生何种结果，从而帮助测试人员发现并定位缺陷，如图 5-18 所示。

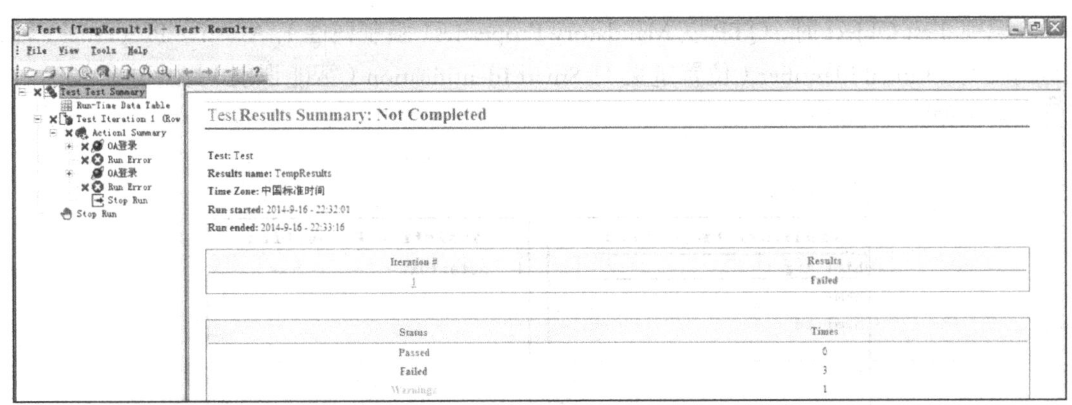

图 5-18 Test Results

5.2.3 QTP 实现原理

在面向对象编程语言中，常听到类、对象、属性等概念，QTP 实现自动化测试时同样使用了类似的概念，只是相对简单。

类是具有相同静态、动态特性的事物的集合，如文本编辑框、单选按钮、下拉列表等常见 Web 控件。涉及类概念时，往往是一个宽泛的指代。QTP 试用版默认支持 Windows、Web 对象类。

对象是某类事物中的具体个性，指明了该对象的属性值，如用户名编辑框、用户性别单选框等。此时，对象作为一个特定个体，具有非常明确的属性值，易于辨别。

属性是事物固有或被赋予的特性，如文本编辑框的长度、名称、默认值、默认焦点等。

设计测试脚本前，测试工程师需根据需要选择正确的插件，选择完成启动 QTP 后，QTP 会根据 Add-in Manager 中勾选的插件自动加载所匹配的对象识别方法。

以 OA 系统登录功能为例，在录制之前，测试工程师首先选择 Web 插件类型，录制时，QTP 启动 IE，根据默认加载的 Web 对象识别方法，将 IE 上测试工程师操作的控件进行识别，识别成功后自动加入对象库进行管理，进入对象库的 Web 对象称为 Test Object，如图 5-19 所示。

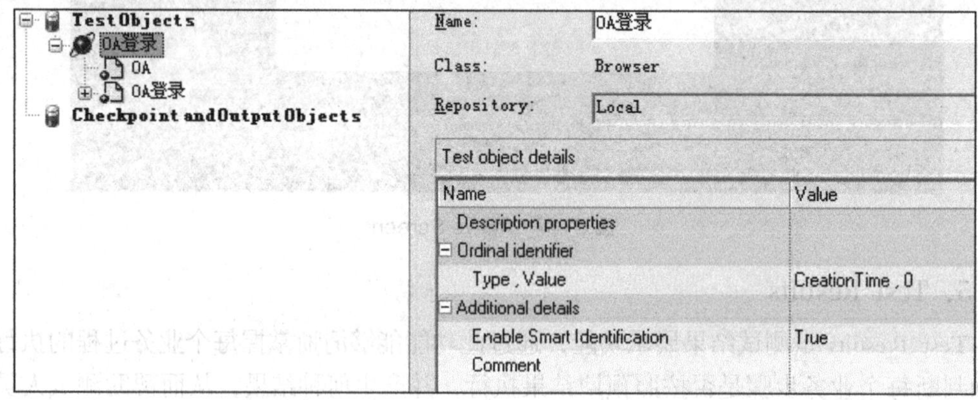

图 5-19 Test Objects

识别 Test Object 时，QTP 以 Mandatory Properties（强制属性）、Assistive Properties（辅助属性）、Ordinal Identifier（位置定义）、Smart Identification（智能识别）顺序进行测试对象识别，如图 5-20 所示。

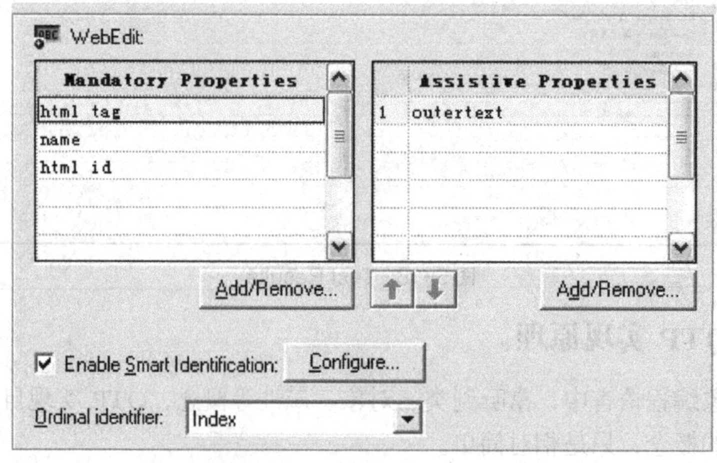

图 5-20 Objects Properties

以 OA 系统用户名文本输入框为例，QTP 首先以 html tag、name、html id 三个强制属性进行识别，如果未能识别出其是用户名输入框，则以 outertext 辅助属性进行识别，若仍未识别，则以 index 位置属性进行识别，若强制、辅助、位置属性都无法识别此对象时，将启用智能识别模式，将文本输入框所有属性进行匹配，直到匹配成功或超时为止。

录制完成后，QTP 将所有操作的对象存在对象库中，回放时，采用录制的时识别方法，判断被测对象是否与 Test Object 一致，若不一致，则报告缺陷。此时，被测对象称为 Run Object。

5.3 QTP 功能基础

5.3.1 对象与对象库

QTP 将被测对象分为两种：Test Object 与 Run Object。

1. Test Object（TO）

测试对象是测试工程师预先设定的预期对象，脚本录制时自动识别并加入对象库，由 QTP 自动管理。根据测试需要可对其属性进行设置，具有设置属性与获取属性两种操作方法。以 OA 系统登录用户名对象为例，其在对象库中存在形式如图 5-21 所示。

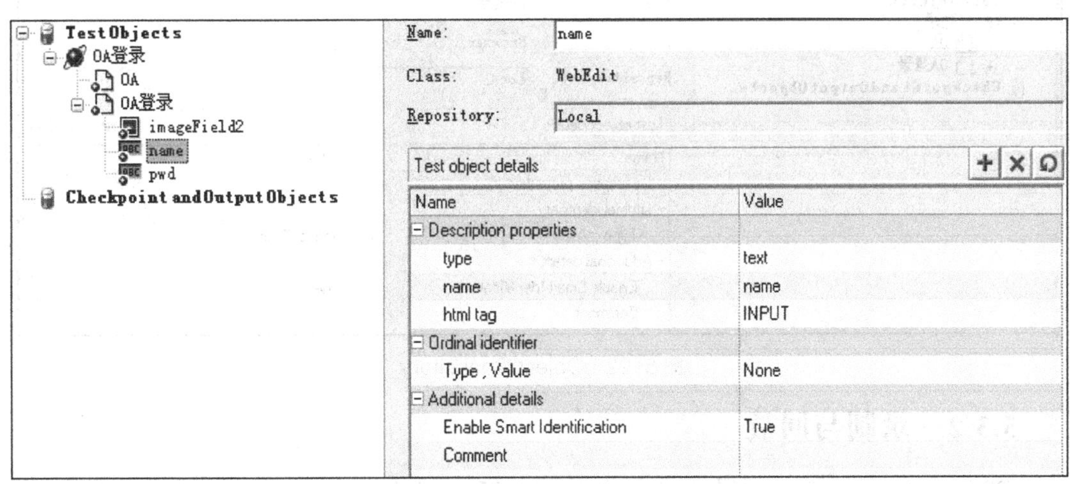

图 5-21 Test Object Details

根据测试需要，可将其 name 属性值设置为更容易识别的值，如 username，则使用设置属性方法如下：

```
browser("OA 登录").Page("OA 登录").WebEdit("name").SetTOProperty "name", "username"
```

如果需要获得 Test Object 某个属性值时，可采用 GetTOProperty 方法，同样以 OA 登录用户名对象为例：

```
Namevalue= browser("OA 登录").Page("OA 登录").WebEdit("name"). GetTOProperty ("name")
```

2. Run Object（RO）

与 Test Object 相对的则是运行对象，运行对象即是实际的被测对象，当脚本设置完成执行测试时，QTP 将 Run Object 与对象库中的 Test Object 进行对比，若能正确识别，则根据脚本设计，执行对应的业务操作，否则报错，无法识别对象或无法完成业务操作，导致测试失败。

3. 对象库

对象库是 QTP 非常重要的一个功能组件，在对象库中，测试工程师可进行 Test Object 与 Check Point 管理，所有待测试的对象必须在对象库首先存在（描述性对象除外）。对象库则进行 Test Object 属性值管理，便于在测试过程中识别测试对象，使测试活动顺利开展。

在对被测试对象操作过程中，被操作的控件会自动被加入到对象库中，然后可以通过对象库管理器进行管理，如图 5-22 所示。

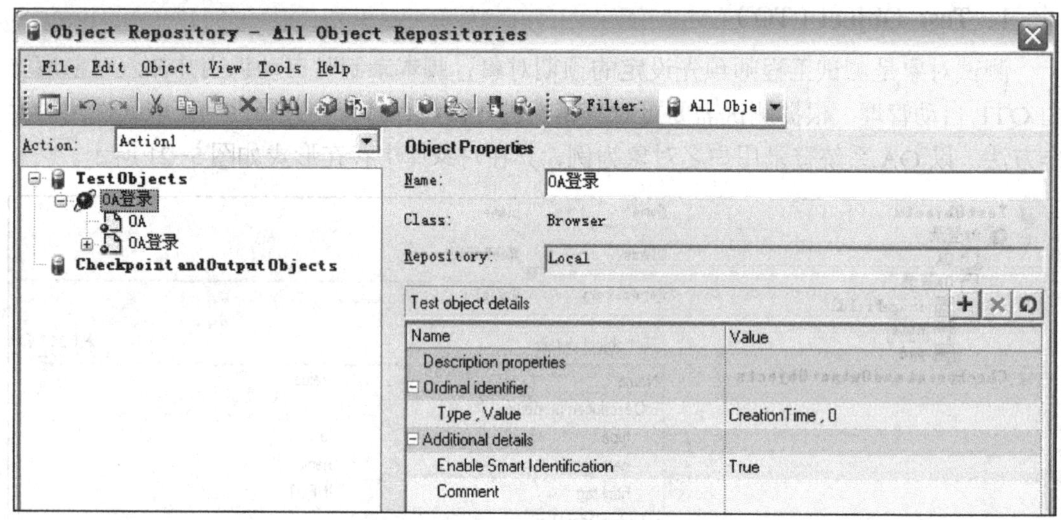

图 5-22　Object Repository

5.3.2　录制与回放

QTP 主要有三种录制模式：正常录制（Normal Recording）、模拟录制（Analog Recording）、低级录制（Low Level Recording）。

1. 正常录制（Normal Recording）

正常录制是 QTP 默认的录制模式，这种录制模式是 QTP 最突出的特点，是直接对对象的操作，可以说此类模式继承了对象模型的所有优点，能够充分发挥对象库的作用。它通过识别程序中的对象来代替以前依赖识别屏幕坐标的形式。但是正常模式并不能保证识别程序中所有的对象，因此，仍然需要其他两种模式来补充。在录制完之后，不管再次打开的对象位置在哪（简单地说就是不具体记录对象控件的坐标，但是被测页面上必须存在该控件对象），它都能执行到。开启正常录制模式的方式有如下三种。

（1）QTP 上方菜单栏→Automation→Record。

（2）直接使用快捷键 F3。

（3）在 QTP 界面上单击正常录制图标。

例如录制 OA 登录的操作步骤如下。

STEP 1 单击工具栏【Record】按钮，如图 5-23 所示。

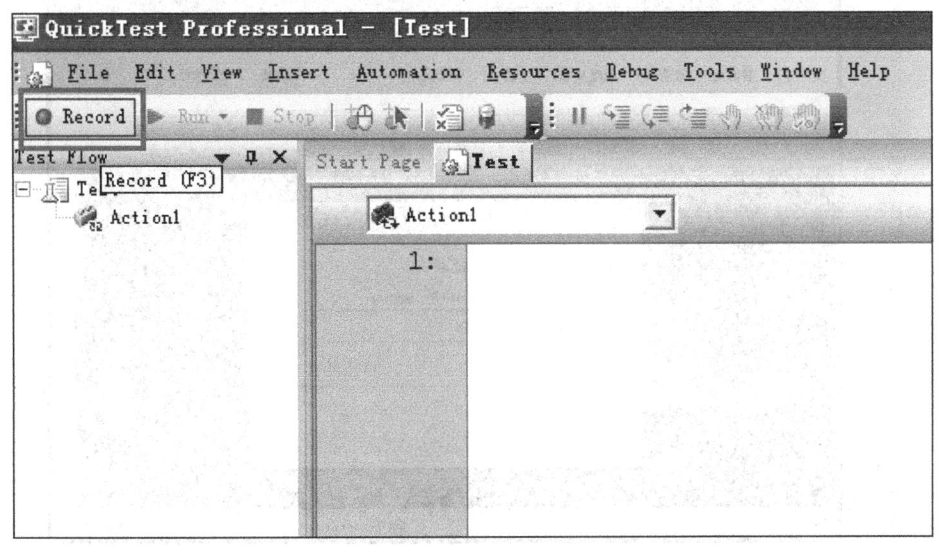

图 5-23　开始录制

STEP 2 弹出如图 5-24 所示对话框，填写打开 IE 所需要访问的网址，此处填写的是 OA 系统的首页地址，读者可根据自己的实际地址填写。单击【确定】按钮开始录制。

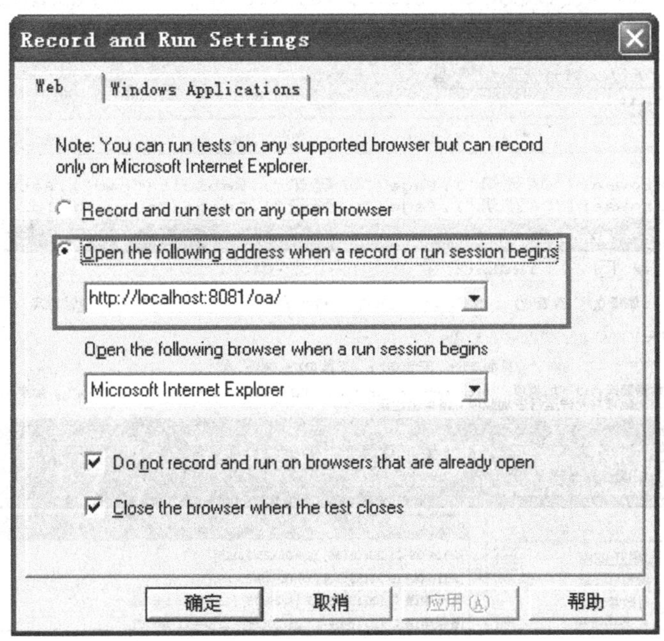

图 5-24　录制参数设置

STEP 3 开始录制，并弹出 IE 窗口，打开了设置的 OA 首页，如图 5-25 所示。

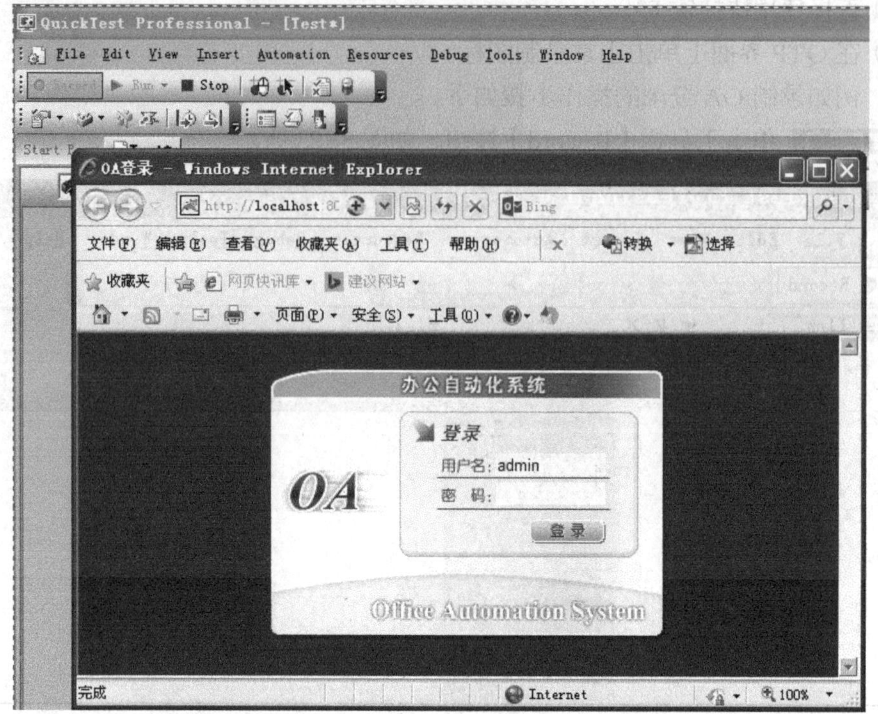

图 5-25 执行录制

STEP 4 在打开的 IE 窗口中输入“用户名”和“密码”，单击【登录】按钮，进行登录，如图 5-26 所示。

图 5-26 录制进行

STEP 5 单击工具栏“Stop”按钮停止录制，生成录制到的代码，如图 5-27 所示。

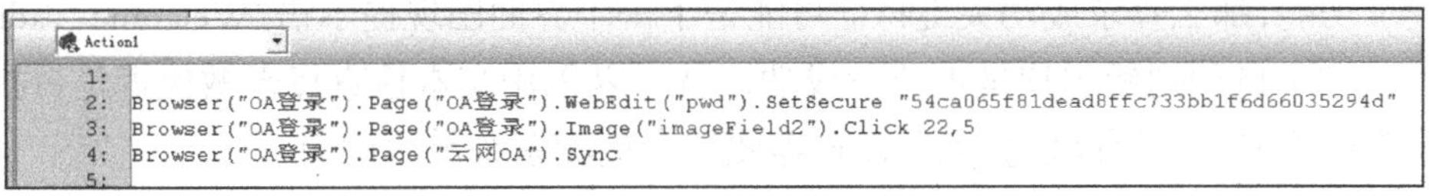

```
Action1

Browser("OA登录").Page("OA登录").WebEdit("pwd").SetSecure "54ca065f81dead8ffc733bb1f6d66035294d"
Browser("OA登录").Page("OA登录").Image("imageField2").Click 22,5
Browser("OA登录").Page("云网OA").Sync
```

图 5-27 录制自动生成代码

STEP 6 单击工具栏 Run 按钮，可以回放脚本代码，QTP 会回放前面录制时的操作。

2. 模拟录制（Analog Recording）

此类模式录制了所有键盘和鼠标的精确操作，对于正常录制模式不能录制到的动作，可以使用模拟录制模式来弥补。例如，录制一个鼠标光标拖动的动作，正常录制模式无法录制这个操作，这时就可以考虑切换到模拟录制模式记录鼠标光标的轨迹。模拟录制模式录制下来的脚本文件比较大，而且依靠这种方式是不可以由 QTP 进行编辑的。选择模拟录制模式，如果在回放时改变了屏幕的分辨率或者窗口/屏幕的位置， 回放就会失败。开启模拟录制模式的方式有如下四种。

（1）前提是开启正常录制模式。

（2）QTP 上方菜单栏→Automation→Analog recording。

（3）直接使用快捷键“Shift+Alt+F3”。

（4）在 QTP 界面上单击模拟录制图标。

3. 低级录制（Low Level Recording）

此类模式是用来录制 QTP 不能识别的环境或对象。它不止录制了鼠标和键盘的所有操作，对对象的位置要求也非常严格。按此模式录制的对象都以 Windows 和 WinObject 的形式存在。QTP 按照屏幕上的 x 坐标和 y 坐标录制该对象，将所有父类对象录制为 Windows 测试对象，将所有的其他对象录制为 WinObject 测试对象。它们在 ActiveScreen 中显示为标准 Windows 对象，并且在录制回放时，对象的坐标有任何一点改变就会失败。这类方式适用于 QTP 不能正常识别对象时的应用，主要是记录坐标的位置，可以对 QTP 不支持的对象进行坐标记录。但是不到万不得已的时候，不推荐使用此模式。开启低级录制模式的方式有如下四种。

（1）前提是开启正常录制模式。

（2）QTP 上方菜单栏→Automation→Low Level Recording。

（3）直接使用快捷键“Ctrl+Shift+F3”。

（4）在 QTP 界面上单击低级录制图标。

5.3.3 检查点

检查点是用来检查被测对象实际运行表现是否与预期结果一致，QTP 中提供了标准检查点、图像检查点、表格检查点、页面检查点、文本/文本区域检查点、位图检查点、数据库检查点等。在实际测试过程中根据实际被测系统采用其中一种或多种检查点方法对期望结果进行检查，一般来说是对被测系统的关键特征进行检查。例如：如果是测试一个登录功能，那么登录成功关键特征可能是下一个界面出现提示语"Welcome ，admin"，那么需要脚本自动判断用户是否登录成功，就可以采用文本检查点来做检查是否按预期出现了欢迎语文本。所以检查点的设置需要结合被测系统灵活运用。

1．标准检查点

标准检查点检查桌面程序或者网页中的对象的属性值。标准检查点可以支持各种对象的属性检查，例如：按钮、文本框、列表等。例如：可以检查在选择单选按钮之后它是否处于激活状态，或者可以检查文本框的值是否与预期一致。

使用方法如下：在录制过程中进行检查点的插入操作："Insert"→"Checkpoint"→"Standard Checkpoint"项。

例如：打开 OA 系统的首页，用户名默认填写"admin"。现在使用标准检查点来检查首页打开后，是否正确地填写了用户名"admin"，如图 5-28 所示。

图 5-28　启动 OA 系统

STEP 1 启动 QTP 开始录制，录制中打开 OA 首页后，选择菜单"Insert"→"Checkpoint"→"Standard Checkpoint"项，如图 5-29 所示。

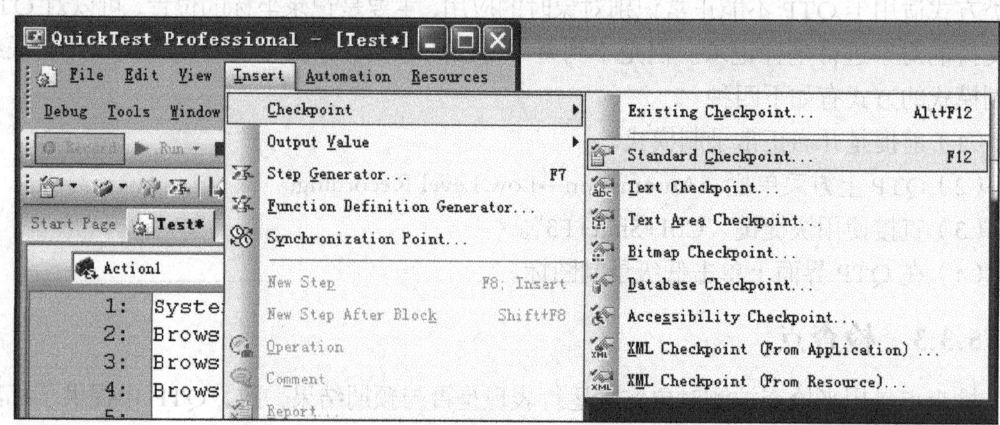

图 5-29　插入标准检查点

STEP 2 鼠标图标变成手型“👆”，单击要检查的控件用户名文本框，然后弹出对话框，如图 5-30 所示。

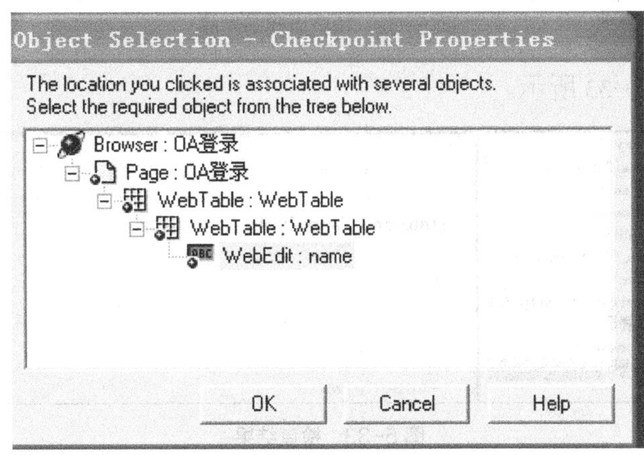

图 5-30 检查点属性

STEP 3 单击【OK】按钮，弹出如下对话框，设置要检查的文本框的“Value”属性为“admin”，当然也可以检查文本框的其他属性。如果检查的内容不是固定的值，检查的内容也可以是参数。设置完成以后，单击【OK】按钮关闭对话框，如图 5-31 所示。

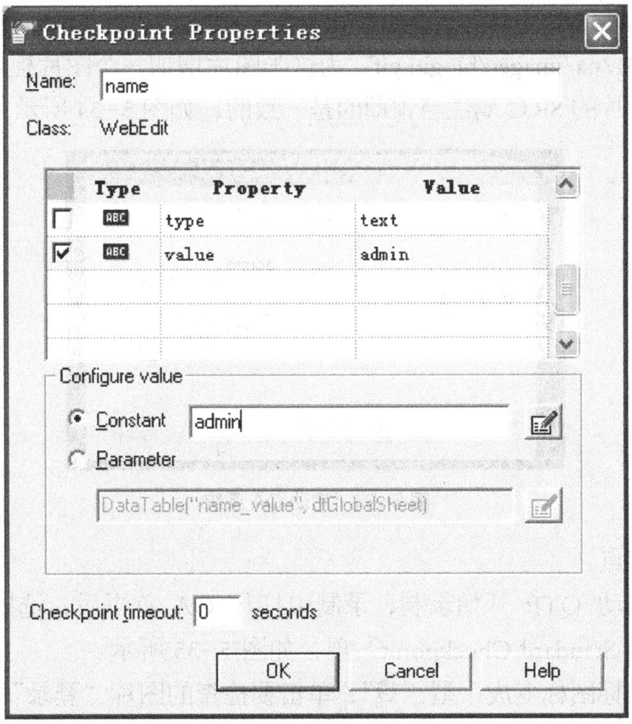

图 5-31 检查点参数设置

设置完成后，生成如图 5-32 所示的代码。

```
SystemUtil.Run "C:\Program Files\Internet Explorer\iexplore.exe"
Browser("Browser").Navigate "http://localhost:8081/oa/"
Browser("Browser").Page("OA登录").WebEdit("name").Check CheckPoint("name")
```

图 5-32　检查点代码生成

测试结果如图 5-33 所示。

图 5-33　检查结果

2．图像检查点

图像检查点检查应用程序或网页中图像的属性值是否和预期一致，例如：检查所选的图像的 SRC 属性值是否与预期一致。

使用方法如下：在录制过程中进行检查点的插入操作："Insert" → "Checkpoint" → "Text Checkpoint" 项。

案例：在 OA 系统的首页上，登录按钮就是一张图片，这张图片的 SRC 属性的值是 http://localhost:8081/oa/images/blogin.gif。为这张图片增加一个图片检查点，确认在自动化测试过程中此图片的 SRC 属性与预期的是一致的，如图 5-34 所示。

图 5-34　启动 OA 系统

增加图片检查点。

STEP 1 启动 QTP 开始录制，录制中打开 OA 首页后，选择菜单 "Insert" → "Checkpoint" → "Standard Checkpoint" 项，如图 5-35 所示。

STEP 2 鼠标图标变成手型 "☝"，单击要检查的图片 "登录" 按钮，如图 5-36 所示。

STEP 3 单击【OK】按钮后，弹出如图 5-37 所示对话框。如果链接是固定的，则选择 "Constant"，设置 SRC 固定的预期值。如果是链接是变化的，则可选择 "Parameter"，使用参数化。

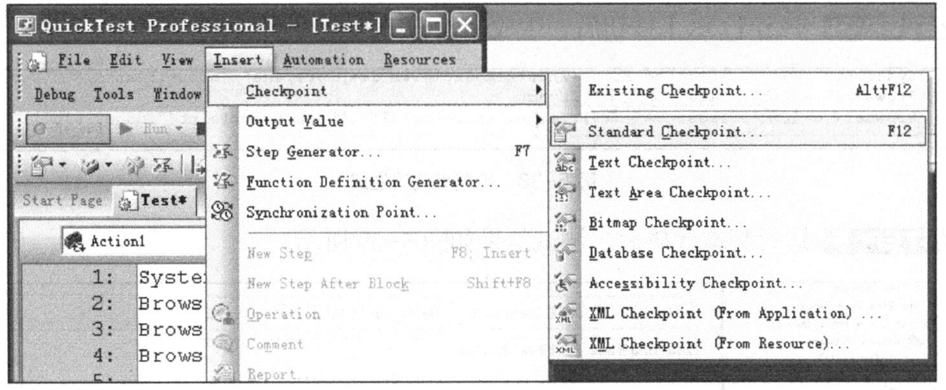

图 5-35　插入标准检查点

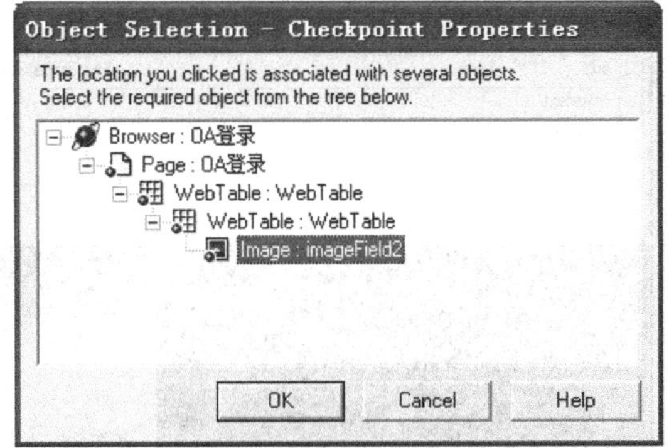

图 5-36　检查点属性

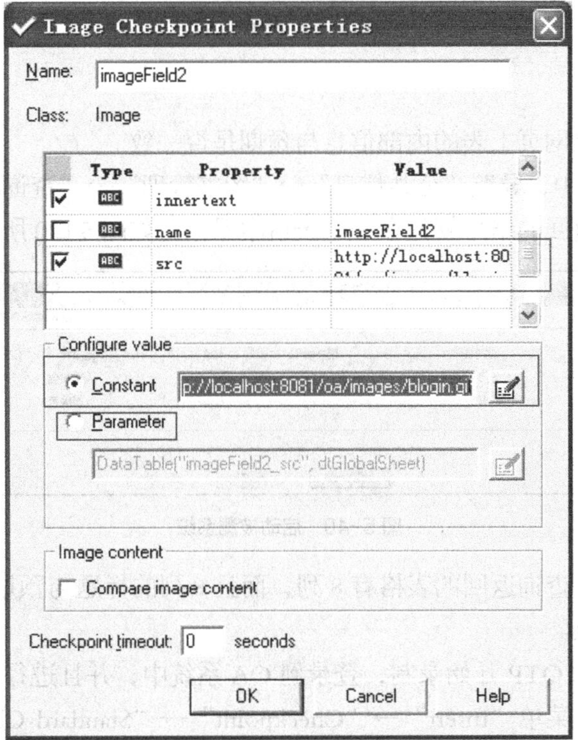

图 5-37　检查点参数设置

STEP 4 单击【OK】按钮后，生成的代码如图 5-38 所示。

```
SystemUtil.Run "C:\Program Files\Internet Explorer\iexplore.exe","about:blank","C:\Docume
Browser("OA登录").Page("OA登录").Sync
Browser("OA登录").Page("OA登录").Image("imageField2").Check CheckPoint("imageField2")
```

图 5-38　检查点代码生成

STEP 5 运行脚本代码后，测试结果如图 5-39 所示。

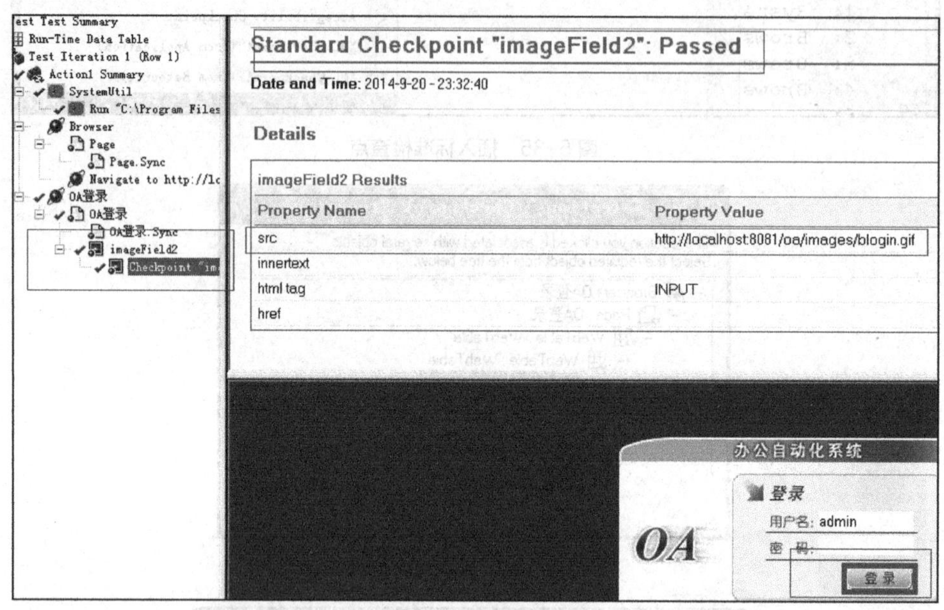

图 5-39　检查结果

3. 表格检查点

表格检查点检查网页上表的内部信息与预期是否一致。

案例：OA 系统中，导航“公共信息”→“图书管理”→“查询图书”功能，设置查询条件进行查询，返回的结果就是在一个表格中保存，如图 5-40 所示。

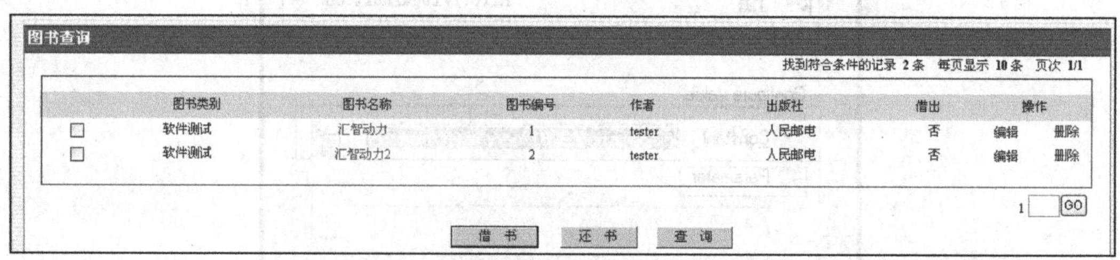

图书查询

找到符合条件的记录 2 条　每页显示 10 条　页次 1/1

	图书类别	图书名称	图书编号	作者	出版社	借出	操作	
□	软件测试	汇智动力	1	tester	人民邮电	否	编辑	删除
□	软件测试	汇智动力2	2	tester	人民邮电	否	编辑	删除

1 GO

借 书　还 书　查 询

图 5-40　启动被测系统

现在要检查每次查询返回的表格有 8 列，而且 8 列的标题与预期的是否一致。

增加表格检查点。

STEP 1 启动 QTP 开始录制，登录到 OA 系统中，并且进行“查询图书”操作，返回查询结果。选择菜单“Insert”→“Checkpoint”→“Standard Checkpoint”项，如图 5-41 所示。

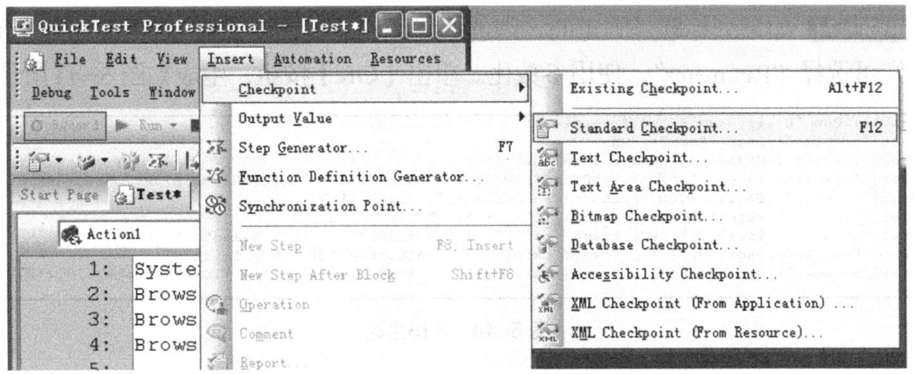

图 5-41　插入标准检查点

STEP 2 鼠标图标变成手型“☝”，单击要检查的表格，如图 5-42 所示。

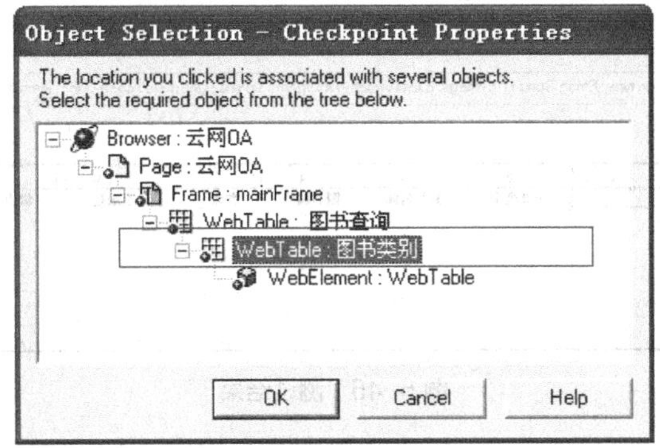

图 5-42　配置对象

STEP 3 选中“WebTable：图书类别”，单击【OK】按钮，显示如图 5-43 所示。

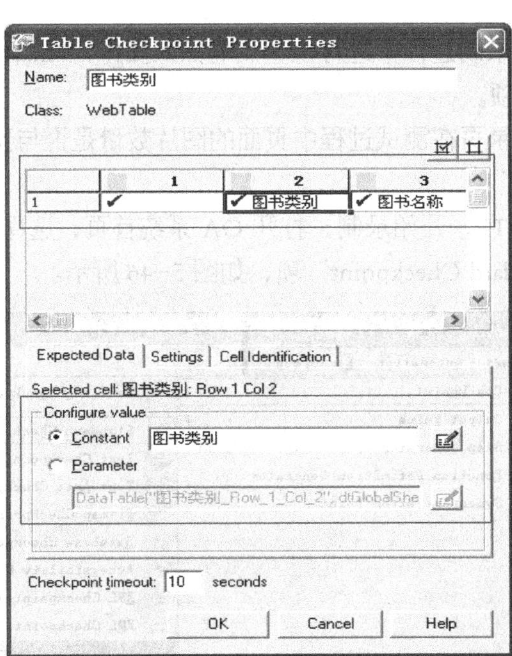

图 5-43　设置参数

STEP 4 如果列标题是固定的，则选择“Constant”，设置期望标题。如果标题是变化的，则可选择“Parameter”，使用参数化。单击【OK】按钮，生成如图 5-44 所示代码。

```
SystemUtil.Run "C:\Program Files\Internet Explorer\iexplore.exe"
Browser("Browser").Page("Page").Sync
Browser("Browser").Navigate "http://localhost:8081/oa/"
Browser("Browser").Page("OA登录").WebEdit("pwd").SetSecure "541d9fea5fe76068305673047b5bf4d03e15"
Browser("Browser").Page("OA登录").Image("imageField2").Click 25,7
Browser("Browser").Page("云网OA").Frame("I1").Link("查询图书").Click
Browser("Browser").Page("云网OA").Frame("mainFrame").WebList("typeId").Select "软件测试"
Browser("Browser").Page("云网OA").Frame("mainFrame").WebButton("查  询").Click
Browser("Browser").Page("云网OA").Frame("mainFrame_2").WebTable("图书类别").Check CheckPoint("图书类别")
```

图 5-44 代码生成

STEP 5 运行代码，测试结果如图 5-45 所示。

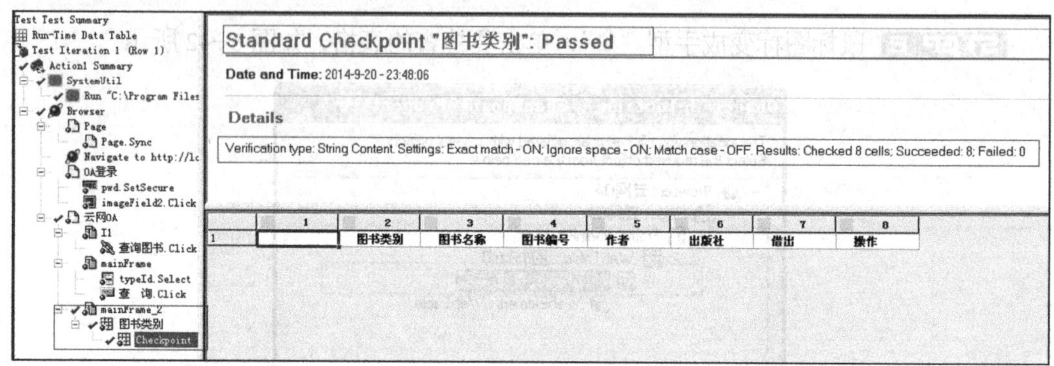

图 5-45 测试结果

4. 页面检查点

页面检查点是检查网页的特性。例如：检查网页访问所需要的实际网页的图片数、网页的链接数等内容。

使用方法如下：在录制过程中进行检查点的插入操作：“Insert”→“Checkpoint”→“Standard Checkpoint”项。

案例：验证 OA 登录页在测试过程中页面的图片数量是否与预期的一致。

增加“页面检查点”。

STEP 1 启动 QTP，开始录制，打开 OA 系统首页，选择 QTP 菜单“Insert”→“Checkpoint”→“Standard Checkpoint”项，如图 5-46 所示。

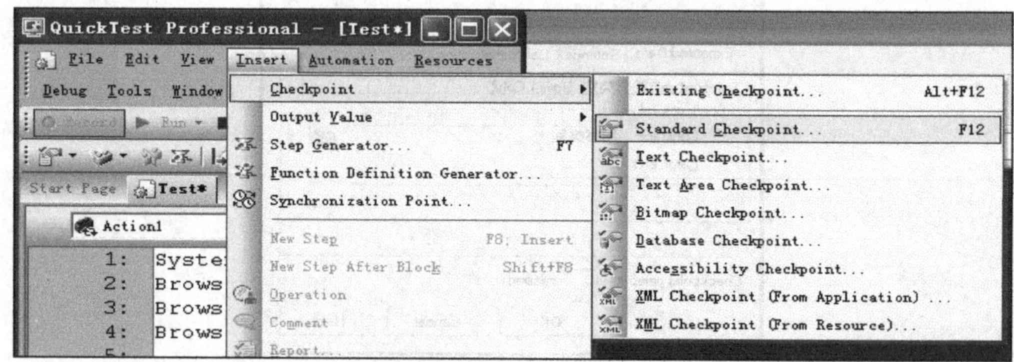

图 5-46 插入检查点

STEP 2 鼠标光标变成手型“👆”，单击要检查的页面，如图 5-47 所示。

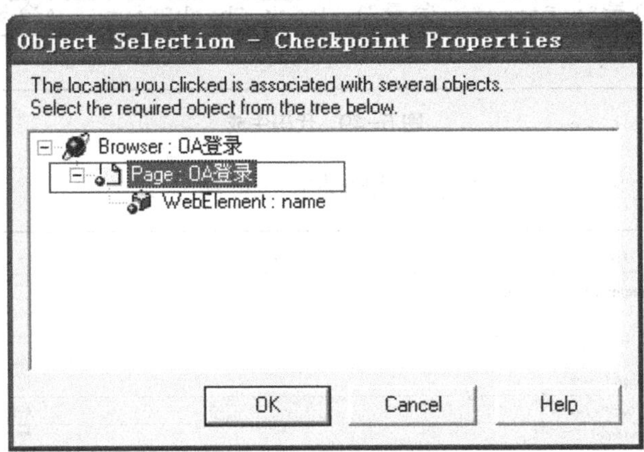

图 5-47 对象属性设置

STEP 3 选择“Page：OA 登录”，单击【OK】按钮。弹出如图 5-48 所示对话框。

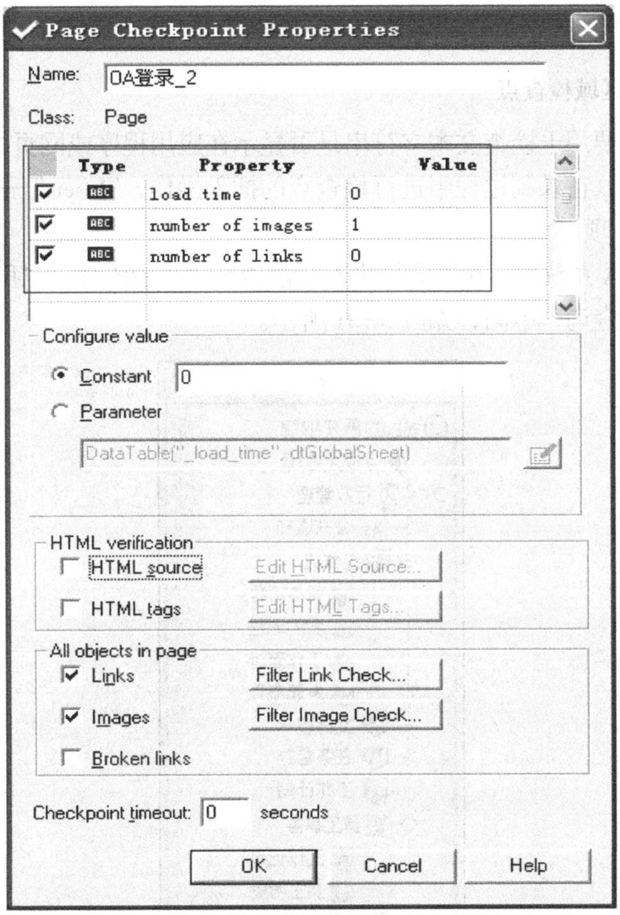

Page Checkpoint Properties

Name: OA登录_2

Class: Page

Type	Property	Value
☑ ABC	load time	0
☑ ABC	number of images	1
☑ ABC	number of links	0

Configure value

◉ Constant 0

○ Parameter DataTable("_load_time", dtGlobalSheet)

HTML verification

☐ HTML source　Edit HTML Source...

☐ HTML tags　Edit HTML Tags...

All objects in page

☑ Links　Filter Link Check...

☑ Images　Filter Image Check...

☐ Broken links

Checkpoint timeout: 0 seconds

OK　Cancel　Help

图 5-48 参数设置

STEP 4 选择检查项“number of images”，期望结果是页面中有一个图片。单击【OK】按钮，生成如图 5-49 所示代码。

```
SystemUtil.Run "C:\Program Files\Internet Explorer\iexplore.exe"
Browser("OA登录").Navigate "http://localhost:8081/oa/"
Browser("OA登录").Page("OA登录").Check CheckPoint("OA登录_2")
```

图 5-49 代码生成

STEP 5 运行测试代码，测试结果如图 5-50 所示。

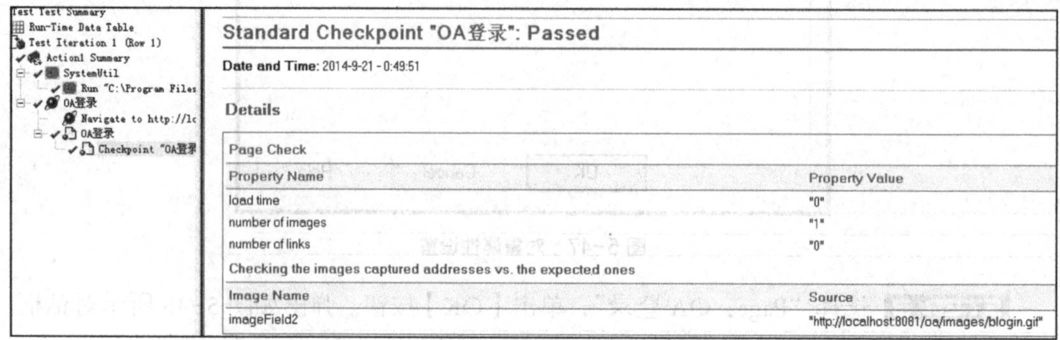

图 5-50 测试结果

5. 文本/文本区域检查点

文本检查点主要用于检查文本字符串是否显示在应用程序或网页的适当位置。

使用方法如下：在录制过程中进行检查点的插入操作，"Insert"→"Checkpoint"→"Text Checkpoint"项。

案例：登录 OA 系统后，在导航栏中有导航内容"我的流程"，"我的流程"位于"待办流程"和"工作查询"中间，如图 5-51 所示。

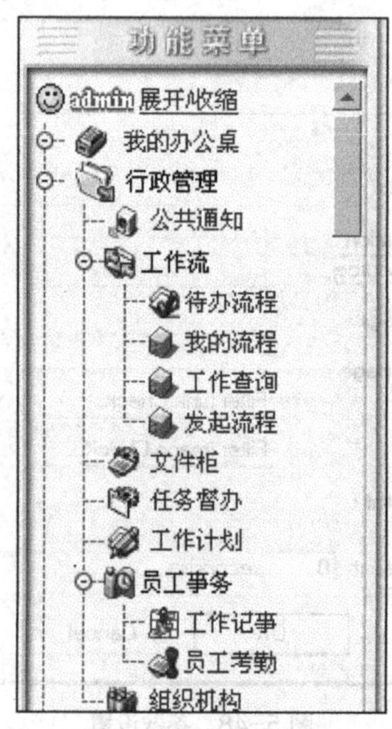

图 5-51 启动被测系统

下面通过设置 QTP“文本检查点”来确认登录后是否能显示“我的流程”字符串，且在“待办流程”和“工作查询”中间。

步骤如下。

STEP 1 启动 QTP，录制 OA 登录过程，成功登录到 OA 系统后，选择菜单“Insert”→“Checkpoint”→“Text Checkpoint”项，如图 5-52 所示。

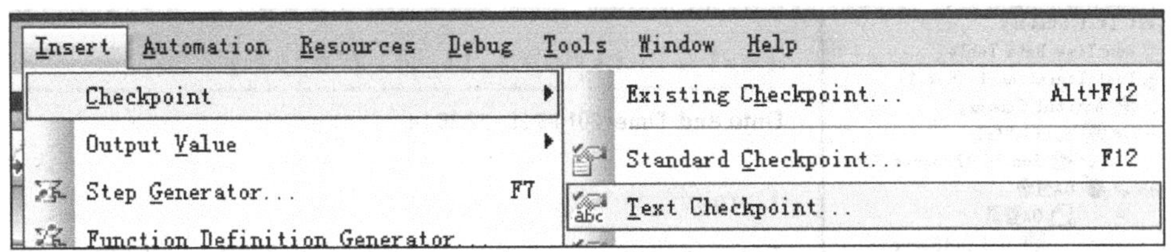

图 5-52　插入检查点

STEP 2 鼠标图标变成手型“☝”，单击要检查的字符串“我的流程”，如图 5-53 所示。

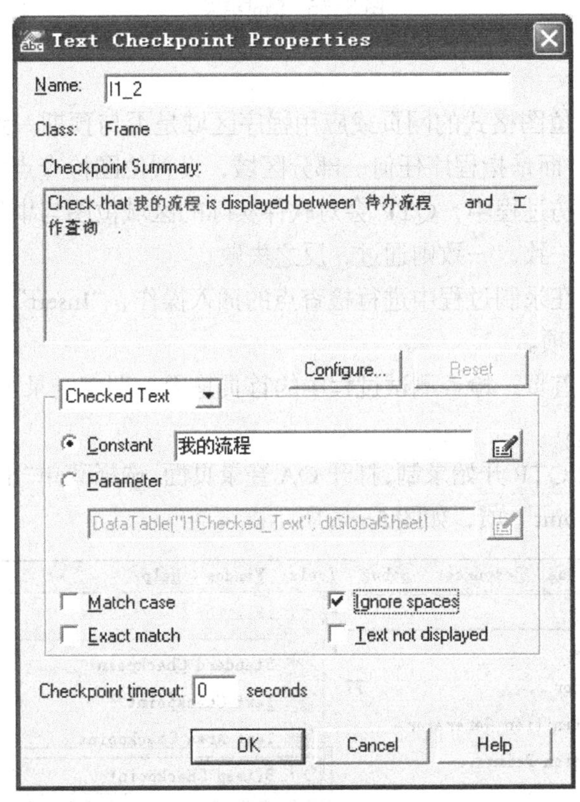

图 5-53　参数配置

STEP 3 设置要检查的字符串“我的流程”，如果检查的字符串是变化的可以使用参数“Parameter”选项。另外如果要检验选中的文本的前面一个部分，则在下拉框中选择“Text Before”；如果要检验选中的文本的后面一部分，则在下拉框中选择“Text After”。设置完成后单击【OK】按钮，关闭对话框。代码如图 5-54 所示。

```
SystemUtil.Run "C:\Program Files\Internet Explorer\iexplore.exe"
Browser("OA登录").Page("OA登录").WebEdit("pwd").SetSecure "541d8ef3a1ba3c8835fbb62452d495274499"
Browser("OA登录").Page("OA登录").Image("imageField2").Click 25,8
Browser("OA登录").Page("云网OA").Sync
Browser("OA登录").Page("云网OA").Frame("I1").Check CheckPoint("I1_2")
```

图 5-54　代码生成

STEP 4 运行生成的代码文件，测试结果如图 5-55 所示。

图 5-55　测试结果

6．位图检查点

位图检查点检查位图格式的网页或应用程序区域是否与预期一致。这里的位图检查不是指“图片检查”，而是指程序任何一部分区域，设置位图检查点时通过抓图设置成期望的内容。在脚本回访过程中，QTP 会对软件实际的区域位图与事先保存的区域位图对比，看两张位图是否一致，一致则通过，反之失败。

使用方法如下：在录制过程中进行检查点的插入操作，“Insert”→“Checkpoint”→“Bitmap Checkpoint”项。

案例：打开 OA 首页，检查测试过程中的首页是否与期望登录页面外观一致。

增加位图检查点。

STEP 1 启动 QTP 开始录制，打开 OA 登录页面。选择菜单“Insert”→“Checkpoint”→“Bitmap　Checkpoint”项，如图 5-56 所示。

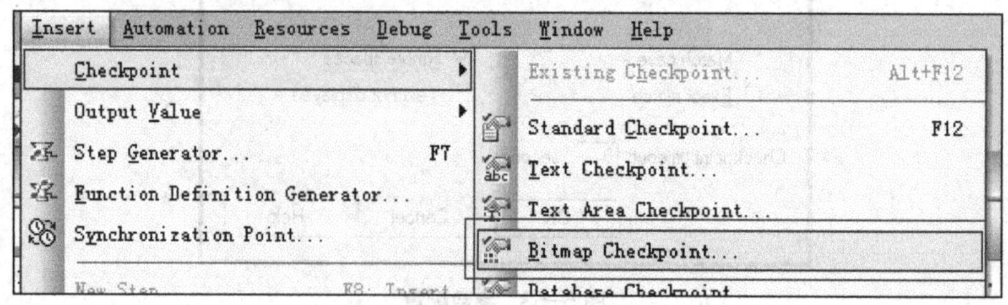

图 5-56　插入检查点

STEP 2 鼠标光标变成手型“☝”，单击要对比的区域，如图 5-57 所示。

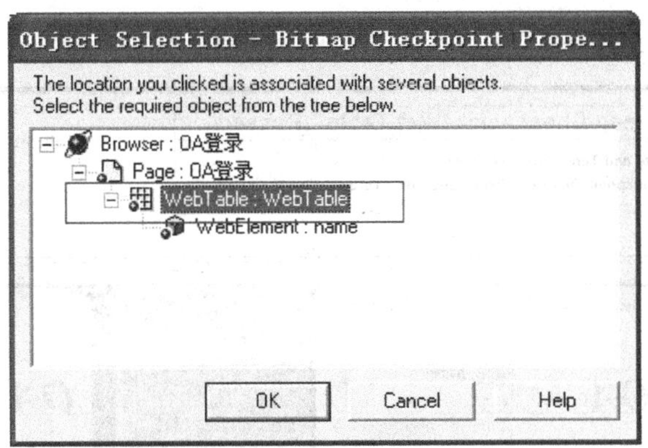

图 5-57　对象属性设置

STEP 3 选择“WebTable：WebTable”，单击【OK】按钮，弹出如图 5-58 所示对话框。

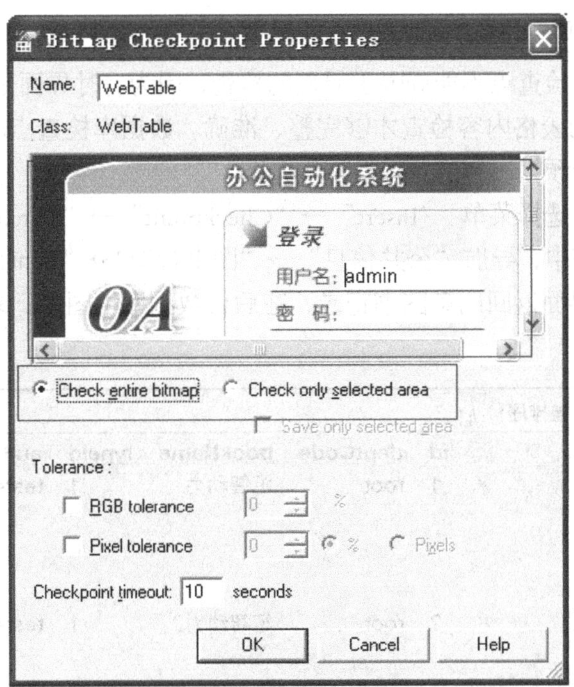

图 5-58　参数设置

STEP 4 选择要对比的区域。“Check entire bitmap”选项是对全部区域的位图做比较；“Check only selected area”选项是对比选中的区域，如果选择了此项，需要使用鼠标圈定对比区域。

单击【OK】按钮，生成的代码如图 5-59 所示。

```
SystemUtil.Run "C:\Program Files\Internet Explorer\iexplore.exe"
Browser("OA登录").Navigate "http://localhost:8081/oa/"
Browser("OA登录").Page("OA登录").WebTable("WebTable").Check CheckPoint("WebTable")
```

图 5-59　代码生成

STEP 5 运行生成的代码，测试结果如图 5-60 所示。

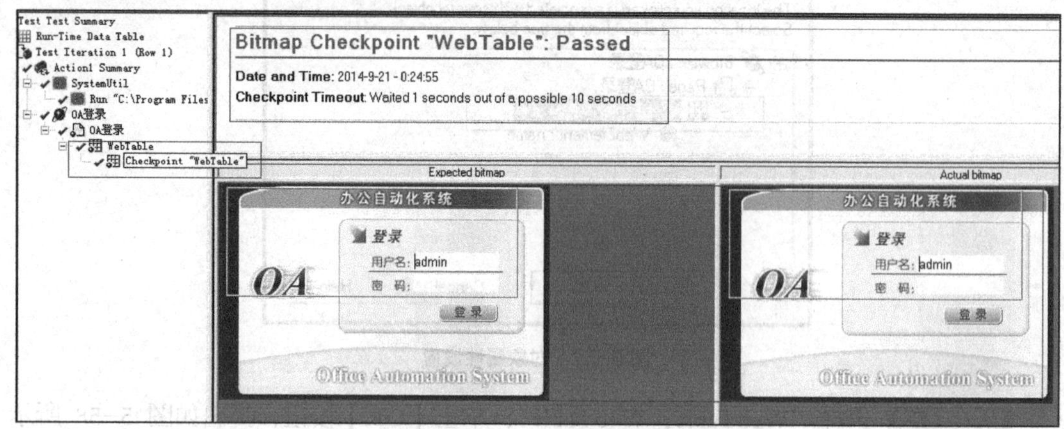

图 5-60 测试结果

7. 数据库检查点

在测试过程中，检查点不能局限于界面的检查，因为有时界面是会“骗人的”，最好是结合后台数据库的表格内容检查才够完整、准确。数据库检查点就是用于检查数据库中的表格内容是否与预期一致。

使用方法如下：选择菜单 “Insert” → “Checkpoint” → “Database Checkpoint”项。

案例：OA 系统中，导航“公共信息” → “图书管理”→ “查询图书” 功能，设置查询条件进行查询，界面返回两条图书记录，在后台数据库中图书记录保存在 “book” 表中，如图 5-61 所示。

basic_rank
blog
blog_directory
blog_user_config
blog_user_dir
boardroom
boardroom_used_status
book
book_type
cms_comment
cms_images
customer_share
department
dept_user
directory
dir_priv
document

主键排序: 无

←T→	id	deptCode	bookName	typeId	author	bookNum	pubH
□ ✎ ×	1	root	汇智动力	1	tester	1	人民邮
□ ✎ ×	2	root	汇智动力2	1	tester	2	人民邮

全选 / 全部不选 选中项：

图 5-61 启动被测系统

测试工程师在测试过程中，可以使用数据库检查点 检查数据库中是否存在这两条图书记录。

增加数据库检查点。

STEP 1 启动 QTP 开始录制，登录到 OA 系统中，并且进行“查询图书”操作，返回查询结果。录制完成以后，选择菜单“Insert”→“Checkpoint”→“Database Checkpoint”项，如图 5-62 所示。

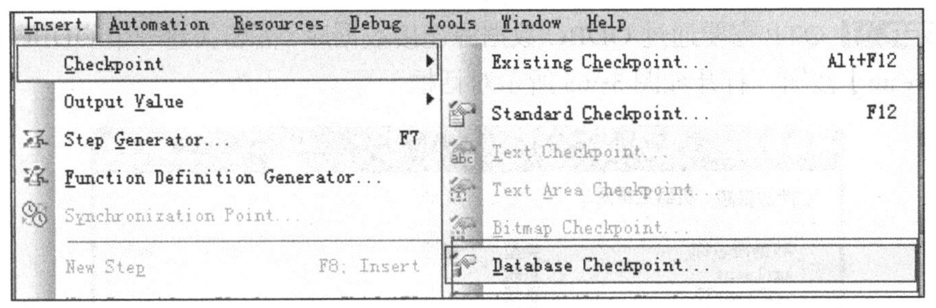

图 5-62 插入检查点

STEP 2 选择增加检查点以后，弹出如图 5-63 所示对话框。

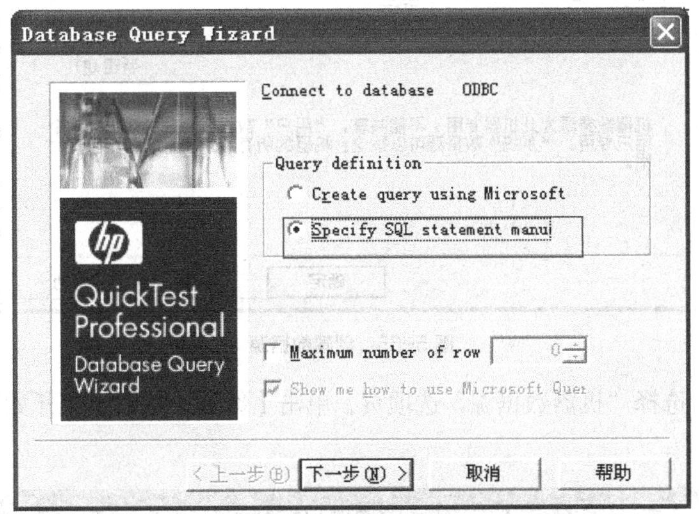

图 5-63 选择查询方式

STEP 3 选择数据查询方式，可以使用微软 SQL 查询器或者自定义 SQL 语句，使用自定义 SQL 语句比较灵活，所以在此处选择第二项，然后单击【下一步】按钮，打开如图 5-64 所示对话框。

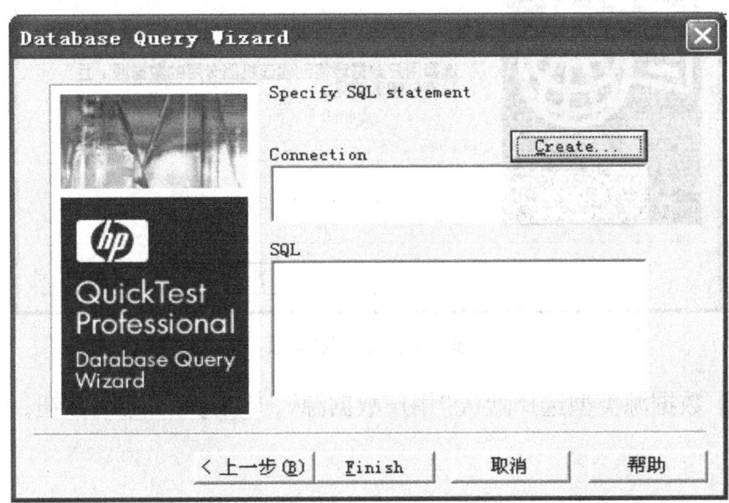

图 5-64 自定义 SQL

STEP 4 QTP 需要通过 ODBC 数据源连接数据库，需要新建一个 ODBC 数据源，单击【Create】按钮，打开如图 5-65 所示对话框。

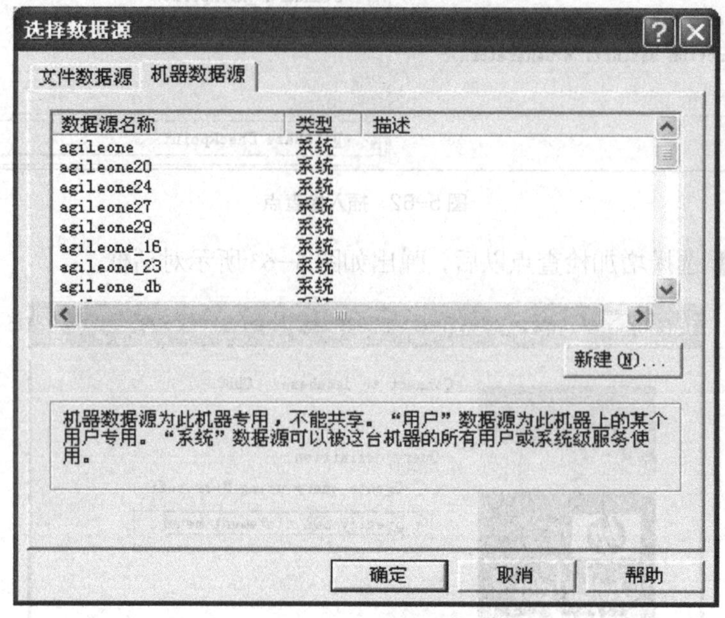

图 5-65 创建数据源

STEP 5 选择“机器数据源”选项页，单击【新建】按钮，打开如图 5-66 所示对话框。

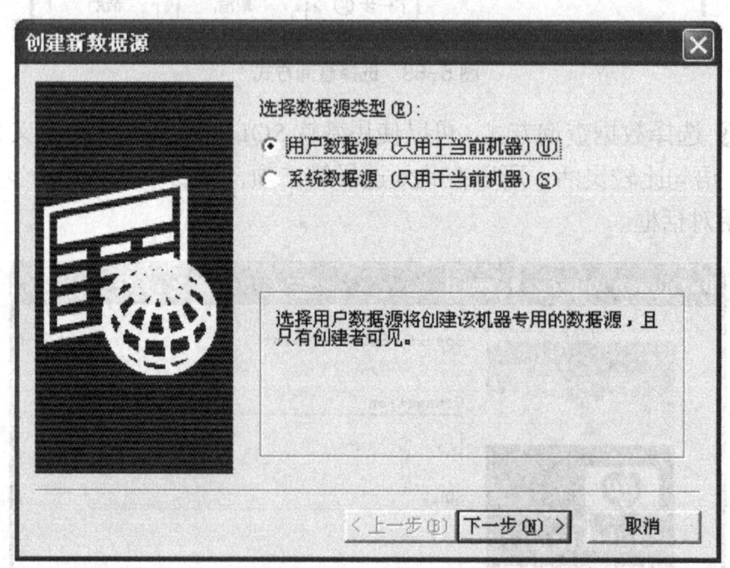

图 5-66 选择数据源

STEP 6 数据源类型选择默认“用户数据源”，单击【下一步】按钮，打开如图 5-67 所示对话框。

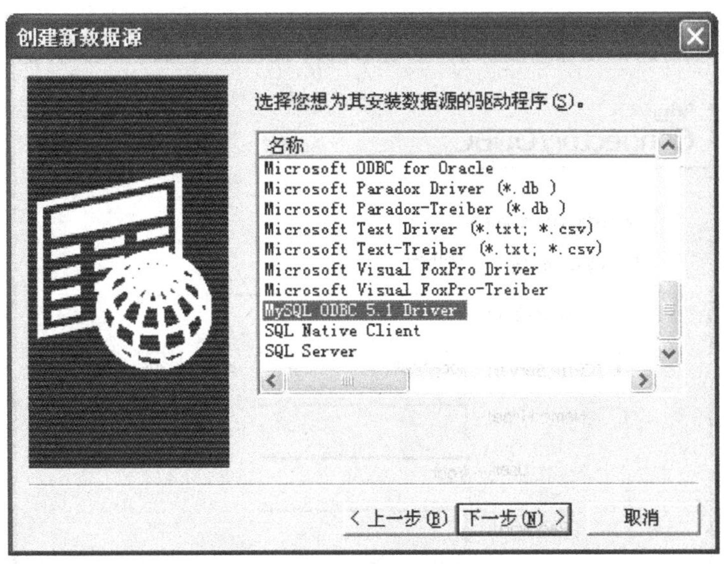

图 5-67　选择数据驱动

STEP 7 为数据源选择驱动，此处访问的是 MySQL 数据库，所以选择“MySQL ODBC 5.1 Driver”，如图 5-68 所示（因为环境不同，读者 MySQL 驱动版本可能会有不同，如果没有此驱动需要安装）。

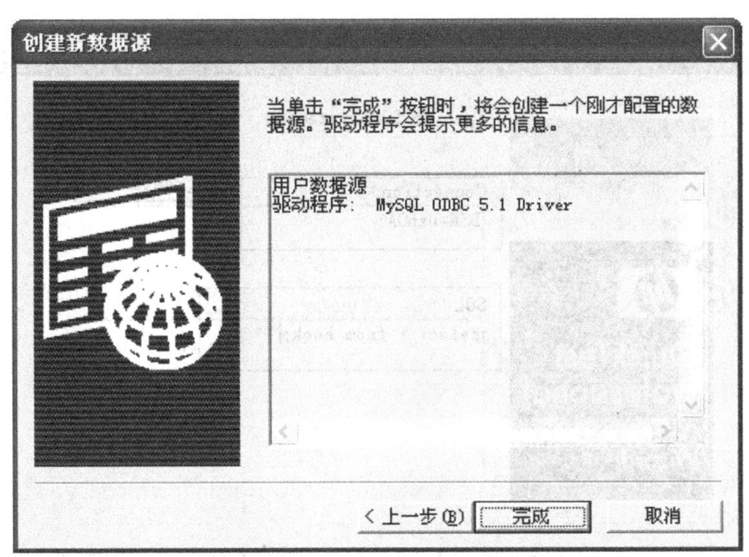

图 5-68　选择数据驱动完成

STEP 8 在如图 5-68 所示对话框中单击【完成】按钮，进入如图 5-69 所示对话框。

STEP 9 为数据源配置“数据库服务器地址”“用户名”“密码”“数据库”（OA 系统使用的数据库名称为“redmoonoa”），单击【OK】按钮，进入如图 5-70 所示对话框。

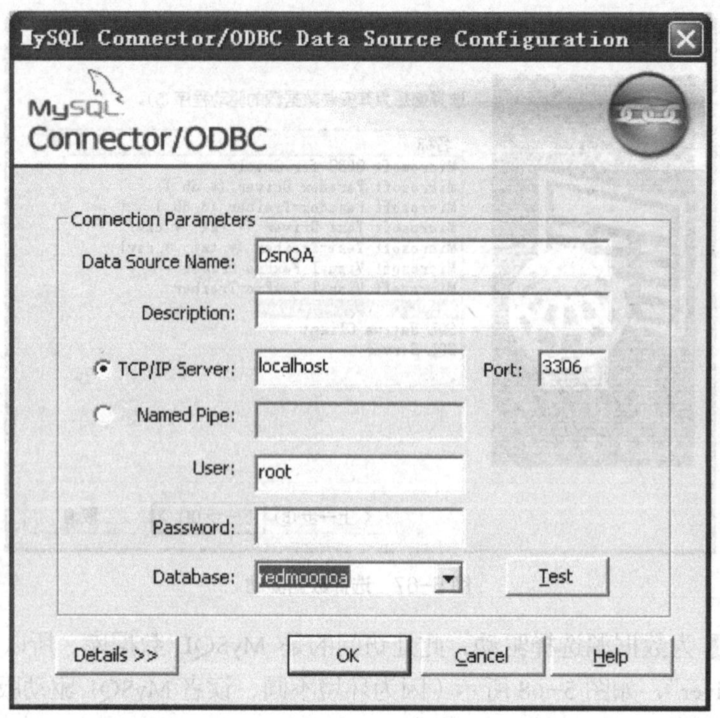

图 5-69 配置 ODBC

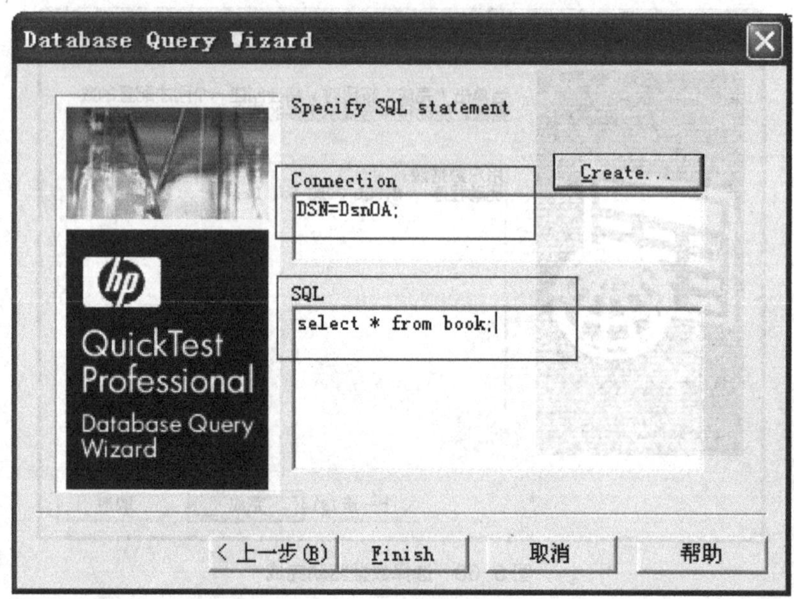

图 5-70 配置数据源

STEP 10 在对话框中输入要查询的 SQL 语句“select * from book”，单击【Finish】按钮，进入如图 5-71 所示对话框。

STEP 11 设置要检查的数据：可以设置需要检查的列、行、每个字段的内容，字段内容可以是常量或参数。单击【OK】按钮，生成如图 5-72 所示的检查点代码。

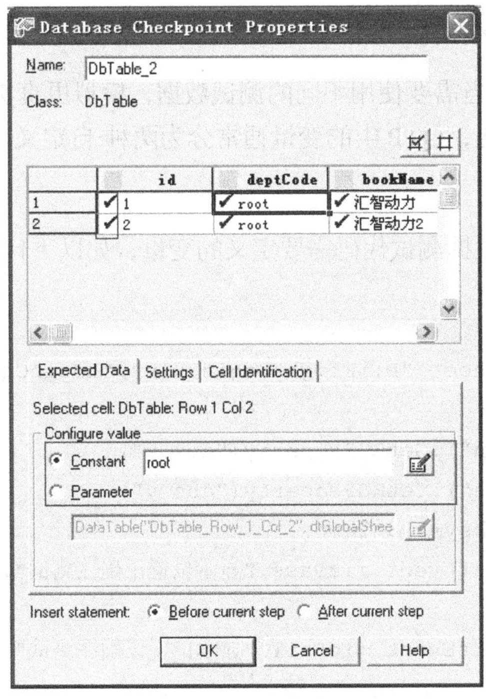

图 5-71 参数配置

```
SystemUtil.Run "C:\Program Files\Internet Explorer\iexplore.exe"
Browser("Browser").Page("Page").Sync
Browser("Browser").Navigate "http://localhost:8081/oa/"
Browser("Browser").Page("OA登录").WebEdit("pwd").SetSecure "541d9fea5fe76068305673047b5bf4d03e15"
Browser("Browser").Page("OA登录").Image("imageField2").Click 25,7
Browser("Browser").Page("云网OA").Frame("I1").Link("查询图书").Click
Browser("Browser").Page("云网OA").Frame("mainFrame").WebList("typeId").Select "软件测试"
Browser("Browser").Page("云网OA").Frame("mainFrame").WebButton("查  询").Click
Browser("Browser").Page("云网OA").Frame("mainFrame_2").WebTable("图书类别").Check CheckPoint("图书类别")
DbTable("DbTable_2").Check CheckPoint("DbTable_2")
```

图 5-72 代码生成

STEP 12 运行自动化测试脚本，得到测试结果如图 5-73 所示。

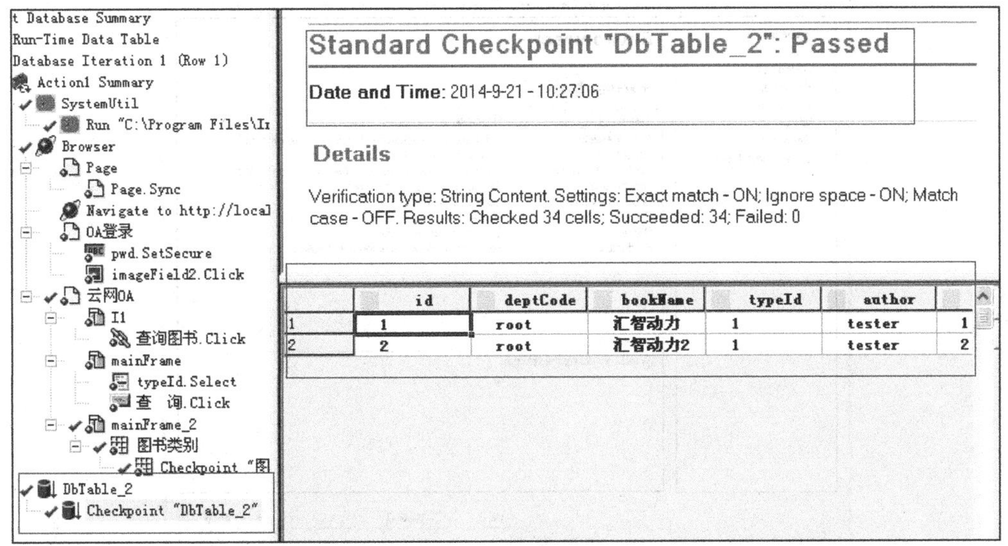

图 5-73 测试结果

5.3.4 变量与参数化

QTP 测试过程中，当需要使用不同的测试数据，模拟更真实的业务流程时，可使用参数化功能将常量变量化，QTP 中的变量通常分为两种:自定义变量与环境变量。

1．自定义变量

自定义变量为用户根据测试代码需要定义的变量，如以下代码。

```
Option explicit
Dim absx,absy
datatable.ImportSheet "D:\FlightLogin.xls","LoginCase","Action1"
'显示位置正确性测试
absx=dialog("Login").GetROProperty("abs_x")
absy=dialog("Login").GetROProperty("abs_y")
If absx=480 and absy=298 Then
    reporter.ReportEvent micPass,"显示位置正确性测试","窗口显示位置正确"
else
    reporter.ReportEvent micFail,"显示位置正确性测试","窗口显示位置错误"
End If
```

absx 与 absy 即是用户自定义的登录窗口在终端显示的 x 与 y 坐标。

测试人员在自定义变量时，与其他编程语言一样，需首先声明该变量，然后再使用（虽然 VBS 语言支持不定义直接使用，但最好不要这么做）。

2．环境变量

测试工程师根据业务测试需要自定义变量外，QTP 还提供了环境变量供用户选用。环境变量分为两种：一种是自定义环境变量，另一种则是内建变量。

环境变量设定功能在 QTP 的菜单 File 下的 Settings 中，如图 5-74 所示。

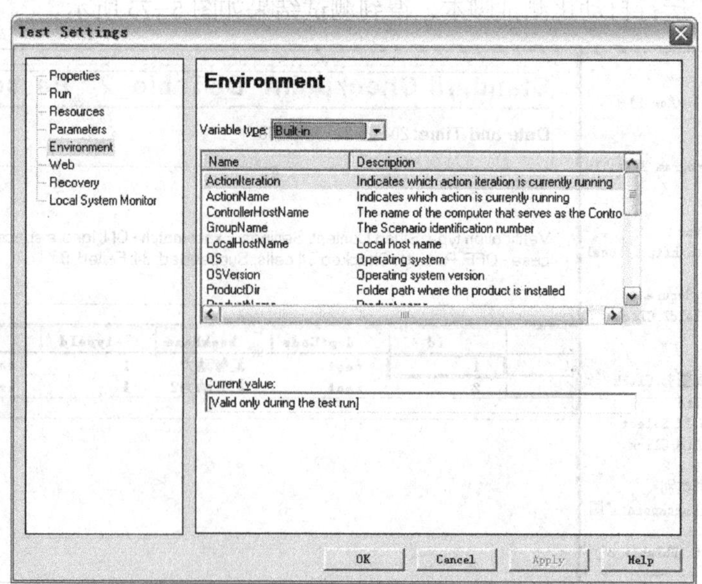

图 5-74 环境变量设置

STEP 1 自定义环境变量。

当需利用环境变量来传递数据信息时，可进行该变量的创建及使用。在 Variable type 中选择“User-defined”，出现如图 5-75 所示对话框。

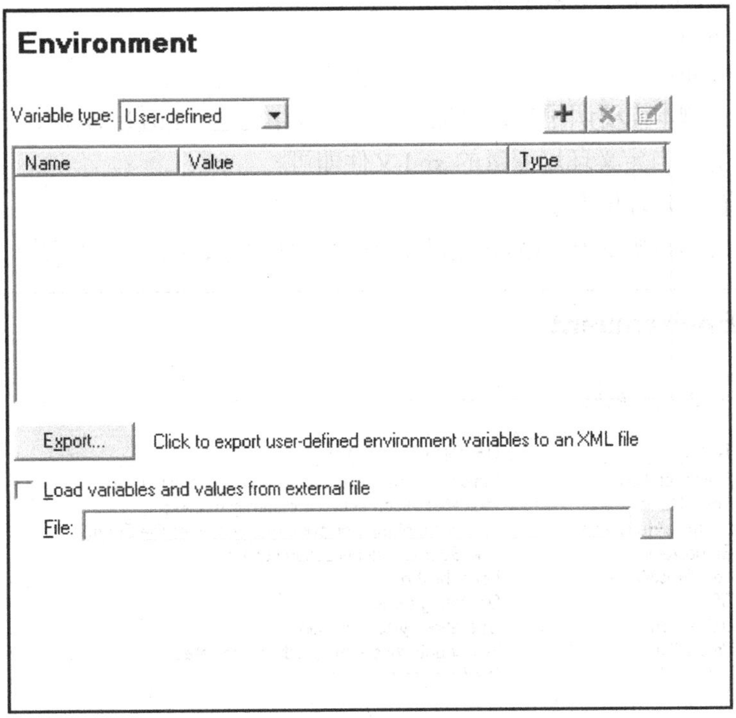

图 5-75　用户自定义环境变量

以 OA 系统新建图书类别功能为例，测试工程师可创建自定义环境变量 booktype，单击图 5-75 中的+，出现如图 5-76 所示对话框。

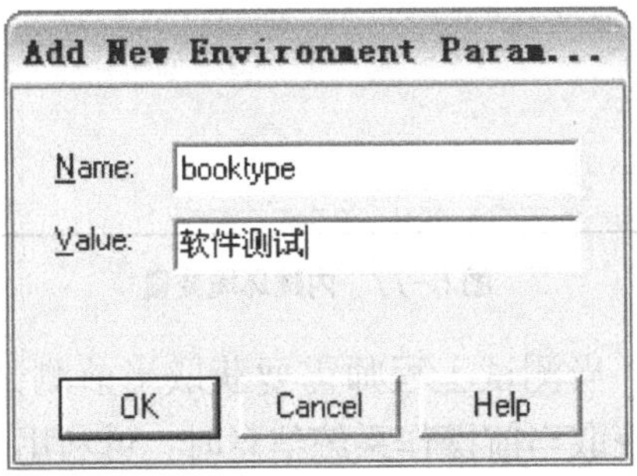

图 5-76　添加自定义环境变量

在“Name”处输入自定义环境变量的名称，如此处的“booktype”“Value”处输入对应的变量值，如“软件测试”，确认无误后单击【OK】按钮即完成用户自定义变量。

为了方便其他脚本调用该自定义环境变量，测试工程师可利用“Export”功能将自定义的环境变量保存为 xml 格式的文件，此处定义的图书类别保存为 xml 格式后的内容如下：

```
<Environment>
  <Variable>
        <Name>booktype</Name>
        <Value>软件测试</Value>
  </Variable>
</Environment>
```

当其他测试脚本需要调用时，仅需在图 5- 75 中勾选“Load variables and values from external file”，导入自定义环境变量的 xml 文件即可。

STEP 2 内建环境变量。

除了自定义环境变量外，QTP 提供了 21 个内建变量，如图 5-77 所示。

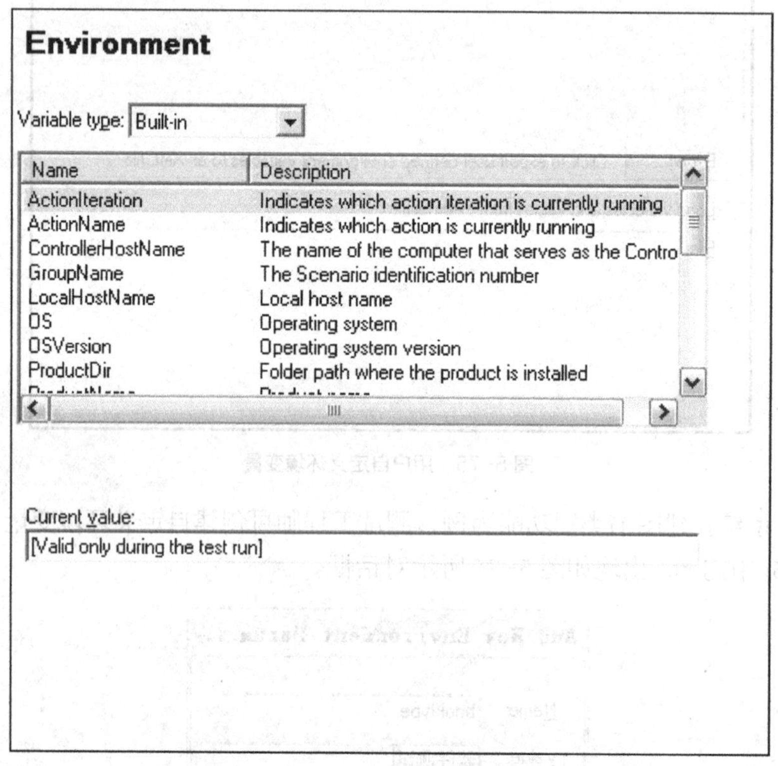

图 5-77 内建环境变量

在内建的环境变量中，当测试工程师需要获取当前测试脚本所在路径时，可利用“TestDir”变量，如果需要获取当前操作系统信息时，可利用“OS”变量。其他变量可查阅 QTP 帮助，了解每个内建环境变量的具体含义。

在了解了 QTP 的环境变量图形设置方法后，来看看如何使用这些环境变量，不论是用户自定义环境变量，还是内建变量，如果在代码中调用的话，则需通过 Environment 对象的相关方法进行操作。

3．Environment 对象

Environment 包括 ExternalFileName、LoadFromFile、Value 3 个属性。

（1）ExternalFileName 属性。

该属性返回在“测试设置”或“业务组件设置”对话框的“环境”选项卡中指定的已加载外部环境变量文件的名称。如果没有加载外部环境变量文件，则返回一个空字符串。其使用语法如下：

```
Environment.ExternalFileName
```

以 OA 系统登录功能中的用户名及密码使用环境变量 logindata.xml 为例。测试工程师在调用 logindata.xml 环境变量时，首先利用 ExternalFileName 属性检查是否加载了环境变量 logindata.xml 文件，如果没有加载，则进行加载，然后显示用户名及密码值。

```
Dim logindata
logindata = Environment.ExternalFileName
If (logindata = "") Then
    Environment.LoadFromFile("D:\oa\testdata\logindata.xml")
End If
'显示用户名及密码值
msgbox Environment("username")
msgbox Environment("password")
```

其中 logindata.xml 格式如下：

```
<Environment>
    <Variable>
        <Name>password</Name>
        <Value>111111</Value>
    </Variable>
    <Variable>
        <Name>username</Name>
        <Value>admin</Value>
    </Variable>
</Environment>
```

（2）LoadFromFile 属性。

该属性用来加载指定的环境变量文件。环境变量文件必须是使用以下语法的 XML 文件：

```
<Environment>
      <Variable>
           <Name> EnvironmentName</Name>
           <Value> EnvironmentValue</Value>
      </Variable>
</Environment>
```

LoadFromFile 的使用语法如下：

```
Environment.LoadFromFile(Path)
```

Path 是需加载的环境变量文件路径，如上例中的“D:\oa\testdata\logindata.xml”。

以加载登录环境变量 logindata.xml 为例，代码如下：

```
Environment.LoadFromFile("D:\oa\testdata\logindata.xml")
```

（3）Value 属性。

Value 属性是期望设置或获取的环境变量值。测试工程师可以根据需要获取任何自定义或内建的何环境变量值。但需注意的是，仅能对自定义的环境变量进行赋值操作，内建变量仅能只读。

Value 属性的使用语法如下：

```
'设置自定义变量值
Environment.Value(VariableName) = NewValue
'获取已加载的环境变量的值：
CurrValue = Environment.Value (VariableName)
```

以 OA 系统增加图书类别为例，设置自定义环境变量“booktype”值为“探索性测试”，然后将“booktype”的值输出，代码如下：

```
Environment.Value("booktype")="探索性测试"
Ebooktype =Environment.Value("booktype ")
Msgbox Ebooktype
```

5.3.5 描述性编程

测试工程师在录制脚本时，QTP 会自动将被测对象添加到对象库中。只要对象存在于对象库中，测试工程师便可在专家视图中使用该对象进行手动添加脚本。在脚本中，QTP 一般使用对象的名称作为对象描述。

以 OA 系统为例，在下面的语句中“pwd”是一个编辑框的名称。这个编辑框位于页面“OA 登录”之上，同时该页面又属于名为“OA 系统”的浏览器。

```
Browser("OA 系统").Page("OA 登录").WebEdit("pwd").Set "111111"
```

对象库中对象的名称是唯一的，因此测试工程师只要在脚本中指定对象的名称即可。QTP 根据指定的对象名称以及它的父对象在对象库中找到该对象（Test Object），然后根据对象库中对象的详细描述从被测试程序中查找并识别对象（Run Object）。

当然，利用对象库进行对象识别并不是唯一的对象识别渠道，QTP 提供了根据对象的属性及属性值识别对象的方法，一般称之为描述性编程。

当对象不存在于对象库之中，而测试工程师又希望操作该对象时，编程性描述就非常有用。如果有多个对象，它们具有某些相同的属性，通过描述性编程，则可以在这些对象上进行相同的操作；或者某个对象的属性无法确定，需要在运行过程中指定，测试工程师也可使用描述性编程对该对象进行操作。

QTP 中描述性编程有两种方法：一是在代码中直接列出对象的属性及属性值；二是使用 Description 对象。

1．直接描述法

在语句中不使用对象的名称，直接对对象的属性及属性值列举。通常语法如下：

```
TestObject("PropertyName1:=PropertyValue1","…","PropertyNameN:=PropertyValueN")
```

TestObject：指的是测试对象的类名

PropertyName:=PropertyValue：指的是测试对象的属性及值。每对 property:=value 用双引号标记，并用逗号隔开。Property Value 可以是常量，也可是变量。

以 OA 系统登录功能为例，直接描述法代码如下：

```
Browser("OA登录").Page("title:=OA登录").WebEdit("name:=name").Set "admin"
Browser("OA登录").Page("title:=OA登录").WebEdit("name:=pwd").Set "111111"
Browser("OA登录").Page("OA登录").Image("image type:=Image Button").Click 27,5
```

需要注意的是，某个对象使用了描述性编程方法进行操作时，该对象及其子对象都必须使用描述性编程，否则会出现对象无法识别的错误。以上述代码为例，如果改成下列代码则会出错，name 及 pwd 两个对象无法识别，如图 5-78 所示。

```
Browser("OA登录").Page("title:=OA登录").WebEdit("name").Set "admin"
Browser("OA登录").Page("title:=OA登录").WebEdit("pwd").Set "111111"
Browser("OA登录").Page("OA登录").Image("image type:=Image Button").Click 27,5
```

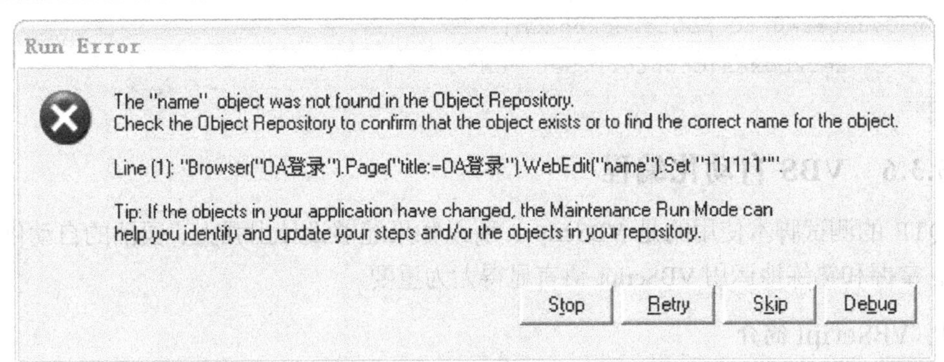

图 5-78 描述性编程错误示例

2. Description 对象

除了使用直接描述法来识别对象外，还可使用 Description 对象进行识别。

Description 对象返回一个 Properties collection 对象，该集合对象包括一系列 Property 对象。每个 Property 对象由 Property name 及 value 组成。设置完成后在语句中用 Properties collection 对象替代被测对象的名称即可。

创建 Properties collection，使用 Description Create 语句，语法如下：

```
Set DesObject = Description.Create()
```

同样以 OA 系统登录功能为例，使用 Description 对象识别代码如下：

```
Set username = Description.Create()
username("name").Value = "name"
Set password = Description.Create()
password("name").Value = "pwd"
Browser("OA登录").Page("OA登录").username.Set "admin"
Browser("OA登录").Page("OA登录").password.Set "111111"
Browser("OA登录").Page("OA登录").Image("Image Button").Click 27,5
```

3. Description 子集

通过 Description 对象的 ChildObjects 方法可以获取指定对象下的所有子对象，或只获取那些符合描述性编程的子对象。例如，测试工程师需批量勾选复选框时，即可利用 ChildObjects 方法。

Description 对象 ChildObjects 语法如下：

```
Set MySubSet=TestObject.ChildObjects(MyDescription)
```

以 OA 系统图书类别删除功能为例，下面代码利用 QTP 选中网页中的所有选择框：

```
Set checkboxobj = Description.Create()
checkboxobj ("html tag").Value = "INPUT"
checkboxobj ("type").Value = "checkbox"
Set Checkboxes = Browser("OA 系 统 ").Page(" 图 书 类 别 管 理 ").
ChildObjects(checkboxobj)
NoOfcheckboxObj = Checkboxes.Count
For Counter=0 to NoOfcheckboxObj -1
      Checkboxes(Counter).Set "ON"
Next
```

5.3.6 VBS 自动化编程

QTP 的测试脚本使用的是 VBScript，所以如果能够设计出强大、灵活的自动化测试脚本，掌握和熟练地运用 VBScript 语言显得尤为重要。

1. VBScript 简介

VBS 是一种 Windows 脚本，它的全称是:Microsoft Visual Basic Script Editon.(微软公司可视化 BASIC 脚本版)，VBS 是 Visual Basic 的一个抽象子集，是系统内置的，用它编写的脚本代码不能编译成二进制文件，直接由 Windows 系统执行，高效、易学，但是大部分高级语言能干的事情，它基本上都具备，它可以使各种各样的任务自动化，可以使人们从重复琐碎的工作中解脱出来，极大地提高工作效率。

目前很多的自动化测试工具为用户提供的测试脚本编程语言都是所谓的“厂商语言”，即对某种编程语言的有限实现，或经过改造的编程语言的子集，这些语言会有很多方面的限制。而 QTP 基本完全使用了 VBScript。编写一个自动化的脚本基本由 VBScript 支持的函数库和 QTP 自带的对象和函数库组成。所以能够写出好的脚本，则必须对 VBScript 和 QTP 相关的函数库熟悉才行。

2. VBScript 基础

（1）VBScript 常量定义。

Const 语句：声明用于代替文字值的常数。

```
[Public | Private] Const constname = expression
```

参数：

➢ Public

可选项。该关键字用于在 Script 级中声明可用于所有脚本中所有过程的常数。不允许在过程中使用。

➢ Private

可选项。该关键字用于在脚本级中声明只可用在声明所在的脚本中的常数。不允许在过程中使用。

➢ constname

必选项。常数的名称，根据标准的变量命名规则。

➢ expression

必选项。文字或其他常数，或包括除 Is 外的所有算术运算符和逻辑运算符的任意组合。

说明：

在默认情况下常数是公用的。过程中的常数总是专有的，其可见性无法改变。Script 中，可用 Private 关键字来改变脚本级常数可见性的默认值。

要在同一行中声明若干个常数，可用逗号将每个常数赋值分开。用这种方法声明常数时，如果使用了 Public 或 Private 关键字，则该关键字对该行中所有常数都有效。

常数声明中不能使用变量、用户自定义的函数或 VBScript 内部函数（如 Chr）。按定义，它们不能是常数。另外也不能从含有运算符的表达式中创建常数，即只允许使用简单常数。在 Sub 或 Function 过程中声明的常数是该过程的局部常数。在过程外声明的常数是声明所在的脚本中的全局常数。可以在任何使用表达式的地方使用常数。

案例：

```
Const MyVar = 459    ' 常数默认为公有。
Private Const MyString = "HELP"   ' 定义私有常数。
Const MyStr = "Hello", MyNumber  = 3.4567   '在一行上定义多个常数。
```

注意

常数能使脚本自己支持并且容易修改。不像变量，脚本在运行时，常数不能被无意中修改。

（2）变量定义。

变量是一种使用方便的占位符，用于引用计算机内存地址，该地址可以存储脚本运行时可更改的程序信息。例如，可以创建一个名为 ClickCount 的变量来存储用户单击 Web 页面上某个对象的次数。使用变量并不需要了解变量在计算机内存中的地址，只要通过变量名引用变量就可以查看或更改变量的值。在 VBScript 中只有一个基本数据类型，即 Variant，因此所有变量的数据类型都是 Variant。

声明变量：声明变量的一种方式是使用 Dim 语句、Public 语句和 Private 语句在脚本中显式声明变量。例如：

```
Dim DegreesFahrenheit
```

声明多个变量时，使用逗号分隔变量。例如：

```
Dim Top, Bottom, Left, Right
```

另一种方式是通过直接在脚本中使用变量名这一简单方式隐式声明变量。这通常不是一个好习惯，因为这样有时会由于变量名被拼错而导致在运行脚本时出现意外的结果。因此，最好使用 Option Explicit 语句显式声明所有变量，并将其作为脚本的第一条语句。

命名规则：

变量命名必须遵循 VBScript 的标准命名规则。变量命名必须遵循：

① 第一个字符必须是字母。

② 不能包含嵌入的句点。

③ 长度不能超过 255 个字符。

④ 在被声明的作用域内必须唯一。

变量的作用域由声明它的位置决定。如果在过程中声明变量，则只有该过程中的代码可以访问或更改变量值，此时变量具有局部作用域并且是过程级变量。如果在过程之外声明变量，则该变量可以被脚本中所有过程所识别，称为 Script 级变量，具有脚本级作用域。

变量存在的时间称为存活期。Script 级变量的存活期从被声明的一刻起，直到脚本运行结束。对于过程级变量，其存活期仅是该过程运行的时间，该过程结束后，变量随之消失。在执行过程时，局部变量是理想的临时存储空间。可以在不同过程中使用同名的局部变量，这是因为每个局部变量只被声明它的过程识别。

给变量赋值：

创建如下形式的表达式给变量赋值：变量在表达式左边，要赋的值在表达式右边。例如：

```
B = 200
```

（3）数组变量定义。

数组变量声明：

```
Dim A(10)
```

虽然括号中显示的数字是 10，但由于在 VBScript 中所有数组都是基于 0 的，所以这个数组实际上包含 11 个元素。在基于 0 的数组中，数组元素的数目总是括号中显示的数目加 1。这种数组被称为固定大小的数组。

```
Dim MyTable(5, 10)
```

数组并不仅限于一维。数组的维数最大可以为 60（尽管大多数人不能理解超过 3 或 4 的维数）。声明多维数组时用逗号分隔括号中每个表示数组大小的数字。在下例中，MyTable 变量是一个有 6 行和 11 列的二维数组。

在数组中使用索引为数组的每个元素赋值。从 0~10，将数据赋给数组的元素，如下所示：

```
A(0) = 256
A(1) = 324
```

```
A(2) = 100
. . .
A(10) = 55
```

二维数组:

```
MyTable(0)( 0) = 1
MyTable(0)(1) = 1
…
```

数组变量元素的引用：同其他语言一样，VBScript 语言使用数组名加上下标来引用数组元素，例如：

```
X1= A(0)
X2= MyTable(0)( 0)
X3= MyTable(0)( 1)
…
```

动态数组的声明：也可以声明动态数组，即在运行脚本时大小发生变化的数组。对数组的最初声明使用 Dim 语句或 ReDim 语句。但是对于动态数组，括号中不包含任何数字。例如：

```
Dim MyArray()
ReDim AnotherArray()
```

要使用动态数组，必须随后使用 ReDim 确定维数和每一维的大小。在下例中，ReDim 将动态数组的初始大小设置为 25，而后面的 ReDim 语句将数组的大小重新调整为 30，同时使用 Preserve 关键字在重新调整大小时保留数组的内容。

```
ReDim MyArray(25)
. . .
ReDim Preserve MyArray(30)
```

重新调整动态数组大小的次数是没有任何限制的，尽管将数组的大小调小时，将会丢失被删除元素的数据。

（4）VBScript 数据类型。

VBScript 只有一种数据类型，称为 Variant。Variant 是一种特殊的数据类型，根据使用的方式，它可以包含不同类别的信息。因为 Variant 是 VBScript 中唯一的数据类型，所以它也是 VBScript 中所有函数的返回值的数据类型。

最简单的 Variant 可以包含数字或字符串信息。Variant 用于数字上下文中时作为数字处理，用于字符串上下文中时作为字符串处理。这就是说，如果使用看起来像是数字的数据，则 VBScript 会假定其为数字并以适用于数字的方式处理。与此类似，如果使用的数据只可能是字符串，则 VBScript 将按字符串处理。也可以将数字包含在引号 ("") 中使其成为字符串。

Variant 子类型：除简单数字或字符串以外，Variant 可以进一步区分数值信息的特定含义。例如使用数值信息表示日期或时间。此类数据在与其他日期或时间数据一起使用时，结果也总是表示为日期或时间。从 Boolean 值到浮点数，数值信息是多种多样的。Variant 包含的数值信息类型称为子类型。大多数情况下，可将所需的数据放进 Variant 中，而 Variant 也会按照最适用于其包含的数据的方式进行操作。

表 5-1 显示 Variant 包含的数据子类型。

表 5-1　Variant 包含的数据子类型

子类型	描述
Empty	未初始化的 Variant。对于数值变量，值为 0；对于字符串变量，值为零长度字符串 ("")
Null	不包括任何有效数据的 Variant
Boolean	包括 True 或 False
Byte	包括 0 ~ 255 的整数
Integer	包括−32,768 ~ 32,767 的整数
Currency	−922,337,203,685,477.5808 ~ 922,337,203,685,477.5807
Long	包括−2,147,483,648 ~ 2,147,483,647 的整数
Single	包括单精度浮点数，负数范围从 −3.402823E38 ~ −1.401298E−45，正数范围从 1.401298E−45 到 3.402823E38
Double	包括双精度浮点数，负数范围从 −1.79769313486232E308 ~ −4.94065645841247E−324，正数范围从 4.94065645841247E−324 ~ 1.79769313486232E308
Date (Time)	包括表示日期的数字，日期范围从公元 100 年 1 月 1 日到公元 9999 年 12 月 31 日
String	包括变长字符串，最大长度可为 20 亿个字符
Object	包括对象
Error	包括错误号

可以使用转换函数来转换数据的子类型。另外，可使用 VarType 函数返回数据的 Variant 子类型。

（5）VBScript 运算符。

VBScrit 也同样存在各种运算符：算数运算符（见表 5-2）、比较运算符（见表 5-3）、逻辑运算符等。

表 5-2　算数运算符

描述	符号
求幂	^
负号	−
乘	*
除	/
整除	\
求余	Mod
加	+
减	−
字符串连接	&

表 5-3 比较运算符

描述	符号
等于	=
不等于	<>
小于	<
大于	>
小于等于	<=
大于等于	>=
对象引用比较	Is

表 5-4 逻辑运算符

描述	符号
逻辑非	Not
逻辑与	And
逻辑或	Or
逻辑异或	Xor
逻辑等价	Eqv
逻辑隐含	Imp

运算符优先级：在一个表达式中进行多个运算时，每一部分都会按预先确定的顺序进行计算求解，这个顺序被称为运算符优先级。括号可改变优先级的顺序，强制优先处理表达式的某部分。括号内的操作总是比括号外的操作先被执行。但是在括号内，仍保持正常的运算符优先级。

当表达式有多种运算符时，先处理算术运算符，接着处理比较运算符，然后再处理逻辑运算符。所有比较运算符有相同的优先级，即按它们出现的顺序从左到右进行处理。算术运算符和逻辑运算符按表 5-5 所示优先级进行处理。

表 5-5 算术运算符和逻辑运算符优先级

算术	比较	逻辑
指数运算 (^)	相等 (=)	Not
负数 (-)	不等 (<>)	And
乘法和除法 (*, /)	小于 (<)	Or
整除 (\)	大于 (>)	Xor
求余运算 (Mod)	小于或等于 (<=)	Eqv
加法和减法 (+, -)	大于或等于 (>=)	Imp
字符串连接 (&)	Is	&

当乘法和除法同时出现在表达式中时，按照从左到右出现的顺序处理每个运算符。同样，当加法和减法同时出现在表达式中时，也按照从左到右出现的顺序处理每个运算符。

字符串连接运算符 (&) 不是算术运算符，但是就其优先级而言，它在所有算术运算符之后，而在所有比较运算符之前。Is 运算符是对象引用的比较运算符，它并不比较对象或对象的值，而只判断两个对象引用是否引用了相同的对象。

（6）获取变量子类型信息。

```
TypeName:
```

返回一个字符串，提供有关变量的 Variant 子类型信息。

```
TypeName(varname)
```

必选项的 varname 参数可以是任何变量。

返回值：

TypeName 函数返回值如表 5-6 所示。

表 5-6　TypeName 函数返回值

值	描述
Byte	字节值
Integer	整型值
Long	长整型值
Single	单精度浮点值
Double	双精度浮点值
Currency	货币值
Decimal	十进制值
Date	日期或时间值
String	字符串值
Boolean	Boolean 值；True 或 False
Empty	未初始化
Null	无有效数据
<object type>	实际对象类型名
Object	一般对象
Unknown	未知对象类型
Nothing	还未引用对象实例的对象变量
Error	错误

说明：

下面的示例利用 TypeName 函数返回变量信息：

```
Dim ArrayVar(4), MyType
NullVar = Null   ' 赋 Null 值
MyType = TypeName("VBScript")   ' 返回 "String"
```

```
MyType = TypeName(4)              ' 返回 "Integer"
MyType = TypeName(37.50)          ' 返回 "Double"
MyType = TypeName(NullVar)        ' 返回 "Null"
MyType = TypeName(ArrayVar)       ' 返回 "Variant()"
VarType:
```

返回指示变量子类型的值。

```
VarType(varname)
```

varname 参数可以是任何变量。

返回值：

VarType 函数返回值如表 5-7 所示。

表 5-7　VarType 函数返回值

常数	值	描述
vbEmpty	0	Empty（未初始化）
vbNull	1	Null（无有效数据）
vbInteger	2	整数
vbLong	3	长整数
vbSingle	4	单精度浮点数
vbDouble	5	双精度浮点数
vbCurrency	6	货币
vbDate	7	日期
vbString	8	字符串
vbObject	9	Automation 对象
vbError	10	错误
vbBoolean	11	Boolean
vbVariant	12	Variant（只和变量数组一起使用）
vbDataObject	13	数据访问对象
vbByte	17	字节
vbArray	8192	数组

注意

这些常数是由 VBScript 指定的。所以，这些名称可在代码中随处使用，以代替实际值。

说明：

VarType 函数从不通过自己返回 Array 的值。它总是要添加一些其他值来指示一个具体类型的数组。当 Variant 的值被添加到 Array 的值中以表明 VarType 函数的参数是一个数组时，它才被返回。例如，对一个整数数组的返回值是 2 + 8192 的计算结果，或 8194。

如果一个对象有默认属性，则 VarType(object) 返回对象默认属性的类型。

下面函数利用 VarType 函数决定变量的子类型。

```
Dim MyCheck
MyCheck = VarType(300)            ' 返回 2。
MyCheck = VarType(#10/19/62#)     ' 返回 7。
MyCheck = VarType("VBScript")     ' 返回 8。
```

3．数据类型转换

（1）ASC 函数：返回与字符串的第一个字母对应的 ANSI 字符代码。

```
Asc(string)
```

string 参数是任意有效的字符串表达式。如果 string 参数未包含字符，则将发生运行时错误。

说明：

下面例子中，Asc 返回每一个字符串首字母的 ANSI 字符代码:

```
Dim MyNumber
MyNumber = Asc("A")       '返回 65。
MyNumber = Asc("a")       '返回 97。
MyNumber = Asc("Apple")   '返回 65。
```

AscB 函数和包含字节数据的字符串一起使用。AscB 不是返回第一个字符的字符代码，而是返回首字节。AscW 是为使用 Unicode 字符的 32 位平台提供的。它返回 Unicode（宽型）字符代码，因此可以避免从 ANSI 到 Unicode 的代码转换。

（2）Chr 函数：返回与指定的 ANSI 字符代码相对应的字符。

```
Chr(charcode)
```

charcode 参数是可以标识字符的数字。

说明：

从 0～31 的数字表示标准的不可打印的 ASCII 代码。例如，Chr(10) 返回换行符。

下面例子利用 Chr 函数返回与指定的字符代码相对应的字符：

```
Dim MyChar
MyChar = Chr(65)    '返回 A。
MyChar = Chr(97)    '返回 a。
MyChar = Chr(62)    '返回 >。
MyChar = Chr(37)    '返回 %。
```

ChrB 函数与包含在字符串中的字节数据一起使用。ChrB 总返回单个字节的字符。ChrW 是为使用 Unicode 字符的 32 位平台提供的，它的参数是一个 Unicode（宽字符）的字符代码，因此可以避免将 ANSI 转化为 Unicode 字符。

（3）CBool 函数：返回表达式，此表达式已被转换为 Boolean 子类型的 Variant。

```
CBool(expression)
```

expression 是任意有效的表达式。

说明：

如果 expression 是零，则返回 False；否则返回 True。如果 expression 不能解释为数值，则将发生运行时错误。

下面的示例使用 CBool 函数将一个表达式转变成 Boolean 类型。如果表达式所计算的值非零，则 CBool 函数返回 True；否则返回 False。

```
Dim A, B, Check
A = 5: B = 5                  ' 初始化变量。
Check = CBool(A = B)           ' 复选框设为 True 。
A = 0                         ' 定义变量。
Check = CBool(A)               ' 复选框设为 False 。
```

（4）CInt 函数：返回表达式，此表达式已被转换为 Integer 子类型的 Variant。

```
CInt(expression)
```

expression 参数是任意有效的表达式。

说明：

通常，可以使用子类型转换函数书写代码，以显示某些操作的结果应被表示为特定的数据类型，而不是默认类型。例如，在出现货币、单精度或双精度运算的情况下，使用 CInt 或 CLng 强制执行整数运算。

CInt 函数用于进行从其他数据类型到 Integer 子类型的国际公认的格式转换。例如对十进制分隔符（如千分符）的识别，可能取决于系统的区域设置。

如果 expression 在 Integer 子类型可接受的范围之外，则发生错误。

下面的示例利用 CInt 函数把值转换为 Integer:

```
Dim MyDouble, MyInt
MyDouble = 2345.5678       ' MyDouble 是 Double。
MyInt = CInt(MyDouble)     ' MyInt 包含 2346。
```

CInt 不同于 Fix 和 Int 函数删除数值的小数部分，而是采用四舍五入的方式。当小数部分正好等于 0.5 时，CInt 总是将其四舍五入成最接近该数的偶数。例如，0.5 四舍五入为 0，以及 1.5 四舍五入为 2。

（5）CStr 函数：返回表达式，该表达式已被转换为 String 子类型的 Variant。

```
CStr(expression)
```

expression 参数是任意有效的表达式。

说明：

通常，可以使用子类型转换函数书写代码，以显示某些操作的结果应被表示为特定的数据类型，而不是默认类型。例如，使用 CStr 强制将结果表示为 String。

CStr 函数用于替代Str函数来进行从其他数据类型到String子类型的国际公认的格式转换。例如对十进制分隔符的识别取决于系统的区域设置。

expression 根据表 5-8 决定返回的数据。

表 5-8 返回的数据

如果 expression 为	CStr 返回
Boolean	字符串，包含 True 或 False
Date	字符串，包含系统的短日期格式日期
Null	运行时错误
Empty	零长度字符串 ("")
Error	字符串，包含跟随有错误号码的单词 Error
其他数值	字符串，包含此数字

下面的示例利用 CStr 函数把数字转换为 String:

```
Dim MyDouble, MyString
MyDouble = 437.324          ' MyDouble 是双精度值。
MyString = CStr(MyDouble)   ' MyString 包含 "437.324"。
```

4. 输入输出函数

（1）Msgbox 输出函数：在对话框中显示消息，等待用户单击按钮，并返回一个值指示用户单击的按钮。

```
MsgBox(prompt[, buttons][, title][, helpfile, context])
```

参数：

➢ prompt

作为消息显示在对话框中的字符串表达式。prompt 的最大长度大约是 1024 个字符，这取决于所使用的字符的宽度。如果 prompt 中包含多个行，则可在各行之间用回车符【(Chr(13))】、换行符（【Chr(10)】）或回车换行符的组合（【Chr(13) & Chr(10)】）分隔各行。

➢ buttons

数值表达式，是表示指定显示按钮的数目和类型、使用的图标样式，默认按钮的标识以及消息框样式的数值的总和。有关数值，请参阅“设置”部分。如果省略，则 buttons 的默认值为 0。

➢ title

显示在对话框标题栏中的字符串表达式。如果省略 title，则将应用程序的名称显示在标题栏中。

➢ helpfile

字符串表达式，用于标识为对话框提供上下文相关帮助的帮助文件。如果已提供 helpfile，则必须提供 context。在 16 位系统平台上不可用。

➢ context

数值表达式，用于标识由帮助文件的作者指定给某个帮助主题的上下文编号。如果已提供 context，则必须提供 helpfile。在 16 位系统平台上不可用。

buttons 参数可以有如表 5-9 的值。

表 5-9　buttons 参数

常数	值	描述
vbOKOnly	0	只显示确定按钮
vbOKCancel	1	显示确定和取消按钮
vbAbortRetryIgnore	2	显示放弃、重试和忽略按钮
vbYesNoCancel	3	显示是、否和取消按钮
vbYesNo	4	显示是和否按钮
vbRetryCancel	5	显示重试和取消按钮
vbCritical	16	显示临界信息图标
vbQuestion	32	显示警告查询图标
vbExclamation	48	显示警告消息图标
vbInformation	64	显示信息消息图标
vbDefaultButton1	0	第一个按钮为默认按钮
vbDefaultButton2	256	第二个按钮为默认按钮
vbDefaultButton3	512	第三个按钮为默认按钮
vbDefaultButton4	768	第四个按钮为默认按钮
vbApplicationModal	0	应用程序模式：用户必须响应消息框才能继续在当前应用程序中工作
vbSystemModal	4096	系统模式：在用户响应消息框前，所有应用程序都被挂起

第一组值(0～5)用于描述对话框中显示的按钮类型与数目；第二组值（16, 32, 48, 64）用于描述图标的样式；第三组值（0, 256, 512）用于确定默认按钮；而第四组值（0, 4096）则决定消息框的样式。在将这些数字相加以生成 buttons 参数值时，只能从每组值中取用一个数字。

MsgBox 函数返回值如表 5-10 所示。

表 5-10　MsgBox 函数返回值

常数	值	按钮
vbOK	1	确定
vbCancel	2	取消
vbAbort	3	放弃
vbRetry	4	重试
vbIgnore	5	忽略
vbYes	6	是
vbNo	7	否

说明：

如果同时提供了 helpfile 和 context，则用户可以按 F1 键以查看与上下文相对应的帮助主题。

如果对话框显示取消按钮，则按 Esc 键与单击取消的效果相同。如果对话框包含帮助按钮，则有为对话框提供的上下文相关帮助。但是在单击其他按钮之前，不会返回任何值。

当 MicroSoft Internet Explorer 使用 MsgBox 函数时，任何对话框的标题总是包含"VBScript",以便于将其与标准对话框区别开来。

下面的例子演示了 MsgBox 函数的用法：

```
Dim MyVar
MyVar = MsgBox ("Hello World!", 65, "MsgBox Example")
   ' MyVar 包含 1 或 2，这取决于单击的是哪个按钮。
```

（2）InputBox 输入函数：在对话框中显示提示，等待用户输入文本或单击按钮，并返回文本框内容。

```
InputBox(prompt[,title][,default][,xpos][,ypos][,helpfile,context])
```

参数：

➢ prompt

字符串表达式，作为消息显示在对话框中。prompt 的最大长度大约是 1024 个字符，这取决于所使用的字符的宽度。如果 prompt 中包含多个行，则可在各行之间用回车符（【Chr(13)】）、换行符（【Chr(10)】）或回车换行符的组合（【Chr(13) & Chr(10)】）以分隔各行。

➢ title

显示在对话框标题栏中的字符串表达式。如果省略 title，则应用程序的名称将显示在标题栏中。

➢ default

显示在文本框中的字符串表达式，在没有其他输入时作为默认的响应值。如果省略 default，则文本框为空。

➢ xpos

数值表达式，用于指定对话框的左边缘与屏幕左边缘的水平距离（单位为缇）。如果省略 xpos，则对话框会在水平方向居中。

➢ ypos

数值表达式，用于指定对话框的上边缘与屏幕上边缘的垂直距离（单位为缇）。如果省略 ypos，则对话框显示在屏幕垂直方向距下边缘大约三分之一处。

➢ helpfile

字符串表达式，用于标识为对话框提供上下文相关帮助的帮助文件。如果已提供 helpfile，则必须提供 context。

➢ context

数值表达式，用于标识由帮助文件的作者指定给某个帮助主题的上下文编号。如果已提供 context，则必须提供 helpfile。

说明：

如果同时提供了 helpfile 和 context，就会在对话框中自动添加“帮助”按钮。

如果用户单击确定或按下 ENTER，则 InputBox 函数返回文本框中的内容。如果用户单击取消，则函数返回一个零长度字符串 ("")。

下面例子利用 InputBox 函数显示一输入框并且把字符串赋值给输入变量：

```
Dim Input
Input = InputBox("输入名字")
MsgBox ("输入: " & Input)
```

5．类型判断函数

（1）IsNull 函数：返回 Boolean 值，指明表达式是否不包含任何有效数据 (Null)。

```
IsNull(expression)
```

expression 参数可以是任意表达式。

说明：

如果 expression 为 Null，则 IsNull 返回 True，即表达式不包含有效数据，否则 IsNull 返回 False。如果 expression 由多个变量组成，则表达式的任何组成变量中的 Null 都会使整个表达式返回 True。

Null 值指出变量不包含有效数据。Null 与 Empty 不同，后者指出变量未经初始化。Null 与零长度字符串 ("") 也不同，零长度字符串往往指的是空串。

使用 IsNull 函数可以判断表达式是否包含 Null 值。在某些情况下想使表达式取值为 True，例如 IfVar=Null 和 IfVar<>Null，但它们通常总是为 False。这是因为任何包含 Null 的表达式本身就为 Null，所以表达式的结果为 False。

下面的示例利用 IsNull 函数决定变量是否包含 Null ：

```
Dim MyVar, MyCheck
MyCheck = IsNull(MyVar)    ' 返回 False。
MyVar = Null   ' 赋为 Null。
MyCheck = IsNull(MyVar)    ' 返回 True。
MyVar = Empty    ' 赋为 Empty。
MyCheck = IsNull(MyVar)    ' 返回 False。
```

（2）IsDate 函数：返回 Boolean 值，指明某表达式是否可以转换为日期。

```
IsDate(expression)
```

expression 参数可以是任意可被识别为日期和时间的日期表达式或字符串表达式。

说明：

如果表达式是日期或可合法地转化为有效日期，则 IsDate 函数返回 True；否则函数返回 False。在 Microsoft Windows 操作系统中，有效的日期范围为公元 100 年 1 月 1 日到公元 9999 年 12 月 31 日；合法的日期范围随操作系统不同而不同。

下面的示例利用 IsDate 函数决定表达式是否能转换为日期型：

```
Dim MyDate, YourDate, NoDate, MyCheck
MyDate = "October 19, 1962": YourDate = #10/19/62#: NoDate = "Hello"
```

```
MyCheck = IsDate(MyDate)    ' 返回 True。
MyCheck = IsDate(YourDate)    ' 返回 True。
MyCheck = IsDate(NoDate)    ' 返回 False。
```

（3）IsNumeric 函数：返回 Boolean 值，指明表达式的值是否为数字。

```
IsNumeric(expression)
```

expression 参数可以是任意表达式。

说明：

如果整个 expression 被识别为数字，IsNumeric 函数返回 True；否则函数返回 False。如果 expression 是日期表达式，IsNumeric 函数返回 False。

下面的示例利用 IsNumeric 函数决定变量是否可以作为数值：

```
Dim MyVar, MyCheck
MyVar = 53    '赋值。
MyCheck = IsNumeric(MyVar)    ' 返回 True。
MyVar = "459.95"    ' 赋值。
MyCheck = IsNumeric(MyVar)    ' 返回 True。
MyVar = "45 Help"    ' 赋值。
MyCheck = IsNumeric(MyVar)    ' 返回 False。
```

（4）IsArray 函数：返回 Boolean 值，指明某变量是否为数组。

```
        IsArray(varname)
```

varname 参数可以是任意变量。

说明：

如果变量是数组，IsArray 函数返回 True；否则，函数返回 False。当变量中包含有数组时，使用 IsArray 函数很有效。

下面的示例利用 IsArray 函数验证 MyVariable 是否为一数组：

```
Dim MyVariable
Dim MyArray(3)
MyArray(0) = "Sunday"
MyArray(1) = "Monday"
MyArray(2) = "Tuesday"
MyVariable = IsArray(MyArray) ' MyVariable 包含 "True"。
```

（5）IsEmpty 函数：返回 Boolean 值，指明变量是否已初始化。

```
IsEmpty(expression)
```

expression 参数可以是任意表达式。然而，由于 IsEmpty 用于判断一个变量是否已初始化，故 expression 参数经常是一个变量名。

说明：

如果变量未初始化或显式地设置为 Empty，则函数 IsEmpty 返回 True；否则函数返回 False。如果 expression 包含一个以上的变量，总返回 False。

下面的示例利用 IsEmpty 函数决定变量是否能被初始化：

```
Dim MyVar, MyCheck
MyCheck = IsEmpty(MyVar)    ' 返回 True。
```

```
MyVar = Null    ' 赋为 Null。
MyCheck = IsEmpty(MyVar)  ' 返回 False。
MyVar = Empty   ' 赋为 Empty。
MyCheck = IsEmpty(MyVar)  ' 返回 True。
```

6．字符串处理函数

（1）Len 函数：返回字符串内字符的数目，或是存储一变量所需的字节数。

```
Len(string | varname)
```

参数：

➢ string

任意有效的字符串表达式。如果 string 参数包含 Null，则返回 Null。

➢ varname

任意有效的变量名。如果 varname 参数包含 Null，则返回 Null。

说明：

下面的示例利用 Len 函数返回字符串中的字符数目：

```
Dim MyString
MyString = Len("VBSCRIPT") 'MyString 包含 8。
```

LenB 函数与包含在字符串中的字节数据一起使用。LenB 不是返回字符串中的字符数，而是返回用于代表字符串的字节数。

（2）LTrim 函数：返回不带前导空格的字符串副本。

```
LTrim(string)
```

string 参数是任意有效的字符串表达式。如果 string 参数中包含 Null，则返回 Null。

说明：

下面的示例利用 LTrim 函数除去字符串开始的空格：

```
Dim MyVar
MyVar = LTrim("   vbscript ")   'MyVar 包含 "vbscript "。
```

（3）Rtrim 函数：返回不带后续空格的字符串副本。

同 LTrim

说明：

下面的示例利用 RTrim 函数除去字符串尾部空格：

```
Dim MyVar
MyVar = RTrim("   vbscript ")   'MyVar 包含 "   vbscript"。
```

（4）Trim 函数：返回不带前导与后续空格 (Trim) 的字符串副本。

```
Trim(string)
```

同 LTrim

说明：

下面的示例利用 Trim 函数除去字符串开始和尾部空格：

```
Dim MyVar
MyVar = Trim("   vbscript ")    'MyVar 包含 "vbscript"。
```

（5）Split 函数：返回基于 0 的一维数组，其中包含指定数目的子字符串。

```
Split(expression[, delimiter[, count[, start]]])
```

参数：

➢ expression

必选项。字符串表达式，包含子字符串和分隔符。如果 expression 为零长度字符串，Split 返回空数组，即不包含元素和数据的数组。

➢ delimiter

可选项。用于标识子字符串界限的字符。如果省略，使用空格 ("") 作为分隔符。如果 delimiter 为零长度字符串，则返回包含整个 expression 字符串的单元素数组。

➢ count

可选项。被返回的子字符串数目，-1 指示返回所有子字符串。

➢ compare

可选项。指示在计算子字符串时使用的比较类型的数值。有关数值，请参阅"设置"部分。

设置：

compare 参数可以有如表 5-11 的值。

表 5-11　compare 参数

常数	值	描述
vbBinaryCompare	0	执行二进制比较
vbTextCompare	1	执行文本比较

7．时间处理函数

（1）Date 函数：返回当前系统日期。

下面的示例利用 Date 函数返回当前系统日期：

```
Dim MyDate
MyDate = Date    ' MyDate 包含当前系统日期。
```

（2）Day 函数：返回 1～31 之间的一个整数（包括 1 和 31），代表某月中的一天。

```
Day(date)
```

date 参数是任意可以代表日期的表达式。如果 date 参数中包含 Null，则返回 Null。

下面例子利用 Day 函数得到一个给定日期月的天数：

```
Dim MyDay
MyDay = Day("October 19, 1962")    'MyDay 包含 19。
```

（3）Month 函数：返回 1～12 之间的一个整数（包括 1 和 12），代表一年中的某月。

```
Month(date)
```

date 参数是任意可以代表日期的表达式。如果 date 参数中包含 Null，则返回 Null。

下面的示例利用 Month 函数返回当前月：

```
Dim MyVar
MyVar = Month(Now) ' MyVar 包含与当前月对应的数字
```

（4）Year 函数：返回一个代表某年的整数。

```
Year(date)
```

date 参数是任意可以代表日期的参数。如果 date 参数中包含 Null，则返回 Null。

下面例子利用 Year 函数得到指定日期的年份：

```
Dim MyDate, MyYear
MyDate = #October 19, 1962#   ' 分派一日期
MyYear = Year(MyDate)         ' MyYear 包含 1962
```

（5）Hour 函数：返回 0～23 之间的一个整数（包括 0 和 23），代表一天中的某一小时。

```
Hour(time)
```

time 参数是任意可以代表时间的表达式。如果 time 参数中包含 Null，则返回 Null。

下面的示例利用 Hour 函数得到当前时间的小时：

```
Dim MyTime, MyHour
MyTime = Now
MyHour = Hour(MyTime)  ' MyHour 包含
                       ' 代表当前时间的数值
```

（6）Minute 函数：返回 0～59 之间的一个整数（包括 0 和 59），代表一小时内的某一分钟。

```
Minute(time)
```

time 参数是任意可以代表时间的表达式。如果 time 参数包含 Null，则返回 Null。

下面的示例利用 Minute 函数返回小时的分钟数：

```
Dim MyVar
MyVar = Minute(Now)
```

（7）Second 函数：返回 0～59 之间的一个整数（包括 1 和 59），代表一分钟内的某一秒。

```
Second(time)
```

time 参数是任意可以代表时间的表达式。如果 time 参数中包含 Null，则返回 Null。

下面的示例利用 Second 函数返回当前秒：

```
Dim MySec
MySec = Second(Now)
  ' MySec 包含代表当前秒的数字
```

（8）Now 函数：根据计算机系统设定的日期和时间返回当前的日期和时间值。

下面的示例利用 Now 函数返回当前的日期和时间：

```
Dim MyVar
MyVar = Now ' MyVar 包含当前的日期和时间。
```

（9）Time 函数：返回 Date 子类型 Variant，指示当前系统时间。

下面的示例利用 Time 函数返回当前系统时间：

```
Dim MyTime
MyTime = Time   ' 返回当前系统时间
```

8．控制结构

（1）If...Then...Else 结构：根据表达式的值有条件地执行一组语句。

```
If condition Then statements [Else elsestatements ]
```

或者，使用块形式的语法：

```
If condition Then
[statements]
[ElseIf condition-n Then
[elseifstatements]] . . .
[Else
[elsestatements]]
End If
```

参数：

➢ condition

一个或多个下面两种类型的表达式：数值或字符串表达式，其运算结果是 True 或 False。如果 condition 是 Null，则 condition 被视为 False。形如 TypeOf objectname Is objecttype 的表达式。objectname 是任何对象的引用，而 objecttype 则是任何有效的对象类型。如果 objectname 是 objecttype 所指定的一种对象类型，则表达式为 True；否则为 False。

➢ Statements

如果 condition 为 True 时，执行一条或多条（以冒号分开）语句。

➢ condition-n

同 condition。

➢ elseifstatements

如果相关的 condition-n 为 True 时，执行一条或多条语句。

➢ elsestatements

如果前面没有 condition 或 condition-n 表达式为 True 时，执行一条或多条语句。

使用条件语句和循环语句可以控制脚本的流程。使用条件语句可以编写进行判断和重复操作的 VBScript 代码。在 VBScript 中可使用以下条件语句：

使用 If...Then...Else 进行判断

If...Then...Else 语句用于计算条件是否为 True 或 False，并且根据计算结果指定要运行的语句。通常，条件是使用比较运算符对值或变量进行比较的表达式。有关比较运算符的详细信息，请参阅比较运算符。If...Then...Else 语句可以按照需要进行嵌套。

① 条件为 True 时运行语句：要在条件为 True 时运行单行语句，可使用 If...Then...Else 语句的单行语法。下例示范了单行语法。请注意此例省略了关键字 Else。

```
Sub FixDate()
    Dim myDate
    myDate = #2/13/95#
    If myDate < Now Then myDate = Now
End Sub
```

要运行多行代码，必须使用多行（或块）语法。多行（或块）语法包含 End If 语句，如下所示：

```
Sub AlertUser(value)
   If value = 0 Then
      AlertLabel.ForeColor = vbRed
      AlertLabel.Font.Bold = True
      AlertLabel.Font.Italic = True
   End If
End Sub
```

② 条件为 True 和 False 时分别运行某些语句：可以使用 If...Then...Else 语句定义两个可执行语句块：条件为 True 时运行某一语句块，条件为 False 时运行另一语句块。

```
Sub AlertUser(value)
   If value = 0 Then
      AlertLabel.ForeColor = vbRed
      AlertLabel.Font.Bold = True
      AlertLabel.Font.Italic = True
   Else
      AlertLabel.Forecolor = vbBlack
      AlertLabel.Font.Bold = False
      AlertLabel.Font.Italic = False
   End If
End Sub
```

③ 对多个条件进行判断：If...Then...Else 语句的一种变形，允许您从多个条件中选择，即添加 ElseIf 子句以扩充 If...Then...Else 语句的功能，使您可以控制基于多种可能的程序流程。例如：

```
Sub ReportValue(value)
   If value = 0 Then
      MsgBox value
   ElseIf value = 1 Then
      MsgBox value
   ElseIf value = 2 then
      Msgbox value
   Else
      Msgbox "数值超出范围！"
   End If
```

可以添加任意多个 Else If 子句以提供多种选择。使用多个 Else If 子句经常会变得很累赘。在多个条件中进行选择的更好方法是使用 Select Case 语句。

（2）Select Case 结构：根据表达式的值执行几组语句之一。

```
Select Case testexpression
[Case expressionlist-n
[statements-n]] . . .
[Case Else expressionlist-n
[elsestatements-n]]
```

```
End Select
```

参数：

```
testexpression
```

任意数值或字符串表达式。

```
expressionlist-n
```

如 Case 出现则必选项。一个或多个表达式的分界列表。

```
statements-n
```

当 testexpression 与 expressionlist-n 中的任意部分匹配时，执行一条或多条语句。

```
elsestatements-n
```

当 testexpression 与 Case 子句的任何部分都不匹配时，执行一条或多条语句。

说明：

如果 testexpression 与任何 Case expressionlist 表达式匹配，则执行此 Case 子句和下一个 Case 子句之间的语句，对于最后的子句，则会执行该子句到 End Select 之间的语句，然后控制权会转到 End Select 之后的语句。如 testexpression 与多个 Case 子句中的 expressionlist 表达式匹配，则只有第一个匹配后的语句被执行。

Case Else 用于指示若在 testexpression 和任何其他 Case 选项的 expressionlist 之间未找到匹配，则执行 elsestatements。虽然不是必要的，但最好是将 Case Else 语句置于 Select Case 块中以处理不可预见的 testexpression 值。如果没有 Case expressionlist 与 testexpression 匹配且无 Case Else 语句，则继续执行 End Select 之后的语句。

Select Case 语句可以是嵌套的，每一层嵌套的 Select Case 语句必须有与之匹配的 End Select 语句。

下面举例说明如何使用 Select Case 语句:

```
Dim Color, MyVar
Sub ChangeBackground (Color)
    MyVar = lcase (Color)
    Select Case MyVar
        Case "red"     document.bgColor = "red"
        Case "green"   document.bgColor = "green"
        Case "blue"    document.bgColor = "blue"
        Case Else      MsgBox "选择另一种颜色"
    End Select
End Sub
```

（3）使用循环语句控制程序执行：循环用于重复执行一组语句。循环可分为三类：一类在条件变为 False 之前重复执行语句，一类在条件变为 True 之前重复执行语句，另一类按照指定的次数重复执行语句。

在 VBScript 中可使用下列循环语句：

```
Do...Loop: 当（或直到）条件为 True 时循环。
While...Wend: 当条件为 True 时循环。
```

```
For...Next: 指定循环次数，使用计数器重复运行语句。
For Each...Next: 对于集合中的每项或数组中的每个元素，重复执行一组语句。
```

（4）使用 Do 循环：可以使用 Do...Loop 语句多次（次数不定）运行语句块。当条件为 True 时或条件变为 True 之前，重复执行语句块。

① 当条件为 True 时重复执行语句：While 关键字用于检查 Do...Loop 语句中的条件。有两种方式检查条件：在进入循环之前检查条件（如下面的 ChkFirstWhile 示例）；或者在循环至少运行完一次之后检查条件（如下面的 ChkLastWhile 示例）。在 ChkFirstWhile 过程中，如果 myNum 的初始值被设置为 9 而不是 20，则永远不会执行循环体中的语句。在 ChkLastWhile 过程中，循环体中的语句只会执行一次，因为条件在检查时已经为 False。

```
Sub ChkFirstWhile()
    Dim counter, myNum
    counter = 0
    myNum = 20
    Do While myNum > 10
        myNum = myNum - 1
        counter = counter + 1
    Loop
    MsgBox "循环重复了 " & counter & " 次。"
End Sub
Sub ChkLastWhile()
    Dim counter, myNum
    counter = 0
    myNum = 9
    Do
        myNum = myNum - 1
        counter = counter + 1
    Loop While myNum > 10
    MsgBox "循环重复了 " & counter & " 次。"
End Sub
```

② 重复执行语句直到条件变为 True：Until 关键字用于检查 Do...Loop 语句中的条件。有两种方式检查条件：在进入循环之前检查条件（如下面的 ChkFirstUntil 示例）；或者在循环至少运行完一次之后检查条件（如下面的 ChkLastUntil 示例）。只要条件为 False，就会进行循环。

```
Sub ChkFirstUntil()
    Dim counter, myNum
    counter = 0
    myNum = 20
    Do Until myNum = 10
        myNum = myNum - 1
```

```
        counter = counter + 1
    Loop
    MsgBox "循环重复了 " & counter & " 次。"
End Sub
Sub ChkLastUntil()
    Dim counter, myNum
    counter = 0
    myNum = 1
    Do
        myNum = myNum + 1
        counter = counter + 1
    Loop Until myNum = 10
    MsgBox "循环重复了 " & counter & " 次。"
End Sub
```

退出循环

Exit Do 语句用于退出 Do...Loop 循环。因为通常只是在某些特殊情况下要退出循环（例如要避免死循环），所以可在 If...Then...Else 语句的 True 语句块中使用 Exit Do 语句。如果条件为 False，循环将照常运行。

在下面的示例中，myNum 的初始值将导致死循环。If...Then...Else 语句检查此条件，防止出现死循环。

```
Sub ExitExample()
    Dim counter, myNum
        counter = 0
        myNum = 9
        Do Until myNum = 10
            myNum = myNum - 1
            counter = counter + 1
            If myNum < 10 Then Exit Do
        Loop
        MsgBox "循环重复了 " & counter & " 次。"
End Sub
```

（5）使用 For...Next：For...Next 语句用于将语句块运行指定的次数。在循环中使用计数器变量，该变量的值随每一次循环增加或减少。

例如，下面的示例将过程 MyProc 重复执行 50 次。For 语句指定计数器变量 x 及其起始值与终止值。Next 语句使计数器变量每次加 1。

```
Sub DoMyProc50Times()
    Dim x
    For x = 1 To 50
        MyProc
    Next
End Sub
```

关键字 Step 用于指定计数器变量每次增加或减少的值。在下面的示例中，计数器变量 j 每次加 2。循环结束后，total 的值为 2、4、6、8 和 10 的总和。

```
Sub TwosTotal()
    Dim j, total
    For j = 2 To 10 Step 2
        total = total + j
    Next
    MsgBox "总和为 " & total & "。"
End Sub
```

要使计数器变量递减，可将 Step 设为负值。此时计数器变量的终止值必须小于起始值。在下面的示例中，计数器变量 myNum 每次减 2。循环结束后，total 的值为 16、14、12、10、8、6、4 和 2 的总和。

```
Sub NewTotal()
    Dim myNum, total
    For myNum = 16 To 2 Step -2
        total = total + myNum
    Next
    MsgBox "总和为 " & total & "。"
End Sub
```

Exit For 语句用于在计数器达到其终止值之前退出 For...Next 语句。因为通常只是在某些特殊情况下（例如在发生错误时）要退出循环，所以可以在 If...Then...Else 语句的 True 语句块中使用 Exit For 语句。如果条件为 False，循环将照常运行。

（6）使用 For Each...Next：For Each...Next 循环与 For...Next 循环类似。For Each...Next 不是将语句运行指定的次数，而是对于数组中的每个元素或对象集合中的每一项重复一组语句。这在不知道集合中元素的数目时非常有用。

例如：定义一个数组，数组中存放 5 个员工的编号，其中只有一个编号为空。

需要编写 For each 循环，对每个变量进行判断：如果找到该信息，就退出循环，并把编号为空的数组元素所在的位置打印出来。

```
Dim myArray(4),count
For count = 0 To 4
    myArray(count) = InputBox ("请输入员工编号")
Next
count = 0
For Each i In myArray
    If i = "" Then
        MsgBox "数组中第" & count + 1 & "个员工编号为空"
        Exit For
    End If
    count = count+1
Next
```

9．VBScript 过程

在 VBScript 中，过程被分为两类：Sub 过程和 Function 过程。

（1）Sub 过程：是包含在 Sub 和 End Sub 语句之间的一组 VBScript 语句，执行操作但不返回值。Sub 过程可以使用参数（由调用过程传递的常数、变量或表达式）。如果 Sub 过程无任何参数，则 Sub 语句必须包含空括号 ()。

下面的 Sub 过程使用两个固有的（或内置的）VBScript 函数，即 MsgBox 和 InputBox，来提示用户输入信息。然后显示根据这些信息计算的结果。计算由使用 VBScript 创建的 Function 过程完成。此过程在以下讨论之后演示。

```
Sub ConvertTemp()
   temp = InputBox("请输入华氏温度。", 1)
   MsgBox "温度为 " & Celsius(temp) & " 摄氏度。"
End Sub
```

（2）Function 过程：是包含在 Function 和 End Function 语句之间的一组 VBScript 语句。Function 过程与 Sub 过程类似，但是 Function 过程可以返回值。Function 过程可以使用参数（由调用过程传递的常数、变量或表达式）。如果 Function 过程无任何参数，则 Function 语句必须包含空括号 ()。Function 过程通过函数名返回一个值，这个值是在过程的语句中赋给函数名的。Function 返回值的数据类型总是 Variant。

在下面的示例中，Celsius 函数将华氏度换算为摄氏度。Sub 过程 ConvertTemp 调用此函数时，包含参数值的变量被传递给函数。换算结果返回到调用过程并显示在消息框中。

```
Sub ConvertTemp()
   temp = InputBox("请输入华氏温度。", 1)
   MsgBox "温度为 " & Celsius(temp) & " 摄氏度。"
End Sub
Function Celsius(fDegrees)
   Celsius = (fDegrees - 32) * 5 / 9
End Function
```

（3）过程的数据进出：给过程传递数据的途径是使用参数。参数被作为要传递给过程的数据的占位符。参数名可以是任何有效的变量名。使用 Sub 语句或 Function 语句创建过程时，过程名之后必须紧跟括号。括号中包含所有参数，参数间用逗号分隔。例如，在下面的示例中，fDegrees 是传递给 Celsius 函数的值的占位符：

```
Function Celsius(fDegrees)
   Celsius = (fDegrees - 32) * 5 / 9
End Function
```

要从过程获取数据，必须使用 Function 过程。请记住，Function 过程可以返回值，Sub 过程不返回值。

（4）在代码中使用 Sub 和 Function 过程：调用 Function 过程时，函数名必须用在变量赋值语句的右端或表达式中。例如：

```
Temp = Celsius(fDegrees)或 MsgBox "温度为 " & Celsius(fDegrees) & " 摄氏度。
```

调用 Sub 过程时，只需输入过程名及所有参数值，参数值之间使用逗号分隔。不需使用 Call 语句，但如果使用了此语句，则必须将所有参数包含在括号之中。

下面的示例显示了调用 MyProc 过程的两种方式。一种使用 Call 语句，另一种则不使用。两种方式效果相同。

```
Call MyProc(firstarg, secondarg)
MyProc firstarg, secondarg
```

请注意当不使用 Call 语句进行调用时，括号被省略。

10．文件及数据库操作

（1）文本文件操作：VBScript 对文件操作使用 FileSystemObject 对象。允许使用此对象提供的大量的属性、方法和事件，使用较熟悉的 object.method 语法来处理文件夹和文件。

创建 FileSystemObject 对象：

```
Set fso = CreateObject ("Scripting.FileSystemObject")
```

文本文件的读取案例：

```
Option Explicit
Const  ForReading = 1
Const  ForWriting = 2
Const  ForAppending = 8
Dim fso,  file,  msg
Set  fso = CreateObject ("Scripting.FileSystemObject")
Set  file =  fso.OpenTextFile ("c:\qtp_file\testdata.txt", ForReading)
Do While Not  file.AtEndOfStream
    msg =  file.ReadLine
    MsgBox msg
Loop
file.Close
Set file = Nothing
Set fso = Nothing
```

文本文件的写案例：

```
Function WriteLineToFile
    Const  ForReading = 1,  ForWriting = 2
    Dim fso,  fp
    Set  fso = CreateObject ("Scripting.FileSystemObject")
    Set    fp   =   fso.OpenTextFile   (   "c:\qtp_file\testfile.txt",
ForWriting, True)
    fp.WriteLine  "Hello world!"
    fp.WriteLine  "VBScript is fun!"
    fp.Close
    set fso=nothing
    set fp=nothing
```

```
    End Function
    WriteLineToFile
```

（2）Excel 文件的访问：创建 Excel 对象：Set xlApp = CreateObject ("Excel.Application")，通过调用 Excel 对象的方法和属性来操作 Excel 文件。

Excel 读写案例：

```
Dim xlApp, xlFile, xlSheet
Dim iRowCount, iLoop, numAdd
Set xlApp = CreateObject ("Excel.Application")
Set xlFile = xlApp.Workbooks.Open ("c:\qtp_file\data.xls")
Set xlSheet = xlFile.Sheets("Sheet1")
iRowCount = xlSheet.usedRange.Rows.Count
For iLoop = 2 To iRowCount
     numAdd = xlSheet.Cells(iLoop,1)
     MsgBox numAdd
Next
xlFile.Close
xlApp.Quit
Set xlSheet = Nothing
Set xlFile = Nothing
Set xlApp = Nothing
```

（3）数据库文件的读写：通过创建 ADODB 对象，调用此对象提供的方法和属性来操作数据库。

```
    Set Cnn = CreateObject( "ADODB.Connection" )
```

操作 Access 数据库的案例：

```
Dim Cnn, Rst, strCnn
Set Cnn = CreateObject( "ADODB.Connection" )
Set Rst = CreateObject( "ADODB.Recordset" )
strCnn="Provider=Microsoft.Jet.OLEDB.4.0.1;Data Source=C:\qtp_file\cal.
mdb; Persist Security Info=False"
Cnn.Open strCnn
Rst.Open "Select * from student", Cnn
Rst.MoveFirst
Do While Not  Rst.EOF
    MsgBox Trim(Rst.Fields("name"))
    Rst.MoveNext
Loop
Rst.Close
Cnn.Close
Set Rst = Nothing
Set Cnn = Nothing
```

11. VBScript 编码规则

编码约定是帮助您使用 Microsoft Visual Basic Scripting Edition 编写代码的一些建议。编码约定包含以下内容：

- 对象、变量和过程的命名规则；
- 注释约定；
- 文本格式和缩进指南。

使用一致的编码约定的主要原因是使脚本或脚本集的结构和编码样式标准化，这样代码易于阅读和理解。使用好的编码约定可以使源代码明白、易读、准确，更加直观且与其他语言约定保持一致。

（1）常数命名规则：VBScript 的早期版本不允许创建用户自定义常数。如果要使用常数，则常数以变量的方式实现，且全部字母大写以和其他变量区分。常数名中的多个单词用下划线 (_) 分隔。例如：

```
USER_LIST_MAX
NEW_LINE
```

这种标识常数的方法依旧可行，但您还可以选择其他方案，用 Const 语句创建真正的常数。这个约定使用大小写混合的格式，并以“con”作为常数名的前缀。例如：

```
conYourOwnConstant
```

（2）变量命名规则：为提高易读性和一致性，请在 VBScript 代码中使用如表 5-12 所示变量命名规则。

表 5-12　变量命名规则

子类型	前缀	示例
Boolean	bln	blnFound
Byte	byt	bytRasterData
Date (Time)	dtm	dtmStart
Double	dbl	dblTolerance
Error	err	errOrderNum
Integer	int	intQuantity
Long	lng	lngDistance
Object	obj	objCurrent
Single	sng	sngAverage
String	str	strFirstName

（3）变量作用域：变量应定义在尽量小的作用域中。VBScript 变量的作用域如表 5-13 所示。

表 5-13　VBScript 变量的作用域

作用域	声明变量处	可见性
过程级	事件、函数或子过程	在声明变量的过程中可见
Script 级	HTML 页面的 HEAD 部分，除任何过程之外	在脚本的所有过程中可见

（4）变量作用域前缀：随着脚本代码长度的增加，有必要快速区分变量的作用域。在类型前缀前面添加一个单字符前缀可以实现这一点，而不致使变量名过长，如表 5-14 所示。

表 5-14　变量作用域前缀

作用域	前缀	示例
过程级	无	dblVelocity
Script 级	s	sblnCalcInProgress

（5）描述性变量名和过程名：变量名或过程名的主体应使用大小写混合格式，并且尽量完整地描述其目的。另外，过程名应以动词开始，例如 InitNameArray 或 CloseDialog。

对于经常使用的或较长的名称，推荐使用标准缩写以使名称保持在适当的长度内。通常多于 32 个字符的变量名会变得难以阅读。使用缩写时，应确保在整个脚本中保持一致。例如，在一个脚本或脚本集中随意切换 Cnt 和 Count 将造成混乱。

（6）对象命名规则：表 5-15 列出了 VBScript 中可能用到的对象命名规则（推荐）。

表 5-15　对象命名规则

对象类型	前缀	示例
3D 面板	pnl	pnlGroup
动画按钮	ani	aniMailBox
复选框	chk	chkReadOnly
组合框、下拉列表框	cbo	cboEnglish
命令按钮	cmd	cmdExit
公共对话框	dlg	dlgFileOpen
框架	fra	fraLanguage
水平滚动条	hsb	hsbVolume
图像	img	imgIcon
标签	lbl	lblHelpMessage
直线	lin	linVertical
列表框	lst	lstPolicyCodes
旋钮	spn	spnPages
文本框	txt	txtLastName
垂直滚动条	vsb	vsbRate
滑块	sld	sldScale

（7）代码注释约定：所有过程的开始部分都应有描述其功能的简要注释。这些注释并不描述细节信息（如何实现功能），这是因为细节有时要频繁更改。这样就可以避免不必要的注释维护工作以及错误的注释。细节信息由代码本身及必要的内部注释来描述。

当传递给过程的参数的用途不明显，或过程对参数的取值范围有要求时，应加以说明。如果过程改变了函数和变量的返回值（特别是通过参数引用来改变），也应在过程的开始部分描述该返回值。

过程开始部分的注释应包含如表 5-16 所示区段标题。相关样例，请参阅后面的“格式化代码”部分。

表 5-16　区段标题

区段标题	注释内容
目的	过程的功能（不是实现功能的方法）
假设	其状态影响此过程的外部变量、控件或其他元素的列表
效果	过程对每个外部变量、控件或其他元素的影响效果的列表
输入	每个目的不明显的参数的解释，每个参数都应占据单独一行并有其内部注释
返回	返回值的解释

注意

- 每个重要的变量声明都应有内部注释，描述变量的用途。
- 应清楚地命名变量、控件和过程，仅在说明复杂细节时需要内部注释。
- 应在脚本的开始部分包含描述该脚本的概述，列举对象、过程、运算法则、对话框和其他系统从属物。

（8）格式化代码：应尽可能多地保留屏幕空间，但仍允许用代码格式反映逻辑结构和嵌套。

提示

- 标准嵌套块应缩进 4 个空格。
- 过程的概述注释应缩进 1 个空格。
- 概述注释后的最高层语句应缩进 4 个空格，每一层嵌套块再缩进 4 个空格。

下列代码符合 VBScript 编码规范。

```
'*********************************************************
' 目的：在 UserList 数组中
'          定位指定用户的首次出现。
' 输入：strUserList()：要搜索的用户列表。
'         strTargetUser：要搜索的用户名。
' 返回：索引 strUserList 数组中
'          strTargetUser 的首次出现。
'          如果找不到目标用户，则返回 -1。
'*********************************************************
Function intFindUser (strUserList(), strTargetUser)
    Dim i   ' Loop counter.
```

```
    Dim blnFound    ' 找到目标标志
    intFindUser = -1
    i = 0   ' 初始化循环计数器
    Do While i <= Ubound(strUserList) and Not blnFound
      If strUserList(i) = strTargetUser Then
         blnFound = True    ' 将标志设置为 True
         intFindUser = i    ' 将返回值设置成循环计数
      End If
      i = i + 1    ' 递增循环计数器
    Loop
End Function
```

5.4 QTP 自动化实践

掌握了 QTP 及 VBS 编程的基本知识后，可对 OA 系统中的功能模块设计自动化测试脚本，以该系统中的添加图书功能模块为例，运用 QTP 实施自动化功能测试。

5.4.1 脚本开发流程

针对不同的系统的业务复杂度、系统规模、系统架构、系统平台、项目进度等因素，一般来说自动化测试会采取不同的流程和开发策略。比如小型系统因为产品开发周期比较短或者版本不多，一般来说强调的是快速开发，那么一般会采用录制脚本、增强脚本方式。

如果是大型的、长期的产品。那么自动化测试强调的是脚本的重用、自动化测试扩展性、易维护性，那么可能会考虑设计一些适合的自动化框架。目前较为流行的自动化测试框架主要有两大类型，一种是实现测试功能的框架，如 HP 的 BPT。另一种是管理测试的框架，本身无法完成测试，如 IBM 的 Robot，实施自动化测试需整合其他资源，或较为流行的是用 Selenium 实现自动化测试。从执行实现角度来看，目前较为流行的有两种：数据驱动和关键字驱动。

本节会采用 OA 系统的“图书管理功能”来实践自动化测试脚本的开发。此处采用录制脚本和数据驱动框架实现短平快方式进行自动化脚本的开发。

5.4.2 录制脚本

1. IE 设置

STEP 1 启动 IE 浏览器。

STEP 2 选择菜单“工具”→“internet 选项”。

STEP 3 单击选项页“内容”，单击“自动完成”项下的【设置】按钮。

STEP 4 窗口上的复选框“地址栏”“表单”“表单上的用户名和密码”不勾选，如图 5-79 所示。

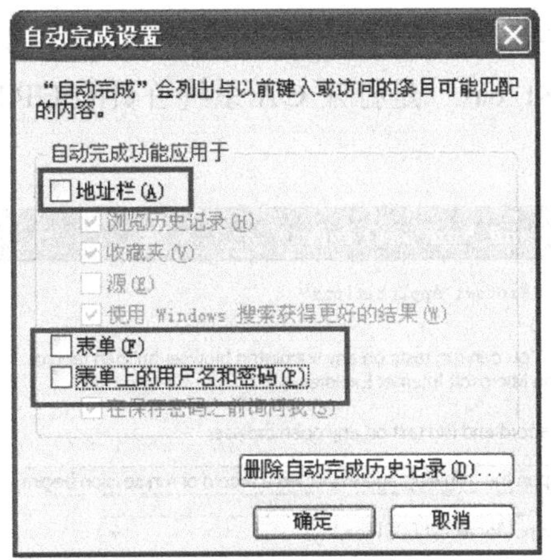

图 5-79 IE 设置

2. 录制脚本

STEP 1 启动 QTP，弹出插件管理窗口，选择插件"Web"，如图 5-80 所示。

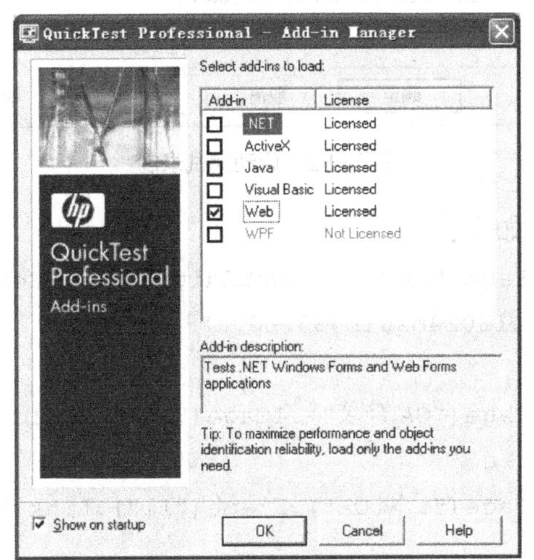

图 5-80 选择录制插件

STEP 2 单击【OK】按钮，启动 QTP。

STEP 3 单击菜单"File"→"New"→"Test"，新建一个 QTP 测试脚本，如图 5-81 所示。

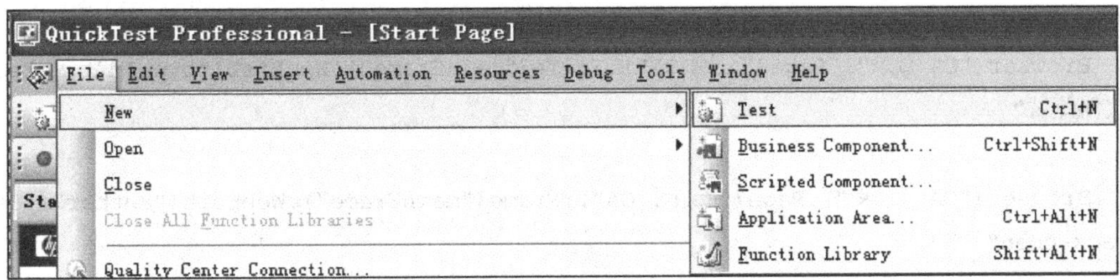

图 5-81 新建测试

STEP 4 单击工具栏按钮“● Record”，弹出录制对话框，设置如图 5-82 所示。其中“http：//localhost:8081/oa/”是打开 OA 系统首页的 URL。单击【确定】按钮开始录制脚本。

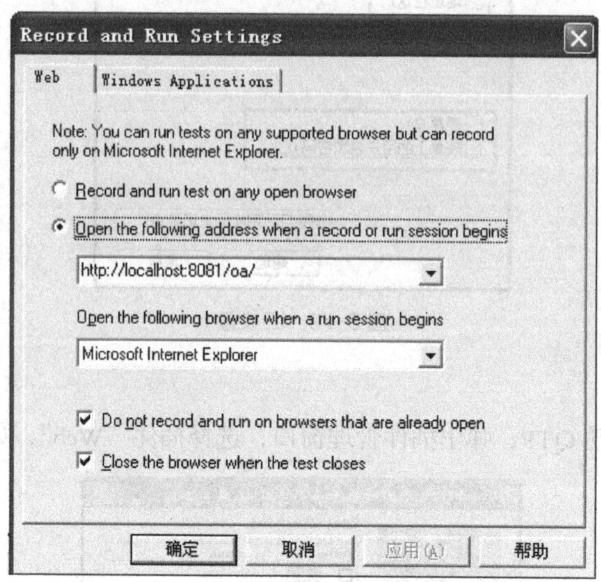

图 5-82　启动测试录制

STEP 5 录制代码如下：

```
Browser("OA登录").Page("OA登录").WebEdit("pwd").SetSecure
"548c3badfc2fbb740a13024b20164331630c"

Browser("OA登录").Page("OA登录").Image("imageField2").Click 30,6

Browser("OA登录").Page("云网OA").Frame("I1").Link("图书添加").Click

Browser("OA 登录").Page("云网 OA").Frame("mainFrame").WebEdit("bookNum").Set
"book001"

Browser("OA 登录").Page("云网 OA").Frame("mainFrame").WebEdit("bookName").Set
"software test"

Browser("OA 登录").Page("云网 OA").Frame("mainFrame").WebList("typeId").Select
"软件测试"

Browser("OA 登录").Page("云网 OA").Frame("mainFrame").WebEdit("author").Set
"jack chen"

Browser("OA 登录").Page("云网 OA").Frame("mainFrame").WebEdit("price").Set
"10.00"
```

```
Browser("OA登录").Page("云网OA").Frame("mainFrame").WebEdit("pubHouse").Set "人民邮电出版社"

Browser("OA 登录").Page("云网 OA").Frame("mainFrame").WebEdit("pubDate").Set "2014-1-1"

Browser("OA登录").Page("云网OA").Frame("mainFrame").WebEdit("brief").Set "主要介绍软件测试基本理论与方法。"

Browser("OA登录").Page("云网OA").Frame("mainFrame").WebButton("确  定").Click

Browser("OA登录").Dialog("来自网页的消息").WinButton("确定").Click
```

5.4.3 增强脚本

1．对象库对象管理

（1）修改对象库对象名称。脚本录制完成以后，对象库中的控件名称都是工具根据OA系统控件直接命名的。这样的命名及其不规范，为后期的脚本开发和维护带来不少麻烦，所以需要对对象库中的控件名称进行整理和重新命名。单击工具栏中的“ ”打开对象库，对象库内容如图5-83所示。

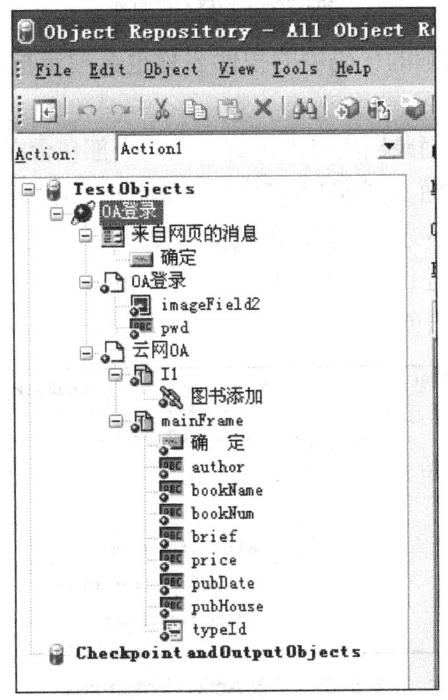

图5-83 进入对象库

下面把控件都统一使用中文命名，并且都根据控件的实际作用命名为有意义的名称，经过重新整理和命名，对象库如图 5-84 所示。

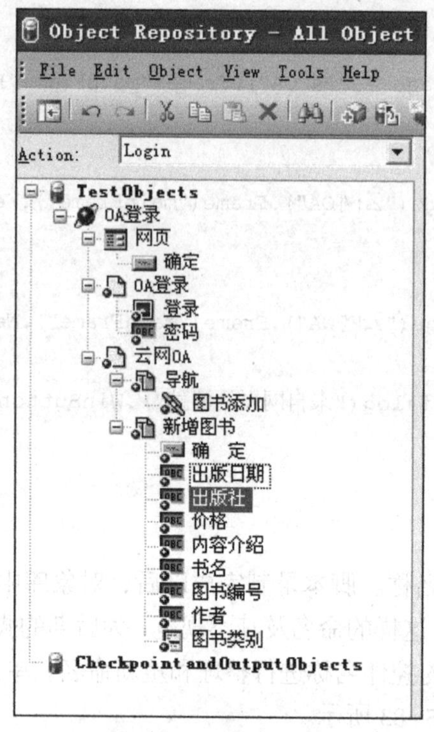

图 5-84 修改对象名称

控件名字修改后，录制的代码中的控件名称也会同步被更新，所以不需要手工去修改。

（2）拆分 Action。上面录制的自动化脚本代码全部包含在“Action1”中，其中包括了：登录、打开添加图书页面、添加图书等操作。如果所有的操作代码都存放在一个 Action 中，代码会过长，另外也不方便维护，那么就需要进行 Action 的拆分。不同的操作代码放在不同的 Action 中。此处代码拆分为两块：登录和添加图书。

STEP 1 右键单击当前 Action，选择“Action Properties”，如图 5-85 所示。

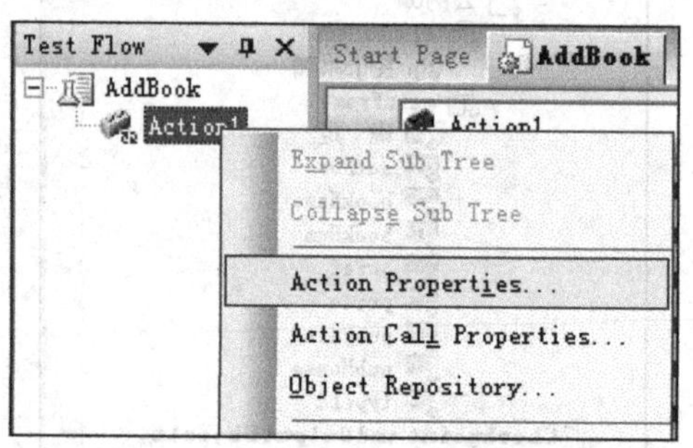

图 5-85 修改 Action Properties

STEP 2 修改名字“Action1”为“Login”，如图 5-86 所示，单击【确定】按钮。

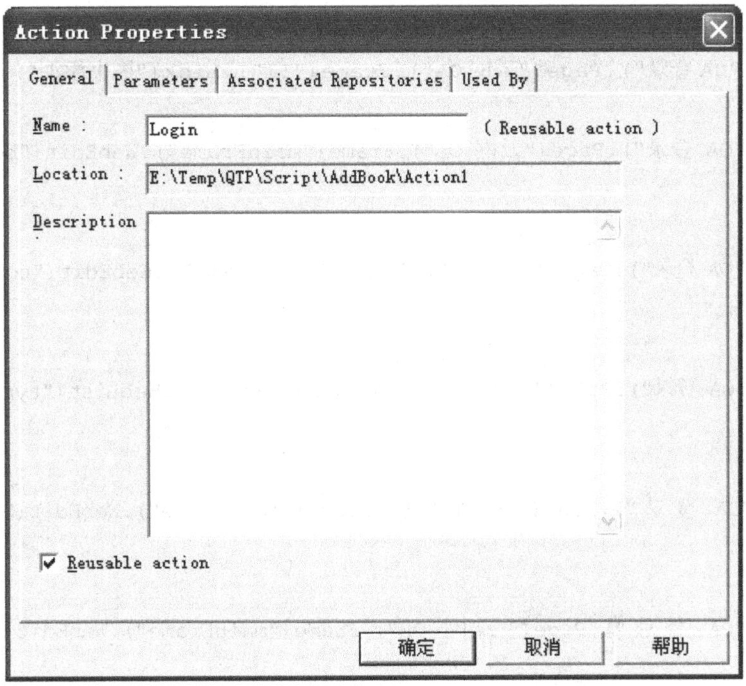

Action Properties
General | Parameters | Associated Repositories | Used By
Name : Login (Reusable action)
Location : E:\Temp\QTP\Script\AddBook\Action1
Description :
Reusable action
确定 取消 帮助

图 5-86 修改 Action 名称

STEP 3 新增图书相关代码放在另外一个 Actions 中。单击菜单“Insert”→“Call to New Action”，新增一个 Action，命名为“AddBook”，如图 5-87 所示。

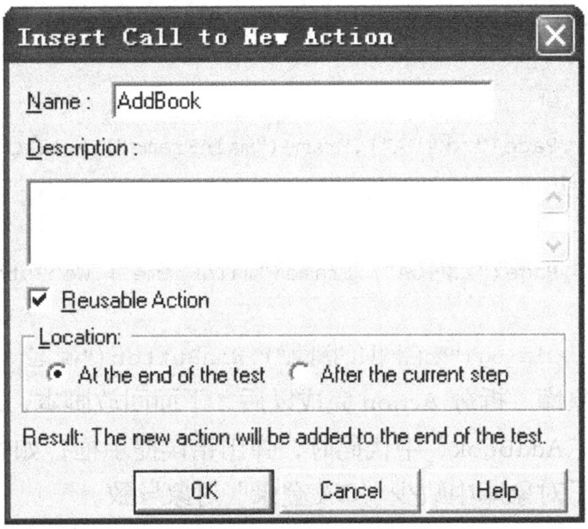

Insert Call to New Action
Name : AddBook
Description :
Reusable Action
Location:
At the end of the test After the current step
Result: The new action will be added to the end of the test.
OK Cancel Help

图 5-87 新增 Action

STEP 4 将登录相关的代码放到“Login”中，新增图书相关代码放到“AddBook”中。

Login：

```
Browser("OA登录").Page("OA登录").WebEdit("pwd").SetSecure
 "548c3badfc2fbb740a13024b20164331630c"

Browser("OA登录").Page("OA登录").Image("imageField2").Click 30,6
```

AddBook:

```
Browser("OA 登录").Page("云网 OA").Frame("I1").Link("图书添加").Click

Browser("OA 登录").Page("云网 OA").Frame("mainFrame").WebEdit("bookNum").Set "book001"

Browser("OA 登录").Page("云网 OA").Frame("mainFrame").WebEdit("bookName").Set "software test"

Browser("OA 登录").Page("云网 OA").Frame("mainFrame").WebList("typeId").Select "软件测试"

Browser("OA 登录").Page("云网 OA").Frame("mainFrame").WebEdit("author").Set "jack chen"

Browser("OA 登录").Page("云网 OA").Frame("mainFrame").WebEdit("price").Set "10.00"

Browser("OA 登录").Page("云网 OA").Frame("mainFrame").WebEdit("pubHouse").Set "人民邮电出版社"

Browser("OA 登录").Page("云网 OA").Frame("mainFrame").WebEdit("pubDate").Set "2014-1-1"

Browser("OA 登录").Page("云网 OA").Frame("mainFrame").WebEdit("brief").Set "主要介绍软件测试基本理论与方法。"

Browser("OA 登录").Page("云网 OA").Frame("mainFrame").WebButton("确　定").Click

Browser("OA 登录").Dialog("来自网页的消息").WinButton("确定").Click
```

（3）导出共享对象库。拆分 Action 完成以后，下面回放脚本，脚本“Login”中的代码成功执行，但运行“AddBook”中代码时，弹出错误提示框，如图 5-88 所示。查看错误可以确定错误是由于对象库中缺少“OA 登录”对象导致。

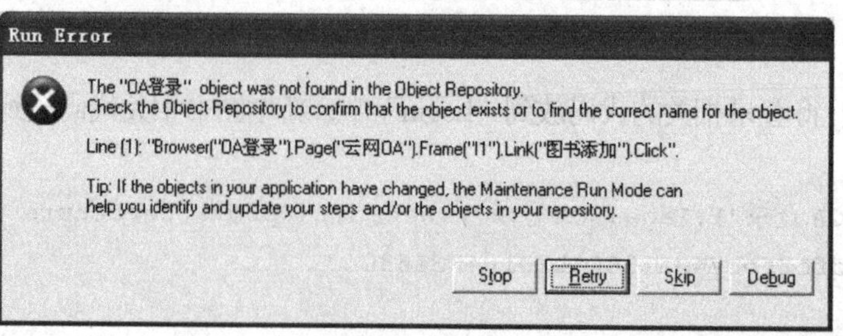

图 5-88　错误提示

单击工具栏中的“ ”打开对象库，在对象库管理器中，选择 Action 项下拉框中的“Login”“AddBook”，如图 5-89 所示。

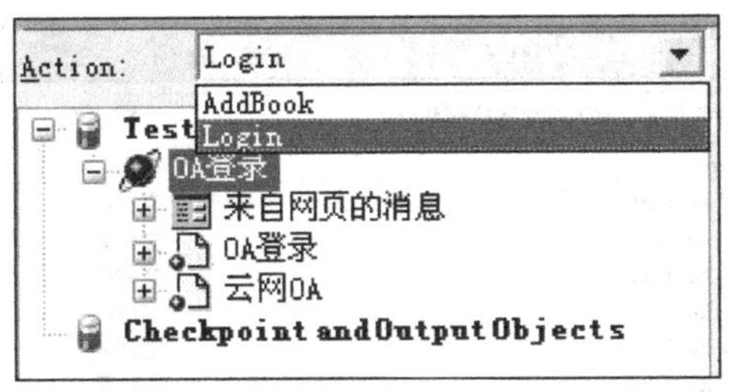

图 5-89 Action 选项

会发现“Login”下有对象存在，但是“AddBook”下没有任何对象。上面错误的原因就是因为这个原因导致，因为“AddBook”下没有对象导致此 Action 中代码运行错误。可以看出 QTP 中每个 Action 都会有自己的对象库，如图 5-90 所示。

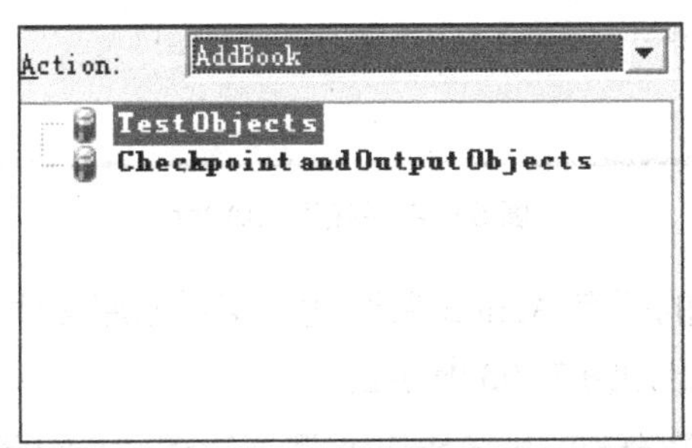

图 5-90 切换 Action

如果为每一个 Action 创建一个对象库，那么对象库会异常的庞大和复杂，维护工作将很艰难。那么如何解决这个问题呢？答案是共享对象库，让所有的 Action 使用一个共享对象库，这样就可以缩减对象库容量，也便于对象库的维护。

导出共享库操作过程如下：

STEP 1 选择对象库管理窗口菜单“File”→“Export Local Objects”，如图 5-91 所示。

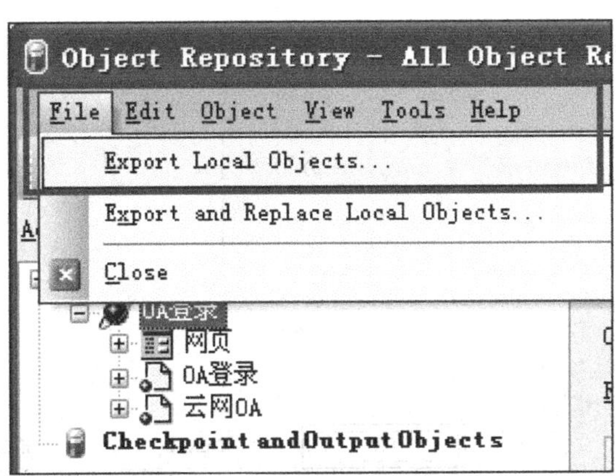

图 5-91 导出本地对象

STEP 2 给导出的对象库命名为“OA.tsr”，所有的 OA 对象保存在此文件中，如图 5-92 所示。

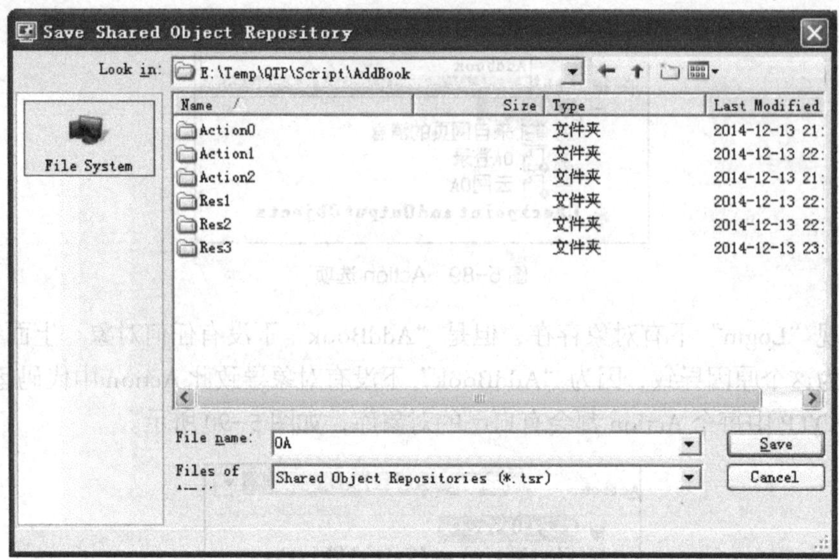

图 5-92　另存为 OA.tsr

STEP 3 给脚本中的所有 Action 关联此共享对象库文件。单击对象库管理器工具栏上的“ ”图标，弹出如图 5-93 所示窗口。

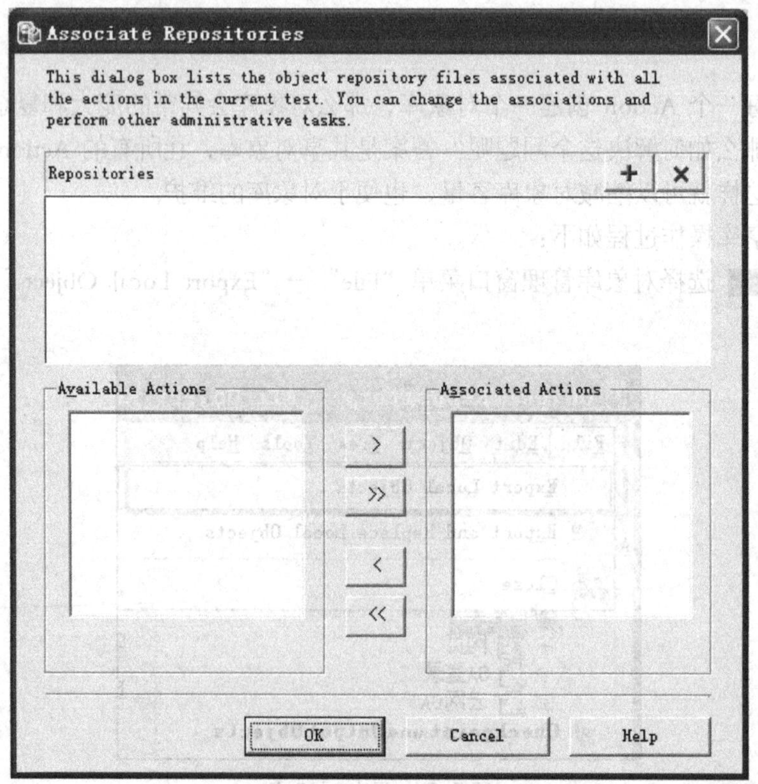

图 5-93　关联对象库

STEP 4 单击“+”，在弹出的文件浏览窗口中选择共享对象库文件“OA.tsr”。然后把脚本中所有 Action 与此共享库文件关联，关联后如图 5-94 所示。

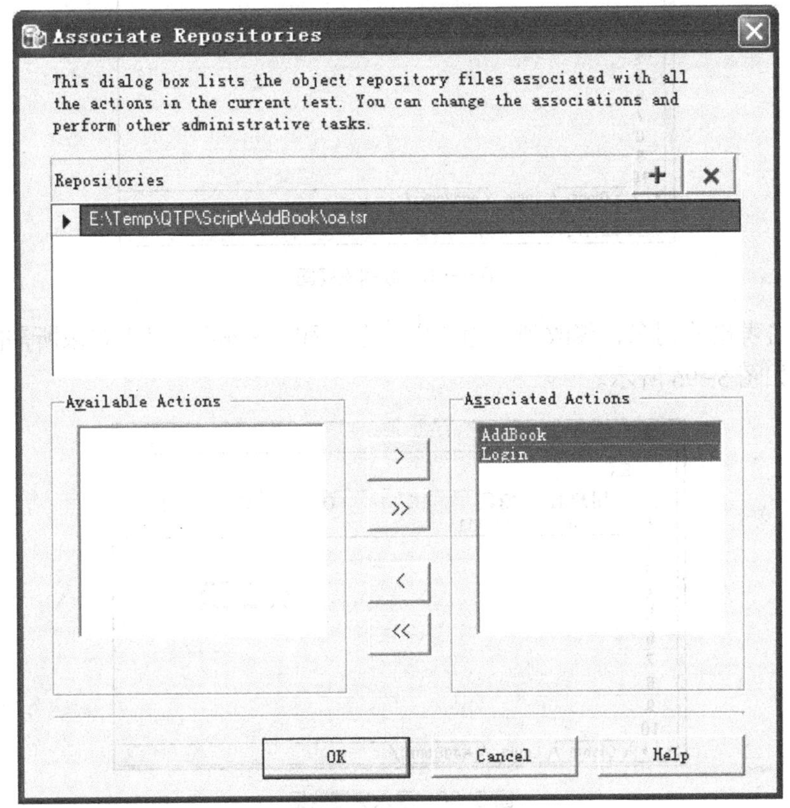

图 5-94　进行关联操作

STEP 5 关联完成以后，再次运行脚本，脚本可以运行。

2．数据驱动

回放上一节的脚本运行，脚本运行过程不会出错，但是最后会提示“添加的图书编号已经存在”。这是什么原因呢？OA 系统的添加图书对图书 ID 有唯一性的约束，所以图书 ID 是不能重复的，但是在上面的自动化脚本中图书 ID 都是写在代码中的，那么如果添加图书成功，就必须修改图书 ID。实际其他的如“图书名称”“出版社”等内容也存在相似问题，在测试过程不可能添加的图书名称等内容都是一样的。那说明上面的脚本实际还不能满足自动化测试的需要，需要对脚本做进一步的优化。

在添加图书时，脚本输入的“图书编号”和“图书名称”这一类信息实际是测试工程师需要输入的测试数据，不同的测试用例输入的测试数据是不同的。如何避免因为测试数据的不同而编写重复的代码呢？解决方法就是测试数据与测试代码的分离，使用 QTP 提供的数据驱动框架。

➢ 测试数据录入到 DataTable 中

（1）切换到 Datatable 视图中的“Login”表单，如图 5-95 所示。

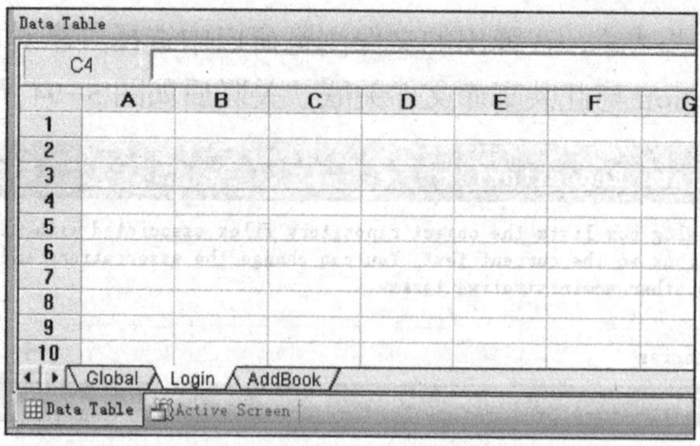

图 5-95　数据表视图

（2）双击表格的列名，修改列名为“用户名”和“密码”。录入登录所需的用户名和密码数据，如图 5-96 所示。

Data Table

E4

	用户名	密码	C	D	E	F
1	admin	111111				
2						
3						
4						
5						
6						
7						
8						
9						
10						

Global　Login　AddBook

图 5-96　录入测试数据

（3）切换到表单“AddBook”，修改列名，录入测试用例的测试数据，一个用例的测试数据占一行，如图 5-97 所示。其中各列数据就是添加图书时需要输入的内容。其中前两行数据是正常的测试用例，下面三行是异常测试用例：分别是填写重复的图书编号、不填写图书编号、不填写书名。

Data Table

L3

	图书编号	书名	图书类别	作者	价格	出版社	出版日期	内容介绍
1	book002	c#开发	软件开发	张三	50	中国邮电	2011-10-1	介绍C#开发相关内容
2	book003	汇智动力软件测试丛书	软件测试	李四	88	中国邮电	2011-10-1	介绍软件测试相关内容
3	book001	汇智动力软件测试丛书	软件测试	李四	88	中国邮电	2011-10-1	介绍软件测试相关内容
4		汇智动力软件测试丛书	软件测试	李四	88	中国邮电	2011-10-1	介绍软件测试相关内容
5	book004		软件测试	李四	88	中国邮电	2011-10-1	介绍软件测试相关内容
6								
7								
8								
9								
10								

图 5-97　录入测试数据

➢ 读取测试用例

（1）目前已经改造为测试数据录入到表格中。但前面录制的脚本测试数据还是写在代码中，下面就需要改造测试脚本代码，调整为代码从 Datatable 中读取测试数据，然后执行测试。

“Login”代码改造：

```
'原代码
'Browser("OA 登 录 ").Page("OA 登 录 ").WebEdit(" 密 码 ").SetSecure "548c3badfc2fbb740a13024b20164331630c"

'Browser("OA登录").Page("OA登录").Image("登录").Click 30,6

'更新代码
Browser("OA 登录").Page("OA 登录").WebEdit("密码").Set Datatable.Value("密码",dtLocalSheet)

Browser("OA登录").Page("OA登录").Image("登录").Click 30,6
```

注释：代码行 Browser("OA 登录").Page("OA 登录").WebEdit("密码").Set Datatable.Value("密码",dtLocalSheet)中的 Datatable.Value 是用于读取 Excel 中的数据，“密码”指定读取的列，“dtLocalSheet”指定读取的表单即和 Action 同名的表单“Login”。

以同样的方式对“AddBook”中的代码进行优化，代码如下：

“AddBook”：

```
Browser("OA登录").Page("云网OA").Frame("导航").Link("图书添加").Click

Browser("OA登录").Page("云网OA").Frame("新增图书").WebEdit("图书编号").Set Datatable.Value("图书编号",dtLocalSheet)

Browser("OA 登录").Page("云网 OA").Frame("新增图书").WebEdit("书名").Set Datatable.Value("书名",dtLocalSheet)

Browser("OA 登 录").Page("云网 OA").Frame("新增图书").WebList("图书类别").Select Datatable.Value("图书类别",dtLocalSheet)

Browser("OA 登录").Page("云网 OA").Frame("新增图书").WebEdit("作者").Set Datatable.Value("作者",dtLocalSheet)

Browser("OA 登录").Page("云网 OA").Frame("新增图书").WebEdit("价格").Set Datatable.Value("价格",dtLocalSheet)

Browser("OA 登录").Page("云网 OA").Frame("新增图书").WebEdit("出版社").Set Datatable.Value("出版社",dtLocalSheet)

Browser("OA登录").Page("云网OA").Frame("新增图书").WebEdit("出版日期").Set Datatable.Value("出版日期",dtLocalSheet)
```

```
Browser("OA登录").Page("云网OA").Frame("新增图书").WebEdit("内容介绍").Set Datatable.Value("内容介绍",dtLocalSheet)

Browser("OA 登录").Page("云网 OA").Frame("新增图书").WebButton("确 定").Click

Browser("OA登录").Dialog("网页").WinButton("确定").Click
```

（2）表单“AddBook”中有多行数据，如何保证代码会读取所有的测试用例？右键单击 Action “AddBook”，选择菜单“Action Call Properties”，如图 5-98 所示。

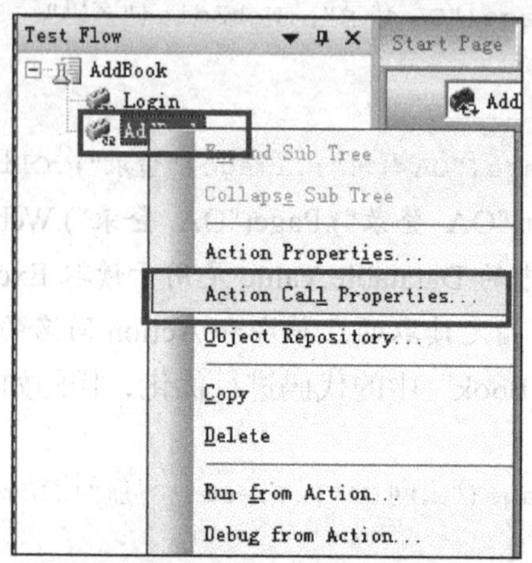

图 5-98 配置属性参数

弹出如图 5-99 所示调用属性设置窗口，可以进行 Datatable 迭代的设置。如果选择“Run one iteration only”只运行第一行用例；选择“Run all rows”则运行所有测试用例；选择“Run from row”则可以控制从第几行到第几行的测试用例运行。

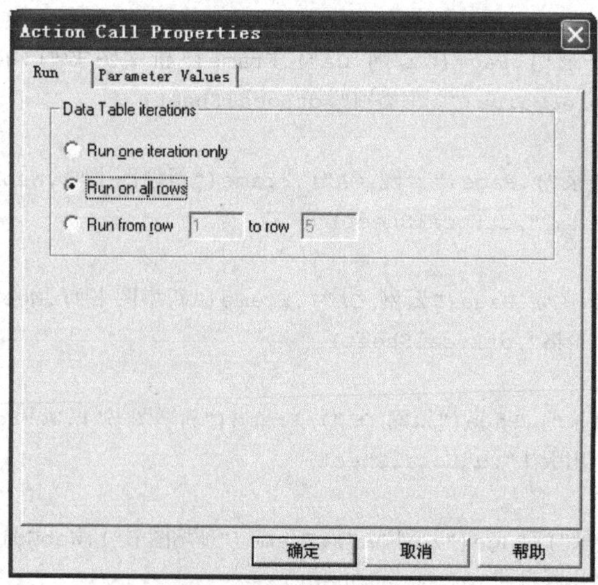

图 5-99 进行属性配置

但是这种控制方式不是很灵活，需要改变时每次都要来更改设置。可以考虑使用代码来控制运行的测试用例，下面调整代码增加循环来控制运行用例。

```
For i=1 to Datatable.GetSheet(dtLocalSheet).GetRowCount
  '设置当前要运行用例行
  Datatable.SetCurrentRow(i)

Browser("OA登录").Page("云网OA").Frame("导航").Link("图书添加").Click

Browser("OA登录").Page("云网OA").Frame("新增图书").WebEdit("图书编号").Set
Datatable.Value("图书编号",dtLocalSheet)

Browser("OA 登录").Page("云网 OA").Frame("新增图书").WebEdit("书名").Set
Datatable.Value("书名",dtLocalSheet)

Browser("OA 登录").Page("云网 OA").Frame("新增图书").WebList("图书类别
").Select Datatable.Value("图书类别",dtLocalSheet)

Browser("OA 登录").Page("云网 OA").Frame("新增图书").WebEdit("作者").Set
Datatable.Value("作者",dtLocalSheet)

Browser("OA 登录").Page("云网 OA").Frame("新增图书").WebEdit("价格").Set
Datatable.Value("价格",dtLocalSheet)

Browser("OA 登录").Page("云网 OA").Frame("新增图书").WebEdit("出版社").Set
Datatable.Value("出版社",dtLocalSheet)

Browser("OA登录").Page("云网OA").Frame("新增图书").WebEdit("出版日期").Set
Datatable.Value("出版日期",dtLocalSheet)

Browser("OA登录").Page("云网OA").Frame("新增图书").WebEdit("内容介绍").Set
Datatable.Value("内容介绍",dtLocalSheet)

Browser("OA 登录").Page("云网 OA").Frame("新增图书").WebButton("确定
").Click

Browser("OA登录").Dialog("网页").WinButton("确定").Click

Next
```

3. 检查点优化

通过前面的脚本的运行，可以成功地在 OA 系统中自动化地添加图书数据，并且做到了只写一份测试代码可以支持多个测试用例的运行，但是前面的脚本的运行目前还只能成为自动化的运行，不能成为自动化的测试。因为上面的脚本没有包含实际运行结果和期望结果自动对比的过程，没有这个过程还不算做自动化的测试。那么下面就对脚本做检查点的优化。

➢ 录入期望结果数据

首先要分析每个测试用例的操作期望结果是什么？实际每个测试用例无论是正常的用例还是异常的测试用例，在添加图书完成后 OA 系统都会弹出一个提示框，例如提示"添加成功""添加的图书编号已存在!""请您输入图书编号!"……在脚本中可以添加代码来检查弹出的提示框信息是否与预期的一致，来判断测试用例执行的结果。例如：正常的用例，期望的提示框提示语是"添加成功"。执行这个用例时如果弹出的提示语是这个内容，则可以认为用例执行成功，否则认为测试用例执行失败。没有添加图书编号的测试用例，期望的提示框提示语是"请您输入图书编号!"，如果执行了这个用例弹出提示框的提示语不是这个内容，则可以认为测试用例执行失败。

在前面的 Datatable 中测试用例最后新增一列，命名为"测试结果"。内容填写为期望的提示语，如图 5-100 所示。

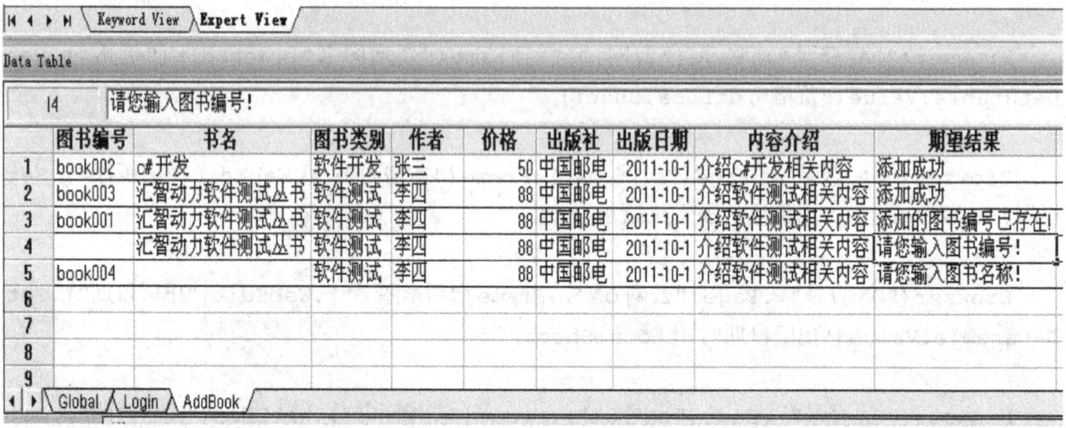

Keyword View | Expert View

Data Table

I4 请您输入图书编号!

	图书编号	书名	图书类别	作者	价格	出版社	出版日期	内容介绍	期望结果
1	book002	c#开发	软件开发	张三	50	中国邮电	2011-10-1	介绍C#开发相关内容	添加成功
2	book003	汇智动力软件测试丛书	软件测试	李四	88	中国邮电	2011-10-1	介绍软件测试相关内容	添加成功
3	book001	汇智动力软件测试丛书	软件测试	李四	88	中国邮电	2011-10-1	介绍软件测试相关内容	添加的图书编号已存在!
4		汇智动力软件测试丛书	软件测试	李四	88	中国邮电	2011-10-1	介绍软件测试相关内容	请您输入图书编号!
5	book004		软件测试	李四	88	中国邮电	2011-10-1	介绍软件测试相关内容	请您输入图书名称!
6									
7									
8									
9									

Global | Login | AddBook

图 5-100 新增测试结果列

➢ 代码中加入检查点

采集提示框中的提示语这个对象到对象库中。要把 OA 实际显示的提示语与期望的做对比，那么就要获取 OA 弹出的提示语，那么需要把提示语对象先要添加到对象库中。

单击对象库管理器工具栏中的""，单击 OA 的提示框中的提示语，把它添加对象库中，并且修改对象名称为"提示信息"，如图 5-101 所示。

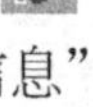

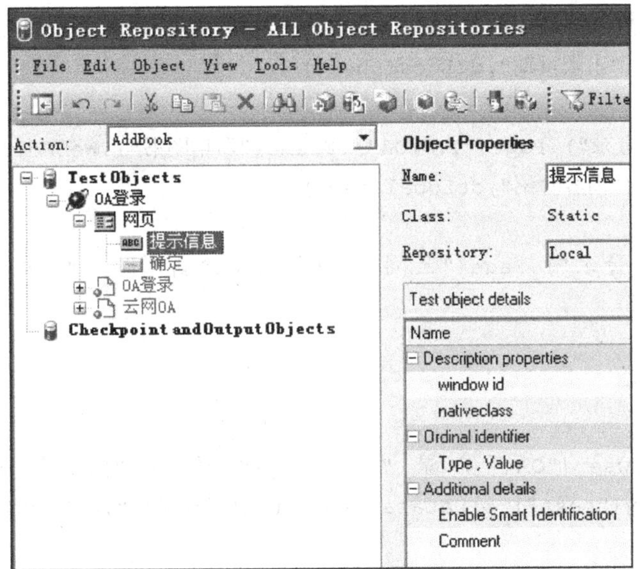

图 5-101 添加对象入库

增加检查点相关代码。

```
For i=1 to Datatable.GetSheet(dtLocalSheet).GetRowCount
'设置当前要运行用例行
Datatable.SetCurrentRow(i)

Browser("OA登录").Page("云网OA").Frame("导航").Link("图书添加").Click

Browser("OA登录").Page("云网OA").Frame("新增图书").WebEdit("图书编号").Set
Datatable.Value("图书编号",dtLocalSheet)

Browser("OA 登录").Page("云网 OA").Frame("新增图书").WebEdit("书名").Set
Datatable.Value("书名",dtLocalSheet)

Browser("OA 登录").Page("云网 OA").Frame("新增图书").WebList("图书类别
").Select Datatable.Value("图书类别",dtLocalSheet)

Browser("OA 登录").Page("云网 OA").Frame("新增图书").WebEdit("作者").Set
Datatable.Value("作者",dtLocalSheet)

Browser("OA 登录").Page("云网 OA").Frame("新增图书").WebEdit("价格").Set
Datatable.Value("价格",dtLocalSheet)

Browser("OA 登录").Page("云网 OA").Frame("新增图书").WebEdit("出版社").Set
Datatable.Value("出版社",dtLocalSheet)
```

```
    Browser("OA登录").Page("云网OA").Frame("新增图书").WebEdit("出版日期").Set
Datatable.Value("出版日期",dtLocalSheet)

    Browser("OA登录").Page("云网OA").Frame("新增图书").WebEdit("内容介绍").Set
Datatable.Value("内容介绍",dtLocalSheet)

    Browser("OA 登录").Page("云网 OA").Frame("新增图书").WebButton("确  定
").Click

    wait(2)

    If      Browser("OA  登 录 ").Dialog(" 网 页 ").Static(" 提 示 信 息
").GetROProperty("text") = Datatable.Value("期望结果",dtLocalSheet)  Then

        Reporter.ReportEvent micPass,"添加图书","添加图书成功"

    else

        Reporter.ReportEvent micFail,"添加图书","添加图书失败"

    End If

    Browser("OA登录").Dialog("网页").WinButton("确定").Click

    Next
```

注释：

Browser("OA 登录").Dialog("网页").Static("提示信息").GetROProperty("text") = Datatable.Value("期望结果",dtLocalSheet) 此行代码是获取 OA 系统实际弹出的提示语与 Datatable 中的期望结果做对比。

Reporter.ReportEvent micPass,"添加图书","添加图书成功" 此行代码是用于写测试报告。

4．测试数据与 QTP 分离

通过前面的脚本优化，脚本基本可以达到测试的目的。但是脚本对于维护方面做得还不是很到位。例如：目前测试用例是写在 QTP 的 Datatable 中，那么就要求测试用例编写人员安装 QTP 软件，并且每次维护测试用例都要启动 QTP，非常地麻烦。本身测试用例及测试数据与 QTP 是没有什么必要的联系的。那么下面进一步地对脚本做优化，把测试用例提取到 QTP 外部。

➢ 导出测试用例

右键单击 Datatable，选择“File”→“Export”，在弹出的窗口设置导出的文件名为“testCase”，保存到当前 QTP 脚本的工程目录下。打开 testCase.xls 文件，会发现 Datatable 中的内容已经全部导出到了此文件中，那么后边的所有测试用例就可以在这个文件中进行维护。删除 QTP 中 Datatable 中的测试用例。

测试用例已经放在外部 Excel 文件中维护，需要在脚本运行前读取 Excel 中的测试用例。新增一个 Action 命名为“Init”，用于存放初始化相关的代码，如图 5-102 所示。

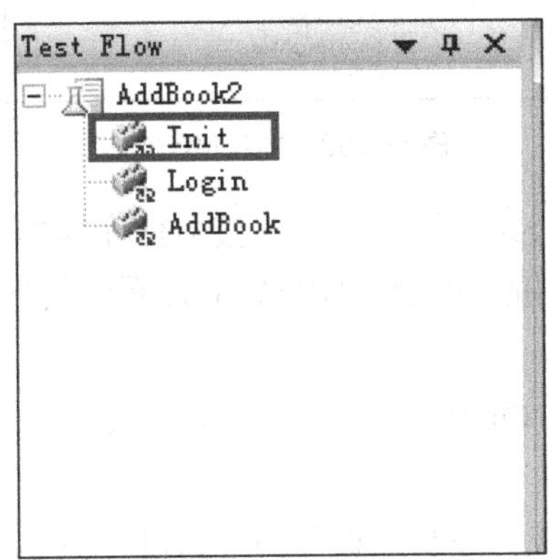

图 5-102 测试数据分离

Init 代码：

```
'导入外部 Excel 中的测试用例
Datatable.Import "testCase.xls"
```

5．测试环境恢复

在前面的脚本执行过程中，每运行一次脚本后，系统中就会产生相关的书籍数据。因为系统对图书编号等图书属性有唯一性约束，所以导致脚本运行后再次运行会失败，不能正常地进行自动化测试。那么就需要做测试环境的恢复优化，即脚本运行测试过后要恢复测试环境到运行前的状态，以免影响其他的测试或者下一次测试。

在前面的脚本对测试环境的影响就是前两条测试用例。这两条用例运行会在数据库中新增两条图书的数据，另外测试完成后要退出 OA 系统，除此之外没有在 OA 中产生任何影响。数据库中的数据记录恢复有两种方式，一种就是通过 QTP 在 OA 系统界面上进行删除，另一种就是直接在数据库中删除。当需要删除数据量比较大时，第一种方式效率比较低，此处采用第二种方式。

➢ 数据库删除数据

在数据库中删除图书数据，首先要明确保存图书数据的表。OA 系统中图书数据保存在“Book”表中，通过 MySQL 客户端 Navicat 可以登录数据库服务器查看图书数据，如图 5-103 所示。

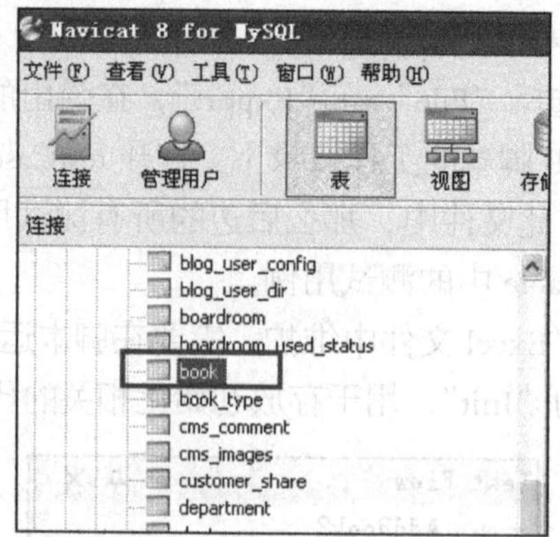

图 5-103 进入 MySQL

编写用于连接数据库的公共组件代码。连接数据库操作是与 OA 系统任何业务都无关的，所以可以封装一些重用的公共组件代码。OA 系统其他功能的自动化测试需要连接数据库时也可以重复使用。

此处数据库的连接采用 ODBC 方式，ODBC 支持各种数据库的连接。下面创建 ODBC。

STEP 1 打开操作系统“控制面板”→“管理工具”→“数据源(ODBC)”。

STEP 2 单击“系统 DSN”选项页。

STEP 3 单击“添加”按钮，弹出数据源添加窗口。

STEP 4 OA 系统使用的是 MySQL 数据库，选择 MySQL 数据库驱动，单击【完成】按钮。

STEP 5 按照实际的环境信息填写“Data Source Name”“TCP/IP Server:”“User”“Password”“Database”信息，如图 5-104 所示。单击【OK】→【确定】按钮，ODBC 数据源创建成功。

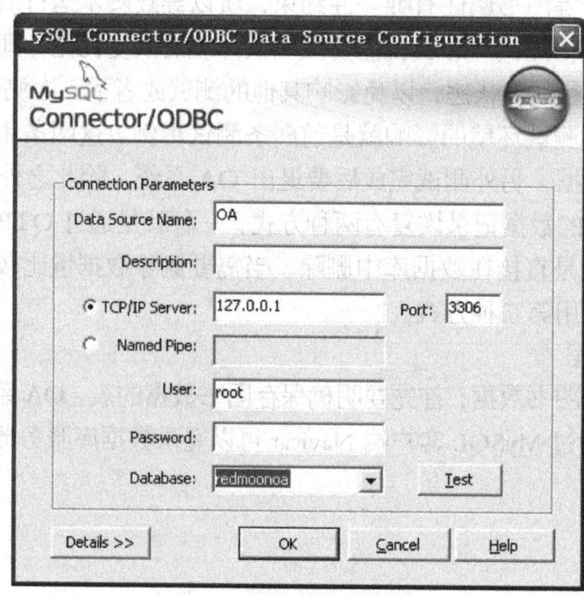

图 5-104 配置 ODBC

STEP 6 编写数据库连接代码。在 QTP 工程目录下创建一个文件夹，命名为“lib”，在此目录下创建一个文件，命名为“lib.vbs”，在此文件中添加数据库连接函数代码和执行指定 SQL 的函数。

```
'====================================================================
====
'
' VBScript Source File -- Created with SAPIEN Technologies PrimalScript 4.1
'
' NAME:
'
' AUTHOR: JACK, JACK
' DATE  : 2014-12-14
'
' COMMENT:
'
'====================================================================
====
'连接数据库
Function ConnectDB()
 Set connDB = CreateObject("ADODB.Connection")

 connDB.ConnectionString = "dsn=OA;driver={MySQL ODBC 5.1
Driver};server=localhost;uid=root;pwd=;database=redmoonoa;port=3306;"

connDB.Open

 Set ConnectDB= connDB

End Function


'在数据库中执行指定的 Sql 语句
Sub ExecuteSql(sql)
 conn = ConnectDB()
 Set rs = CreateObject("adodb.recordset")
 rs.Open sql,conn,1,1
 Set rs=Nothing
End Sub
```

STEP 7 数据库中调用。在 QTP 中增加 Action 命名为“end”，用于存放资源回收或恢复测试环境相关的代码，如图 5-105 所示。

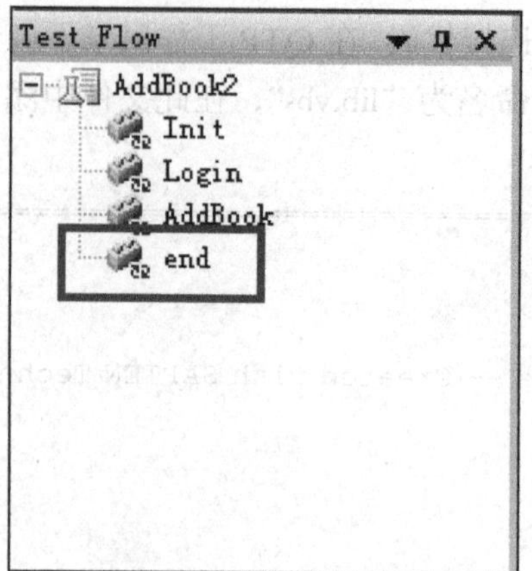

图 5-105 测试环境恢复

代码如下：

```
'导入外部公共组件
ExecuteFile  ".\lib\lib.vbs"

'删除数据库中图书数据
strSql = "delete from book"
ExecuteSql(strSql)

'退出并关闭浏览器
Browser("OA").Page("云网 OA").Frame("底框工具栏").WebArea("退出").Click

Browser("OA").Dialog("网页").WinButton("确定").Click

Browser("OA").Close
```

5.5 本章练习

1. 什么是软件自动化测试?
2. 使用 QTP 工具能对哪些类软件项目进行自动化测试?
3. 使用 QTP 工具进行测试的操作步骤是什么?

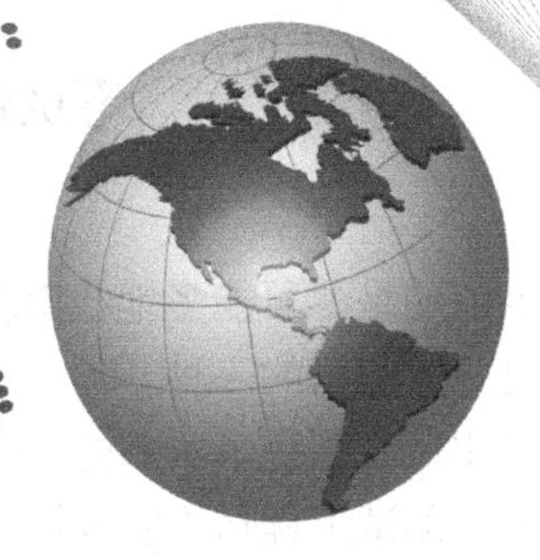

附录
软件测试常见面试题

理论部分试题

笔试试卷一

一、判断题

1. 软件测试的目的是尽可能多地找出软件的缺陷。(　　)
2. Beta 测试是验收测试的一种。(　　)
3. 验收测试是由最终用户来实施的。(　　)
4. 项目立项前，测试工程师不需要提交任何工件。(　　)
5. 单元测试能发现约 80%的软件缺陷。(　　)
6. 代码评审是检查源代码是否达到模块设计的要求。(　　)
7. 自底向上集成需要测试员编写驱动程序。(　　)
8. 负载测试是验证要检验的系统的能力最高能达到什么程度。(　　)
9. 测试工程师要坚持原则，缺陷未修复完坚决不予通过。(　　)
10. 代码评审员一般由测试员担任。(　　)

二、选择题

1. 软件验收测试的合格通过准则是 (　　)。
   A. 软件需求分析说明书中定义的所有功能已全部实现，性能指标全部达到要求
   B. 所有测试项没有残余一级、二级和三级错误
   C. 立项审批表、需求分析文档、设计文档和编码实现一致
   D. 验收测试工件齐全
2. 软件测试计划评审会需要哪些人员参加？ (　　)
   A. 项目经理
   B. SQA 负责人
   C. 配置负责人
   D. 测试组
3. 下列关于 alpha 测试的描述中正确的是 (　　)。
   A. alpha 测试需要用户代表参加
   B. alpha 测试不需要用户代表参加
   C. alpha 测试是系统测试的一种
   D. alpha 测试是验收测试的一种
4. 测试设计员的职责有 (　　)。
   A. 制定测试计划
   B. 设计测试用例
   C. 设计测试过程、脚本
   D. 评估测试活动

5. 软件实施活动的进入准则是（　　）。
   A. 需求工件已经被基线化
   B. 详细设计工件已经被基线化
   C. 构架工件已经被基线化
   D. 项目阶段成果已经被基线化

三、填空题

1. 软件验收测试包括________。
2. 设计系统测试计划需要参考的项目文档有________和________。
3. 面向过程的系统采用的集成策略有________和________两种。
4. 常见的软件研发模型有瀑布模型、原型、螺旋模型、________、IPD 和________ 6 种。

四、简答题

1. 阶段评审与同行评审的区别是什么？
2. 什么是软件测试？其目的是什么？
3. 简述系统测试的过程。
4. 如何做好接口测试？
5. 白盒测试有哪几种方法？
6. 系统测试计划是否需要同行审批，为什么？
7. alpha 测试与 beta 区别是什么？
8. 比较负载测试、容量测试和强度测试的区别。

笔试试卷二

一、判断题

1. 好的测试员不懈追求完美。（　　）
2. 测试程序仅按预期方式运行就行了。（　　）
3. 不存在质量很高但可靠性很差的产品。（　　）
4. 软件测试员可以对产品说明书进行白盒测试。（　　）
5. 静态白盒测试可以找出遗漏之处和问题。（　　）
6. 总是首先设计白盒测试用例。（　　）
7. 可以发布具有配置缺陷的软件产品。（　　）
8. 所有软件必须进行某种程度的兼容性测试。（　　）
9. 所有软件都有一个用户界面，因此必须测试易用性。（　　）
10. 测试组负责软件质量。（　　）

二、简答题

1. 软件的缺陷等级应如何划分？
2. 如果能够执行完美的黑盒测试，还需要进行白盒测试吗？为什么？

3. 你认为一个优秀的测试工程师应该具备哪些素质？
4. 产品测试到什么时候就算是足够了？
5. 测试计划的目的是什么？
6. 为什么要进行软件测试？软件测试的目的是什么？
7. 软件测试应该划分哪几个阶段？简述各个阶段应重点测试的点，以及各个阶段的含义。
8. 如何做一名合格的测试工程师？
9. 针对缺陷采取怎样的管理措施？

三、专业词语解释

alpha 测试:

beta 测试:

驱动模块:

桩模块:

白盒测试:

静态测试:

四、选择题

1. 下面属于动态分析的有（ ）。
   A. 代码覆盖率
   B. 模块功能检查
   C. 系统压力测试
   D. 程序数据流分析
2. 下面属于静态分析的有（ ）。
   A. 代码规则检查
   B. 序结构分析
   C. 序复杂度分析
   D. 内存泄漏

五、设计题

在三角形计算中，三角形的 3 条边长分别为：*A*、*B* 和 *C*。当三边不可能构成三角形时，提示错误，可构成三角形时，计算三角形周长。若是等腰三角形，则打印“等腰三角形”，若是等边三角形，则提示“等边三角形”。对此设计一个测试用例。

六、论述题

1. 试叙述对一个软件项目测试的全过程。
2. 简述你对测试工作的认识过程，以及以后工作的一些建议。
3. 说明静态测试和动态测试的区别？

笔试试卷三

一、填空题

1. 软件实施活动的输出工件有________。
2. 代码评审主要做________工作。
3. 软件实施活动中集成员的职责是________。
4. 验证与确认软件实施活动主要有、________代码评审、________SQA 验证。
5. ________表明测试已经结束。
6. 软件测试的目的是________。
7. 软件测试主要分为________4 类测试。
8. 软件测试活动有制定测试计划________测试评估、测试结束 8 个步骤。
9. 软件测试活动的输出工件有________。
10. 软件测试角色有________。

二、选择题

1. 软件实施活动的进入准则是（　　）。
   A. 需求工件已经被基线化
   B. 详细设计工件已经被基线化
   C. 构架工件已经被基线化
   D. 项目阶段成果已经被基线化
2. 下面角色不属于集成计划评审的是（　　）。
   A. 配置经理
   B. 项目经理
   C. 测试员
   D. 编码员
3. 软件测试设计活动主要有（　　）。
   A. 工作量分析
   B. 确定并说明测试用例
   C. 确立并结构化测试过程
   D. 复审并评估测试覆盖
4. 下列不属于集成测试步骤的是（　　）。
   A. 制定集成计划
   B. 执行集成测试
   C. 记录集成测试结果
   D. 回归测试
5. 下列属于软件测试活动输入工件的是（　　）。
   A. 软件工作版本
   B. 可测试性报告

C. 软件需求工件

D. 软件项目计划

三、简答题

1. 项目的集中管理在软件公司的哪一个层面？

2. 描述软件测试活动的生命周期。

3. 什么是测试评估？测试评估的范围是什么？

4. 简述工作版本的定义。

5. 画出软件测试活动的流程图。

面试题

1. 为什么要在一个团队中开展软件测试工作？

2. 介绍一下您之前参与的测试过程？您主要负责哪部分的工作？

3. 您是否了解软件开发过程？如果了解，请试述一个完整的开发过程需要完成哪些工作。分别由哪些不同的角色来完成这些工作。

4. 您在以往的测试工作中都曾经具体从事过哪些工作？其中最擅长哪部分工作？

5. 您所熟悉的软件测试类型都有哪些？能否比较下各种类型之间的差别？

6. 请试着比较一下黑盒测试、白盒测试、单元测试、集成测试、系统测试、验收测试的区别与联系。

7. 您之前的测试工作写测试计划吗？测试计划工作的目的是什么？测试计划工作的内容都包括什么？其中哪些是最重要的？

8. 您认为做好测试计划工作的关键是什么？

9. 您所熟悉的测试用例设计方法都有哪些？能否举例介绍某种具体的用例设计方法在您所做过项目中的应用？

10. 您认为做好测试用例设计工作的关键是什么？

11. 请以您以往的实际工作为例，详细描述一次测试用例设计的完整过程。

12. 在您以往的工作中，缺陷报告都包含了哪些内容？如何提交高质量的软件缺陷？

13. 在您以往所从事的软件测试工作中，是否使用了缺陷管理工具？有没有使用 TD 进行测试管理，如果有，您是怎么实施的？